Eckhard Reh

# Chemometrie

## Weitere empfehlenswerte Titel

*Analytik.*
*Daten, Formeln, Übungsaufgaben*
Küster, Thiel, 2016
ISBN 978-3-11-041495-0, e-ISBN 978-3-11-041496-7

*Trennungsmethoden der Analytischen Chemie*
Bock, Nießner, 2014
ISBN 978-3-11-026544-6, e-ISBN 978-3-11-026637-5

*Allgemeine und Anorganische Chemie.*
*11. Auflage*
Riedel, Meyer, 2013
ISBN 978-3-11-026919-2, e-ISBN 978-3-11-027013-6

*Grundlagen der Organischen Chemie.*
*5. Auflage*
Buddrus, Schmidt, 2014
ISBN 978-3-11-030559-3, e-ISBN 978-3-11-033105-9

*Physikalische Chemie.*
*Für die Bachelorprüfung*
Motschmann, Hofmann, 2014
ISBN 978-3-11-034877-4, e-ISBN 978-3-11-034878-1

Eckhard Reh

# Chemometrie

Grundlagen der Statistik, Numerischen Mathematik und Softwareanwendung in der Chemie

DE GRUYTER

**Autor**
Prof. Dr. Eckhard Reh
Technische Hochschule Bingen
Berlinstr. 109
55411 Bingen
e.reh@th-bingen.de

ISBN 978-3-11-045100-9
e-ISBN (PDF) 978-3-11-045103-0
e-ISBN (EPUB) 978-3-11-045107-8

**Library of Congress Cataloging-in-Publication Data**
A CIP catalog record for this book has been applied for at the Library of Congress.

**Bibliografische Information der Deutschen Nationalbibliothek**
Die Deutsche Nationalbibliothek verzeichnet diese Publikation in der Deutschen Nationalbibliografie; detaillierte bibliografische Daten sind im Internet über http://dnb.dnb.de abrufbar.


Satz: PTP-Berlin, Protago-TEX-Production GmbH, Berlin
Druck und Bindung: CPI books GmbH, Leck
♾ Gedruckt auf säurefreiem Papier
Printed in Germany

www.degruyter.com

ad maiorem dei gloriam

# Vorwort

Auf Grund leistungsstarker, kostengünstiger Prozessoren und nahezu unbegrenzter Speicherkapazität hat die Anwendung der EDV in der Chemie einen rasanten Aufschwung erlebt. Auch hier ist die Verwendung effizienter Algorithmen zur täglichen Praxis geworden.

Daher ist es insbesondere in diesem Bereich wichtig, die entsprechenden Grundlagen zu verstehen für einen validierten Einsatz der unterschiedlichsten Tools und Software-Produkte. Beispielhaft wird dies beim Einsatz von Maximum-Entropie-Methoden in der Massenspektrometrie deutlich. Die Resultate sind teilweise frappierend, um so mehr muss hinterfragt werden, welche Relevanz die erzeugten Ergebnisse haben. In diesem Fall werden z.B. in unserem Institut MaxEnt-Resultate nur angegeben, wenn sie mit der konventionellen Dekonvolution zumindest qualitativ bestätigt werden können.

Der Impuls, eine Monographie zur Chemometrie zu verfassen, liegt in der sehr geringen Zahl deutschsprachiger Werke zu dieser Thematik. Während es im angelsächsischen Raum sehr gute Bücher gibt (Brereton, R. G., Data Analysis für Laboratory and Chemical Plant, John Whiley oder Massart et al., Handbook of Chemometrics and Qualimetrics, Elsevier) besteht im deutschsprachigen Raum ein gravierender Mangel an Fachliteratur. Da die Thematik auf der Grund der numerischen und statistischen Inhalte nicht einfach ist, erschwert eine englischsprachige Behandlung das Verständnis und die Anwendung zumeist. Dies musste auch der Autor erleben bei einem mehrwöchigen Chemometrie-Kurs an der Universität Bristol (Leitung Prof. Brereton). Diese Erfahrung war eine wesentliche Triebkraft, ein deutschsprachiges Werk zur Chemometrie zur Verfügung zu stellen.

Darin liegt eventuell auch der Grund, dass das Fach Chemometrie im Chemie-Studium an den meisten deutschen Universitäten nicht vertreten ist oder das manch etablierter Chemiker sich mit dem Einsatz der Chemometrie schwer tut. Dabei sind die meisten Chemometrie-Themen in unterschiedlichen Bereichen (Physikalische, Organische, Analytische Chemie ..., Chemische Prozesstechnik, Biotechnologie ..., Lebensmittel-Technik, Umwelt-Technik, Klinische Diagnostik) sehr effizient einzusetzen. Wie wichtig wäre z.B. die Anwendung der statistischen Versuchsplanung oder der diversen Optimierungs-Strategien (Simplex, RSM) für meine Diplom- oder Promotionsarbeit, wären diese zum damaligen Zeitpunkt bekannt und einsetzbar gewesen.

Vor diesem Hintergrund wurde daher versucht, die teilweise schwierigen, numerischen Grundlagen möglichst verständlich zu präsentieren. Hierzu wurde nicht nur auf eine umfassende Darstellung ohne historische Alternativen oder diverse Optionen verzichtet, wichtig war auch die wiederholte Anwendung der verschiedenen Algorithmen durch einfache Beispiele, die teilweise manuell nachvollzogen werden können.

DOI 10.1515/9783110451030-001

Es hat sich gezeigt, dass gerade diese Umsetzung für das Verständnis besonders wichtig sein kann.

Trotzdem soll das vorgelegt Buch nicht nur die theoretischen Grundlagen erarbeiten, sondern insbesondere die Anwendung in der Praxis hervorheben. Als Hilfestellung für den Anwender dient daher die direkte Umsetzung mit Hilfe von speziellen Software-Produkten als auch mit dem allgemein etablierten Statistik-Paket R. Das Ziel ist damit, durch verständliche Präsentation der Grundlagen und direkte Umsetzung dem Anwender in der chemischen Praxis eine Hilfestellung für die Routine-Anwendung zu geben.

Vielleicht gelingt es damit auch, der Thematik Chemometrie im deutschsprachigen Raum einen größeren Stellenwert und eine breitere, fundierte Anwendung in der chemischen Praxis zu verleihen.

## Der Autor

Prof. Eckhard Reh studierte Chemie an der Universität Siegen. Er promovierte im Bereich Biochemische Analyse / Klinische Chemie an der Universität des Saarlandes. Fast 10 Jahre leitete er die Gruppe Proteinanalyse im Biochemie Forschungszentrum Tutzing der Fa. Boehringer-Mannheim.

Danach nahm Prof. Reh einen Ruf an die Technische Hochschule Bingen für das Fach Analytische Chemie im Studiengang Biotechnologie an. Seit fast 20 Jahren ist er hier auch Institutsleiter des ZENTRUM PROTEINANALYSE.

# Inhalt

# 1 Grundlagen der Chemometrie

## 1.1 Prinzipien und Disziplinen

Die Chemometrie basiert auf den grundlegenden Arbeiten von Kowalski und Wold ab 1971, der Begriff Chemometrics wurde ab 1972 explizit in der Fachliteratur verwendet. Eine bis heute gültige Definition geht ebenfalls auf Kowalski zurück:

> Chemometrics is defined as a chemical diszipline, that uses mathematical, statistical and other methods employing formal logic a) to design or select optimal measurement procedures and experiments, b) to provide maximum relevant chemical information by analyzing chemical data.

Die Themenbereiche, die neben den chemischen Aspekten in der Chemometrie Eingang finden, sind statistische und mathematische Methoden, Algorithmen der Informatik und Datenstrukturen für Bibliotheken im Hinblick auf eine Anwendung in der Chemie. Anders als in anderen chemischen Disziplinen wie z. B. in der organischen Chemie, wo hunderte organischer Reaktionen zur Anwendung kommen, sind es in der Chemometrie nur wenig Basisprinzipien, auf die im Wesentlichen zurück gegriffen werden kann. Dazu gehören Prinzipien, z. B. aus der

- Stochastik (Basis-Statistik, Fehlerfortpflanzung, Versuchsplanung, ...)
- Datenanalyse (Messreihenbehandlung, Hauptkomponenten, Clusteranalyse, ...)
- Modellierung (Korrelationsanalyse, Regression, Variablentransformation, ...)
- Systemtheorie (Informationstheorie, Bildverarbeitung, Künstliche Intelligenz, ...)

Bekanntermaßen ist nicht bei allen Chemikern der Einsatz der Mathematik und Statistik sehr positiv besetzt. Daher soll hervorgehoben werden, dass Mathematik und Statistik nicht die Basisdisziplinen der Chemometrie sind, sondern wichtige Werkzeuge liefern. Trotzdem kann ein grundlegendes Verständnis für diese Werkzeuge in der Chemometrie nicht ignoriert werden. Hauptbestandteil bleibt aber die Umsetzung für eine Anwendung in der Chemie und damit eine Thematik, die viele Chemiker in unterschiedlichsten Bereichen betrifft.

Besonders hervorzuheben ist, dass die Chemometrie keine Spezialdisziplin der Analytischen Chemie ist, wie zu Beginn propagiert wurde. Dies zeigt sich bereits in den Anfängen an einem der Begründer, Wold, aus dem Institut für Organische Chemie der Universität Umea.

## 1.2 Anwendungsbereiche

Als grundlegende Aufgabenfelder der Chemometrie können formuliert werden

- Planung, Optimierung chemischer Prozesse oder Experimente (Versuchsplanung, Simplex-, RSM-Optimierung, ...)

DOI 10.1515/9783110451030-002

- Auswertung von Resultaten z. B. in Prozess-Kontrolle oder experimentellem Verlauf (Messreihenanalyse, Datentransformation, ...)
- Interpretation und Validierung von Resultaten chemischer Experimente (Regression, Teststatistik, Varianzanalyse, ...)

Diese Anwendungsfelder sind in unterschiedlichsten Disziplinen angesiedelt, z. B.
- Physikalische Chemie, Organische Chemie, Analytische Chemie, ...
- Chemische Prozesstechnik, Biotechnologie, ...
- Lebensmitteltechnik, Umwelttechnik, Klinische Diagnostik, ...

Entsprechend wird die weitreichende Anwendung der Chemometrie deutlich, leider hat sich dies in vielen Bereichen noch nicht ausreichend durchgesetzt.
Schon bei einfachen Fragen, z. B.
- wann besser der Median statt des Mittelwertes einzusetzen ist,
- dass aufgrund der RSM-Limitierung die Simplex-Optimierung verwendet wird oder
- ob eine Zentrierung oder Autoskalierung der Messwerte vor der Auswertung erfolgen soll,

in allen solchen Fällen ist eine fundierte, chemometrische Beurteilung essentiell.

Die besondere Bedeutung der Chemometrie wird heutzutage aber durch die Vieldimensionalität und Komplexität aktueller chemischer Fragestellungen deutlich. Auf Grund der fortgeschrittenen Automatisierung, effizienten Messtechniken, hoher Rechnerleistung und nahezu unbegrenzter Speicher-Kapazität sind die anfallenden Daten oft nicht mehr konventionell zu behandeln. Die zu analysierenden Resultate sind oft nur durch multivariate Auswerte- und Interpretationsmethoden zu bearbeiten, um die inneren Strukturen und komplexen Zusammenhänge zu erkennen.

## 1.3 Realisierung

Aktuelle chemometrische Methoden sind zumeist nicht mehr manuell oder unter Einsatz eines Taschenrechners durchzuführen. Für eine effektive Anwendung der Chemometrie ist daher eine entsprechende Softwarelösung unabdingbar. Auf Grund der Leistungsfähigkeit der aktuellen Prozessoren sind Hardware als auch Software keine limitierenden Aspekte. Kontrovers wird dagegen der Einsatz der unterschiedlichen Software-Tools beschrieben.

Einige Autoren plädieren für einen Einsatz der weitverbreiteten Tabellenkalkulation, die limitierte Funktionalität und Leistungsfähigkeit soll durch den Einsatz von Makros bzw. dem Einbinden von eigens entwickelten Visual-Basic-Routinen kompensiert werden. Dabei sollte jedoch nicht aus den Augen verloren werden, dass eine Benutzung einer Tabelle einer Tabellenkalkulation immer neu die Problematik einer Fehlbedienung bedingt. Auch ist mit Visual Basic nicht eine leistungsfähige, strukturierte oder objektorientierte Sprache für komplexere Anwendungen gegeben. Einfachere Realisierungen oder erste Testauswertung können sicher auf diese Weise realisiert werden, eine validierte Anwendung in der Routine oder chemischen Produktion ist damit vermutlich nicht empfehlenswert.

Andere Chemometrieanwender favorisieren den Einsatz von Matlab. Die Leistungsfähigkeit dieses Softwarewerkzeugs ist sicherlich in vielen Anwendungsbereichen überzeugend. Es sollte aber nicht übersehen werden, dass Matlab ein Tool ist, das unterschiedliche Auswerteroutinen zur Verfügung stellt. Der qualifizierte Einsatz und die validierte Anwendung bleibt dem versierten Matlab-Spezialisten vorbehalten. Für eine sporadische Anwendung durch den praktischen Chemiker ist dieses Werkzeug möglicherweise nicht optimal.

Ein ähnliches Werkzeug ist R, das ursprünglich als Statistiksprache realisiert wurde. Zusammen mit einer graphischen Oberfläche (z. B. RStudio) ist dies in Verbindung mit vorgegebenen Skripten auch für eine Anwendung durch den Praktiker im Labor gut handhabbar. Die nötigen Skripte sollten von den R-Spezialisten entwickelt und validiert sein, mittlerweile sind bereits viele tausend Pakete verfügbar auch für die unterschiedlichsten, chemometrischen Aufgabenstellungen. Wesentlicher Vorteil ist, dass R/RStudio kostenfrei auf allen Betriebssystemen verfügbar ist ebenso wie die meisten Skripte. Nachteilig ist, dass die Basis von R durch Anwendung in der Statistik dominiert ist, was sich oft in der Interpretation und Darstellung der Resultate auswirkt. Zudem sind R-Skripte keine Programmiersprache, um strukturiert oder objektorientiert komplexe Softwarelösungen zu realisieren.

Einige der relevanten Chemometriethemen werden durch etablierte Statistikpakete gut abgedeckt, auch speziellere Aufgaben wie die Erstellung eines statistischen Versuchsplans oder der Hauptkomponentenregression können hiermit erfolgreich durchgeführt werden. Viele der speziellen, chemometrischen Aufgaben sind hier aber meist nicht implementiert. Zudem sind die leistungsfähigen Statistikpakete nicht nur kostenintensiv, in der Anwendung sind sie oftmals auch nicht einfach. Insbesondere für eine schnelle, sporadische Routineanwendung im Labor sind sie nicht gut geeignet.

Für einige Aufgabenstellungen ist auch spezielle, kommerzielle Software verfügbar, leider trifft dies nicht für alle relevanten Chemometriethemen zu. Die kommerziellen Pakete decken die avisierte Aufgabenstellung zumeist sehr gut ab, zeichnen sich aber teilweise durch eine sehr detaillierte Funktionalität aus, die in manchen Fällen nicht notwendig und für eine schnelle, einfache Anwendung in der Praxis hinderlich ist. Darüber hinaus sollte den implementierten Algorithmen besondere Beachtung geschenkt werden.

## 1.4 Zielsetzung des Buchs

Es stehen mittlerweile einige sehr gute Monographien zur Verfügung, die sowohl die Grundlagen als auch fortgeschrittene, aktuelle Aspekte der Chemometrie behandeln. Diese sind für den erfahrenen Chemometrieanwender uneingeschränkt zu empfehlen.

Leider kommen nahezu alle diese Bücher aus dem angelsächsischen Raum und sind in englischer Sprache verfasst. Dies macht die Thematik für den Einsteiger zumeist nicht einfacher, zumal eine englische Behandlung der nicht immer favorisierten mathematischen oder statistischen Grundlagen nicht für eine Verbesserung sorgt. Es gibt aktuell nur sehr wenige, deutschsprachige Chemometriebücher, so wird das Werk von Otto nicht mehr in deutscher Sprache aufgelegt. Auch eine deutsche Übersetzung z. B. des didaktisch und inhaltlich sehr guten Lehrbuchs von Brereton ist nicht verfügbar.

Dieser Mangel an diversen deutschsprachigen Chemometriefachbüchern limitiert die Verbreitung und Anwendung dieser Disziplin im deutschsprachigen Raum doch deutlich. Gerade für den Einsteiger aus der chemischen Praxis wäre eine deutsche Einführung in die wichtigsten Grundlagen der Chemometrie eine willkommene Basis für eine Anwendung bei der eigenen Problemstellung. Das vorliegende Buch soll die Brücke schlagen zwischen den Grundlagen der Chemometrie und dem noch unerfahrenen Anwender in der chemischen Praxis.

Folgende Aspekte wurden daher explizit berücksichtigt:
- es werden nur ausgewählte, wichtige Themen behandelt,
- mathematische, statistische Aspekte kommen nur vor, soweit dies zwingend nötig ist,
- besonderen Wert wird auf eine verständliche Darstellung der Grundlagen gelegt,
- Beispiele mit einfacher Umsetzung ohne Hilfsmittel verbessern das Verständnis,
- zusätzliche oder alternative Details sind aus Gründen der Übersichtlichkeit ausgelassen,
- für die Anwendung wird entsprechende Software und die Realisierung mit R vorgestellt.

Das Buch konzentriert sich auf die wichtigsten Themengebiete der Chemometrie wie
- Statistische Kennzahlen und Prüfverfahren
- Versuchsplanung, Prozessoptimierung
- Univariate Regression und Kalibration
- Analyse von Messreihen
- Signaldekonvolution
- Mustererkennung, Clusteranalyse
- Multikomponentenanalyse

Es ist zu erwarten, dass die Ausführungen in dem vorgelegten Buch für den versierten Chemometrieexperten oft nicht tiefgründig, evtl. nicht ausführlich genug sein mögen. Einige aktuelle Themen wurden auch explizit nicht behandelt.

Dabei sollte aber berücksichtigt werden, dass die Zielgruppe nicht der Chemometriespezialist sondern der Chemometrieeinsteiger ist. Auf diese Weise wird als weitere Zielsetzung vielleicht auch eine größere Verbreitung der Chemometrie in neuen, diversen Anwendungsfeldern der Chemie erreicht.

# 2 Statistische Parameter und Prüfverfahren

## 2.1 Einführung

Die deskriptive Statistik ist mit den beschreibenden Parametern wie Mittelwert und Standardabweichung weithin bekannt. Nicht immer wird jedoch berücksichtigt, dass hierzu Bedingungen erfüllt sein sollten, wie zum Beispiel das Vorliegen einer symmetrischen, eingipfligen Dichtefunktion der Grundgesamtheit (z. B. Gauss-Dichtefunktion) oder die Homogenität der Stichprobe (keine Ausreißer).

Es wurde z. B. die Reaktionsausbeute im Laufe eines Tages wiederholt ermittelt. Die Messwerte zeigen keine gravierenden Besonderheiten, eventuell kann eine geringfügige Steigerung der Ausbeute im Laufe der Zeit konstatiert werden. Liegt hier möglicherweise ein Trend vor, da die Reaktionstemperatur im Laufe des Tages, von den kühlen Morgenstunden bis zur Hitze des Nachmittags, einen Einfluss hatte? Welche Aussage hat in diesem Fall der Mittelwert?

Schon zur Berechnung der grundlegenden, statistischen Parameter sollte die Stichprobe hinsichtlich Homogenität, symmetrischer Dichtefunktion, signifikanter Schiefe oder Trend beurteilt werden. Wurde bei einer dieser Prüfungen die entsprechende Nullhypothese[1] nicht bestätigt, sollte die Angabe von Mittelwert oder Standardabweichung hinterfragt werden. Die alternative, nichtparametrische Statistik umgeht diese Problematik, liefert aber mit ihren robusten Parametern (z. B. Median, Interquartilsdispersionskoeffizient) nicht die gleichen Aussagen.

Eine valide Bewertung einer Stichprobe kann zumeist nicht manuell erfolgen. Auch eine Tabellenkalkulation hilft in den meisten Fällen nicht weiter bzw. dessen Anwendung ist kompliziert und fehleranfällig. Daher sind Softwarepakete wie MiniStat, Statistica® oder SPSS® zu empfehlen, die eine möglichst einfache Anwendung der wichtigsten Routinen erlauben sollten. Entsprechend erfüllen die folgenden Kapitel nicht den Anspruch einer umfassenden Behandlung der deskriptiven Statistik, sondern der wichtigsten Aufgabenstellungen im naturwissenschaftlich-technischen Bereich.

## 2.2 Deskriptive Statistik

Die deskriptive Statistik beschreibt eine Stichprobe unkorrellierter Werte mit ihrem Zufallsfehler durch ihre statistischen Momente, wie z. B. Mittelwert, Standardabweichung, Schiefe und Excess.

1 Nullhypothese: Annahme (positiv formuliert), die durch einen statistischen Test bestätigt werden soll, z. B. Verifizierung, Wert 8 der Nitratresultate (Beispiel 2.1) gehört zur Grundgesamtheit (kein Ausreißer).

DOI 10.1515/9783110451030-003

Auch für messtechnisch aufwendige Untersuchungen sollte die Stichprobe einen Umfang $n$ von etwa 10 aufweisen. Dies scheint ein guter Kompromiss zwischen einer zuverlässigen, statistischen Aussage und dem Material-/Zeitaufwand der Messung zu sein.

Die diversen Aspekte werden im Folgenden anhand von Nitratanalysen verdeutlicht.

**Bsp. 2.1:** **2-wöchige Nitratmessungen in einer Kläranlage.**

**Die Resultate im Verlauf folgender Messtage dienen als Stichprobe:**

**24,32 / 19,97 / 22,45 / 25,50 / 21,68 / 23,77 / 26,51 / 39,00 / 25,86 / 22,51**

**Unten stehende Abbildung stellt die Messwerte graphisch dar.**

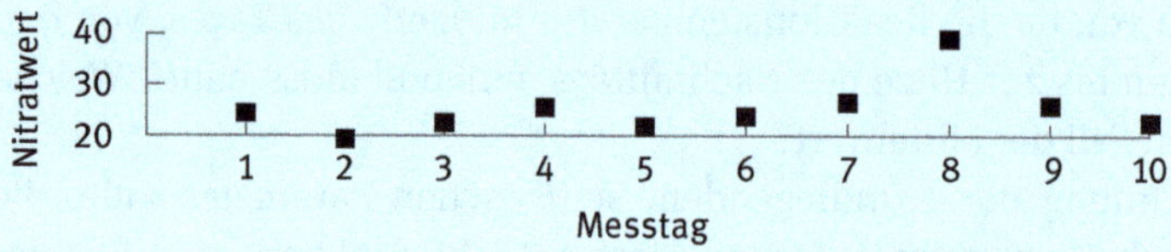


## 2.2.1 Erstes statistisches Moment

### Mittelwert

Für diskrete Stichproben[2] mit kleinem Stichprobenumfang $n$ ist das arithmetische Mittel ein anerkannter Lageschätzwert mit

$$\bar{x} = \frac{1}{n} \sum_{i=1}^{n} x_i \,. \tag{2.1}$$

Für naturwissenschaftlich-technische Untersuchungen hat dieser Erwartungswert eine besondere Bedeutung. Er ist definiert als der „richtige Messwert", der dem unbekannten „wahren Wert" am ehesten entspricht.

Der „richtige Wert" ist deshalb nicht gleich zu setzen mit dem „wahren Wert", da jedes Messverfahren prinzipiell mit einem systematischen Fehler behaftet sein kann, der statistisch nicht bestimmbar ist. Diese Deutung des „richtigen Werts" trifft aber

2 Mittelwert $\mu$ einer Grundgesamtheit ($n = \infty$) ist definiert zu $\mu = \int x f(x)\,\mathrm{d}x$ mit $f(x)$: Wahrscheinlichkeitsdichte Gauss-Funktion

$$f(x) = \frac{1}{\sigma\sqrt{2\pi}} \exp \frac{-(x-\mu)^2}{2\sigma^2} \,.$$

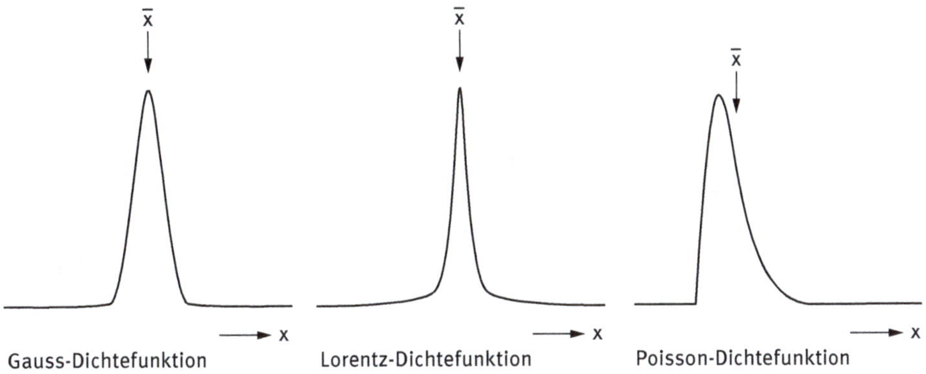


Abb. 2.1: Mittelwert zufallsbehafteter Werte bei Gauss-, Lorentz- bzw. Poisson-Dichtefunktion.

nur zu bei einer eingipfligen, symmetrischen Wahrscheinlichkeitsfunktion[3], da hier dieser auch der Wert mit der höchsten Wahrscheinlichkeit ist.
Abbildung 2.1 verdeutlicht dies an drei verschiedenen Dichtefunktionen.

Annahmen zur Verwendung des Mittelwertes sind eingipflige, symmetrische Dichtefunktionen (z. B. Gauss-, Lorentz-Funktion), Homogenität (keine Ausreißer), kein Trend. Dies trifft für die Poisson-Dichtefunktion nicht zu, hier ist der arithmetische Mittelwert $\bar{x}$ nicht der Wert mit der höchsten Wahrscheinlichkeit.

## Median

Der Median (mittleres Quartil) $\tilde{x}$ erfordert keine Voraussetzungen (nicht parametrisch) und ist invariant gegenüber Ausreißern. Er ist definiert als zentraler Wert einer der Größe nach sortierten Stichprobe mit $n$ Werten, d. h. 50 % der Werte der Stichprobe liegen oberhalb und 50 % unterhalb des Medians.

$$\tilde{x} = \begin{cases} x_{(n+1)/2} & \text{für } n \text{ ungeradzahlig} \\ (x_{n/2} + x_{n/2+1})/2 & \text{für } n \text{ geradzahlig} \end{cases} \tag{2.2}$$

mit $x_n$: $n$-ter-Wert aus der Reihe der sortierten Stichprobe.

Das heißt, bei einer der Größe nach sortierten Stichprobe mit 11 Werten, entspricht der Median dem 6. Wert, bei einer Stichprobe mit 10 Werten ist der Median der Mittelwert aus dem 5. und 6. Wert.
Der Median hat nicht die gleiche Aussage wie der Mittelwert, so dass er verwendet werden sollte, wenn der Mittelwert nicht anwendbar ist, z. B. da keine symmetrisch eingipflige Dichtefunktion der Stichprobe konstatiert werden kann.

3 Grundgesamtheit: Häufigkeits-, Wahrscheinlichkeitsdichtefunktion; diskrete Stichprobe: Wahrscheinlichkeits-, Dichtefunktion.

### 2.2.2 Zweites statistisches Moment

#### Varianz

Das zweite statistische Moment macht eine Aussage über die Unsicherheit mit der ein Wert aufgrund des Zufallsfehlers behaftet ist (Streuungsmaß) und wird meist als Varianz[4] $\sigma^2$ angegeben. Die Voraussetzungen entsprechen denen des ersten statistischen Moments.

Für Stichproben mit kleinem Stichprobenumfang ist die Standardabweichung $s$ der etablierte Schätzwert bezogen auf einen Einzelwert der Stichprobe[5] $s_E$

$$s_E = \sqrt{\frac{\sum(x_i - \bar{x})^2}{n-1}} \tag{2.3}$$

bzw. $s_M$ bezogen auf den Mittelwert der Stichprobe (Standardfehler)

$$s_M = \sqrt{\frac{\sum(x_i - \bar{x})^2}{n(n-1)}} \tag{2.4}$$

#### Relative Standardabweichung $s_{rel}$

Die relative Standardabweichung wird oft als Schätzwert für die Reproduzierbarkeit eines Messverfahrens herangezogen, da sie unabhängig von den absoluten Größen der Messwerte ist und einen allgemeinen Vergleich erlaubt. Es gilt:

$$s_{rel} = \frac{s}{\bar{x}} 100\,[\%] \tag{2.5}$$

So sollte die relative Standardabweichung (Reproduzierbarkeit in der Messserie) für ein quantitatives Analysenverfahren kleiner als 3 % sein (siehe Vertrauensbereich).

#### Vertrauensbereich

Der Vertrauensbereich $\Delta\bar{x}$ (Konfidenzintervall) gibt an, in welchem Bereich um den Mittelwert ein Messwert bei einem gegebenen Signifikanzniveau $\alpha$ zu erwarten ist. Für den Mittelwert und der entsprechenden Standardabweichung einer Stichprobe ist der

4 Die Varianz $\sigma^2$ der Grundgesamtheit (Stichprobenumfang $n = \infty$) ist definiert zu

$$\sigma^2 = \int (x - \mu)^2 f(x)\,\mathrm{d}x\,.$$

5 Im Folgenden wird die Notation $s$ verwendet, wenn sich auf die Standardabweichung $s_E$ bezogen wird

Vertrauensbereich definiert zu

$$\Delta\bar{x} = \frac{t(\alpha, f)s}{\sqrt{n}} \tag{2.6}$$

mit $t(\alpha, f)$: Student-$t$-Faktor[6] (zweiseitig[7], vgl. Tabelle A.1), $\alpha$: Signifikanzniveau ($\alpha$: 0,05 d. h. Wahrscheinlichkeit der Nullhypothese $P = 0{,}95$)[8], $f$: Freiheitsgrade = $n - 1$.

In der physikalisch-chemischen Praxis erfolgt bei den meisten Untersuchungen keine Messwertwiederholung, die eine zuverlässige Schätzung der Streuung erlaubt. Zumeist werden z. B. nur zwei Wiederholungsmessungen (Doppelbestimmung) vorgenommen. In vielen Fällen ist jedoch aus einer Verfahrensvalidierung ein relevanter Schätzwert für die Standardabweichung $s$ gegeben.

In solchen Fällen wird in Gleichung (2.6) dieser Schätzwert für die Standardabweichung eingesetzt, mit dem entsprechenden Freiheitsgrad $f$ aus der Validierung. Im Nenner von Gleichung (2.6) wird dann die aktuelle Wiederholungszahl $n_a$ eingetragen (z. B. $n_a = 2$ für eine Doppelbestimmung).

Der Vertrauensbereich für den Mittelwert der aktuellen Untersuchung ist damit nicht nur abhängig von der Streuung des Messverfahrens, sondern auch von der Zahl der aktuellen Wiederholungsmessungen. Je mehr Messungen für die aktuelle Untersuchung gemacht wurden, umso sicherer wird die Aussage, desto kleiner der Vertrauensbereich. Abbildung 2.2 verdeutlicht den Einfluss von $f$ und $n_a$ auf den Vertrauensbereich.

Abbildung 2.2 zeigt, dass der Vertrauensbereich für eine Doppelbestimmung bei ±5 % liegt ($f = 7$, $s_{\text{rel}} = 3$ %). Aus einer Streuung (Reproduzierbarkeit) von 6 %, würde ein Vertrauensbereich von etwa ±10 % resultieren, was hinsichtlich der Angabe der Nachkommastellen bei $\bar{x}$ bedacht werden sollte.

In der Regel sollte ein Messresultat als Mittelwert mit Vertrauensbereich angegeben werden $\bar{x} \pm \Delta\bar{x}$, damit die Aussagekraft des Ergebnisses beurteilt werden kann.

---

**6** Bei Stichproben mit kleinerem Stichprobenumfang $n$ erfolgen Prüfungen nicht auf Grundlage der Gauss-Verteilung sondern abgeleiteter Verteilungen, hier der Student-$t$-Verteilung.

**7** Einseitige Fragestellung liegt z. B. vor wenn gefragt ist, ob z. B. ein Wert größer als ein Grenzwert ist, eine zweiseitige Fragestellung, wenn der Wert größer als eine Unter- und kleiner als eine Obergrenze sein soll.

**8** Formal ist die statistische Notation für den Student-$t$-Wert bei einseitiger Fragestellung $t(\alpha, f)$ bzw. bei zweiseitiger Fragestellung $t(\alpha/2, f)$. Aus Praktikabilitätsgründen wird im Folgenden generell das gewählte Signifikanzniveau verwendet, z. B. $\alpha = 0{,}05$ oder 0,01. Entsprechend sind in Tabelle A.1 zwei Tabellen für die Student-$t$-Verteilung aufgelistet, für die einseitige oder zweiseitige Fragestellung.

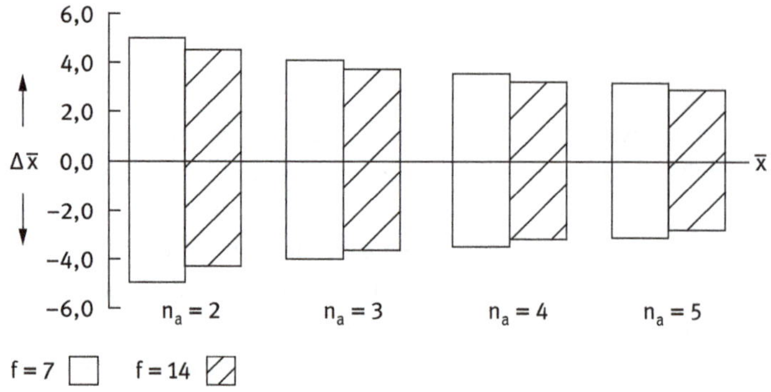


Abb. 2.2: Vertrauensbereich ($s_{rel}$ = 3 %) abhängig von Freiheitsgrad $f$ und Zahl der Wiederholungszahl $n_a$.

**Bsp. 2.2:** Nitratuntersuchung in einer Kläranlage, Vertrauensbereich.

Die erste Nitratuntersuchung der Folgewoche ergab einen hohen Gehalt, daher wurde eine Wiederholungsmessung durchgeführt mit den Resultaten der Doppelbestimmung: 32,2 / 32,6.
Für die Doppelbestimmung der Nitratmessung gilt das Resultat:

$$\bar{x} \pm \Delta\bar{x} = 32{,}4 \pm 8{,}4 \quad \text{mit } n_a = 2;\, f = 9.$$

### 25-, 75-Perzentil

Neben dem Median besitzen zwei weitere Quartile, das 25- und 75-Perzentil eine besondere Bedeutung als robuste Parameter.
Es gilt bei $n$ Messwerten sortiert in aufsteigender Reihenfolge:

25-Perzentil $q_1$: unterer Wert, der 25 % aller Messwerte der Stichprobe enthält; (2.7)

75-Perzentil $q_3$: oberer Wert, der 75 % aller Messwerte der Stichprobe enthält. (2.8)

Das 25-Perzentil sagt aus, dass 25 % der Werte einer Stichprobe kleiner als dieses sind.

### Interquartilsabstand, Interquartilsdispersionskoeffizient

Der Interquartilsabstand $iqa$ beschreibt den Bereich zwischen 25- und 75-Perzentil

$$iqa = 75\text{-Perzentil} - 25\text{-Perzentil}\,, \tag{2.9}$$

d. h. in diesem Bereich liegen 50 % der Werte der Stichprobe.

Alternativ zu $s_{rel}$ kann der Interquartilsdispersionskoeffizient $idk$ berechnet werden:

$$idk = 100\frac{iqa}{\tilde{x}}\,[\%]\,. \tag{2.10}$$

Dem Interquartilsdispersionskoeffizient kommt eine besondere Bedeutung zu als Maß für die Reproduzierbarkeit für den Fall, dass $s_{\text{rel}}$ nicht eingesetzt werden kann.

### 2.2.3 Drittes statistisches Moment

#### Schiefe

Die Asymmetrie einer Dichtefunktion (z. B. Poisson-Funktion, Abbildung 2.1) wird durch die Schiefe $\gamma$ beschrieben (Voraussetzungen entsprechend dem ersten statistischen Moment).
Als Schätzwert für diskrete Stichproben[9] gilt

$$\gamma = \frac{n}{(n-1)(n-2)} \frac{\sum_{i=1}^{n}(x_i - \bar{x})^3}{s^3} \,. \tag{2.11}$$

Weicht das dritte statistische Moment[10] signifikant von dem einer symmetrischen Dichtefunktion ab ($\gamma = 0$), ist eine Angabe des Mittelwertes als Wert mit der höchsten Wahrscheinlichkeit nicht empfehlenswert.

### 2.2.4 Viertes statistisches Moment

#### Excess

Excess $\lambda$ (Kurtosis = Excess + 3) beschreibt die Stauchung/Streckung einer Dichtefunktion (z. B. Lorentz-Funktion im Vergleich zur Gauss-Dichtefunktion in Abbildung 2.1). Für diskrete Stichproben[11] gilt als Schätzwert

$$\lambda = \frac{n(n+1)}{(n-1)(n-2)(n-3)} \frac{\sum_{i=1}^{n}(x_i - \bar{x})^4}{s^4} - 3\frac{(n-1)^2}{(n-2)(n-3)} \,. \tag{2.12}$$

Der Excess ist 0 bei der Standardnormalverteilung (Gauss-Dichtefunktion).

#### Zusammenfassung

Die wichtigsten, deskriptiven Schätzgrößen einer Stichprobe sind unten exemplarisch zusammengefasst. Zudem werden einige Parameter in einem Box-Whisker-Plot graphisch dargestellt[12].

---

9 In Tabellenkalkulationen ist teilweise ein anderes Schiefemaß implementiert.

10 Das 3. statistische Moment einer Grundgesamtheit ist definiert zu $1/\sigma^3 \int (x-\mu)^3 f(x)\,\mathrm{d}x$.

11 Das 4. statistische Moment einer Grundgesamtheit ist definiert zu $1/\sigma^4 \int (x-\mu)^4 f(x)\,\mathrm{d}x$.

12 Konfidenzintervall Median rechts: $i$-ter Wert in der Reihe der sortierten Werte mit $i = \mathrm{RS}(n)$ bzw. Konfidenzintervall Median links: $i = \mathrm{LS}(n)$ aus Konfidenz-Quartile-Tabelle A.6.

**Bsp. 2.3:** Nitratuntersuchung in einer Kläranlage, Zusammenfassung.

Werte ($n$ = 10): 24,32 / 19,97 / 22,45 / 25,50 / 21,68 / 23,77 / 26,51 / 39,00 / 25,86 / 22,51

Wichtigste, konventionelle Parameter der Stichprobe:

| | |
|---|---|
| Mittelwert | 25,16 |
| Standardabweichung | 5,27 |
| $s_{rel}$ [%] | 20,95 |
| Vertrauensbereich | 3,77 |
| Schiefe | 2,31 |
| Kurtosis | 6,32 |

Wichtigste, robuste Parameter der Stichprobe:

| | | | |
|---|---|---|---|
| Median | 24,05 | | |
| 25-Perzentil | 22,45 | 75-Perzentil | 25,86 |
| Interquartilsabstand | 3,41 | Interquartilsdispersionskoeffizient | 14,18 |
| Konfidenzintervall rechts | 25,86 | Konfidenzintervall links | 21,68 |

Box-Whisker-Plot obiger Stichprobe:

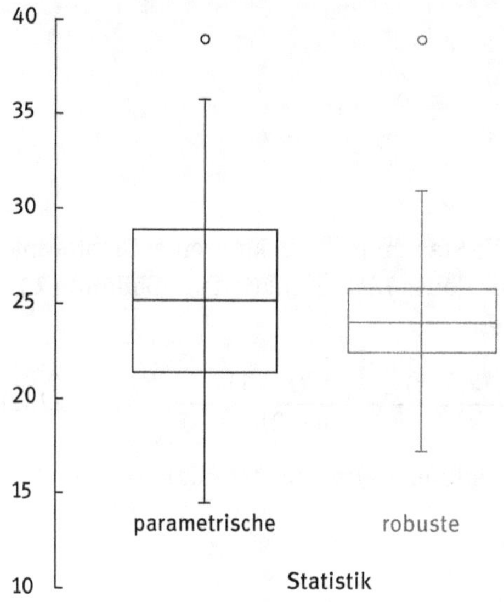


| | links | rechts |
|---|---|---|
| Mittellinie | Mittelwert | Median |
| Obergrenze Box | $\bar{x}$ + Konfidenzintervall | 75-Perzentil $q_3$ |
| Untergrenze Box | $\bar{x}$ – Konfidenzintervall | 25-Perzentil $q_1$ |
| Obergrenze Whisker | $\bar{x} + 2s$ | $q_3 + 1{,}5\,(q_3 - q_1)$ |
| Untergrenze Whisker | $\bar{x} - 2s$ | $q_1 - 1{,}5\,(q_3 - q_1)$ |

## 2.3 Prüfmethoden

### 2.3.1 Prüfung der Homogenität

Ein auffälliger Wert der Stichprobe (Ausreißer) kann einen gravierenden Effekt auf die parametrischen, statistischen Momente wie Mittelwert oder Standardabweichung haben.
Liegt ein ausreißerverdächtiger Wert vor, gibt es prinzipiell zwei Möglichkeiten:
- bei Einsatz robuster Parameter (Median etc.) hat ein solcher Wert keine Auswirkung [4],
- ein verdächtiger Wert kann nach definierten Prüfmethoden als nicht zur Stichprobe gehörig erkannt und dann eliminiert werden [2]. Danach können die konventionellen Parameter angewendet werden.

Der erste Weg ist zwar unkomplizierter, wird aber für naturwissenschaftliche Messungen nur selten eingesetzt. Die robusten Parameter haben nicht die gleiche Bedeutung wie die parametrischen Schätzwerte.

In der Regel wird der zweite Weg eingeschlagen und wann immer möglich die Momente Mittelwert oder Standardabweichung verwendet. Das Vorgehen wird kontrovers diskutiert. Während von einer Seite die These vertreten wird, dass es per Definition keine Ausreißer gibt, da auch ein verdächtiger Wert mit validierten Untersuchungsmethoden erbracht wurde, streicht die Gegenseite alle verdächtigen Daten ungeprüft heraus.

Es ist festzuhalten, dass nur ein definiertes, statistisches Prüfverfahren zur Entscheidung führen kann, ob ein Wert der Stichprobe als Ausreißer gewertet werden sollte oder nicht. Hierfür sind unterschiedliche Prüfungen, wie z. B. Dean-Dixon-, Shapiro-Wilks-, Nalimov-, Grubbs- und andere Tests verfügbar. Weit verbreitet sind der Shapiro-Wilks-Test und der Grubbs-Test [3].

Der Grubbs-Test ist verteilungsabhängig (Gauss-Verteilung) und erfordert einen größeren Stichprobenumfang ($n > 7$). Hier entspricht die Prüfung prinzipiell dem Vergleich des ausreißerverdächtigen Werts $x_A$ mit dem Mittelwert einschließlich dessen Zufallsfehler. Die Prüfung (Nullhypothese: verdächtiger Wert gehört zur Stichprobe) umfasst die Schritte:
- Berechnung der Prüfgröße[13]

$$\hat{g} = \frac{|\bar{x} - x_A|}{s} \tag{2.13}$$

- Vergleich Prüfgröße mit Vergleichsgröße der $g(\alpha, n)$-Tabelle A.2

13 Die Standardabweichung $s$ in Gleichung (2.13) impliziert an dieser Stelle das Vorliegen einer Gauss-Verteilung. Wird zur Berechnung Gleichung (2.3) verwendet, muss bewusst sein, dass dies bei asymmetrischen/mehrgipfligen Verteilungen kein optimaler Schätzwert ist für die Standardabweichung dieser Stichprobe ist.

– Verifizierung der Nullhypothese, wenn gilt:

$$\hat{g} < g(0{,}05, n) \quad \Rightarrow \text{kein Ausreißer;}$$
$$g(0{,}05, n) < \hat{g} \leq g(0{,}01, n) \quad \Rightarrow \text{wahrscheinlicher Ausreißer;}$$
$$\hat{g} > g(0{,}01, n) \quad \Rightarrow \text{signifikanter Ausreißer.}$$

Wurde ein Ausreißer aus der Stichprobe entfernt, muss erneut die Homogenität der Stichprobe geprüft werden, indem wieder Mittelwert, Standardabweichung und die Prüfgröße $\hat{g}$ berechnet und verifiziert werden. Der Zyklus wird wiederholt, bis keine Ausreißer mehr gefunden werden. Das Vorgehen bei einem „wahrscheinlichen Ausreißer" bleibt dem Anwender überlassen, auf jeden Fall sollte dies dokumentiert werden.

**Bsp. 2.4:** Nitratuntersuchung in einer Kläranlage, Ausreißerprüfung.

Der achte Wert (39,00) ist ausreißerverdächtig, da er den größten Abstand vom Mittelwert (25,16) hat. Mit $s \simeq 5{,}27$ folgt nach Gleichung (2.13): $\hat{g} \simeq 2{,}63$; Vergleichsgröße $g(0{,}01, 10) = 2{,}41$ $\Rightarrow$ signifikanter Ausreißer! Der Messwert 39,00 ist ein signifikanter Ausreißer und wird aus der Stichprobe eliminiert. Wiederholung Grubbs-Test. Zu prüfender Messwert: 19,97; $\bar{x} \simeq 23{,}62$; $s \simeq 2{,}15$; $\hat{g} \simeq 1{,}69$; $g(0{,}05, 9) = 2{,}11 \Rightarrow$ keine weiteren Ausreißer!

### 2.3.2 Prüfung der Verteilung der Stichprobe

Eine der Prämissen für die Berechnung der statistischen Parameter wie Mittelwert oder Standardabweichung ist das Vorliegen einer eingipfligen, symmetrischen Wahrscheinlichkeitsfunktion (z. B. Gauss-Dichtefunktion). Abbildung 2.1 verdeutlicht, dass z. B. bei einer asymmetrischen Poisson-Dichtefunktion der Wert mit der größten Wahrscheinlichkeit (Maximum) nicht dem Mittelwert entspricht.

Für die Verteilungsprüfung wird oft der Kolmogoroff-Smirnoff-Test (Lilliefors) eingesetzt[14] [1, 6], da dieser auch bei einer kleinen Stichprobe und unterschiedlichen Verteilungen angewendet werden kann. Es wird im Prinzip die Summenhäufigkeit der Messwerte als beobachtete Verteilungsfunktion ($F_i$, vgl. Abbildung 2.3) der Messwerte mit der betrachteten, theoretischen Verteilungsfunktion (z. B. Gauss-Verteilungsfunktion, $\Phi_i$) verglichen. Die maximale Abweichung über alle Stichprobenwerte dient als Prüfgröße.

14 Im $\chi^2$-Test wird die Stichprobe in Klassen unterteilt und die Abweichung der beobachteten Häufigkeit der Klasse von der theoretischen Häufigkeit (Dichtefunktion) herangezogen. Hier sind mehr als 50 Werte nötig.

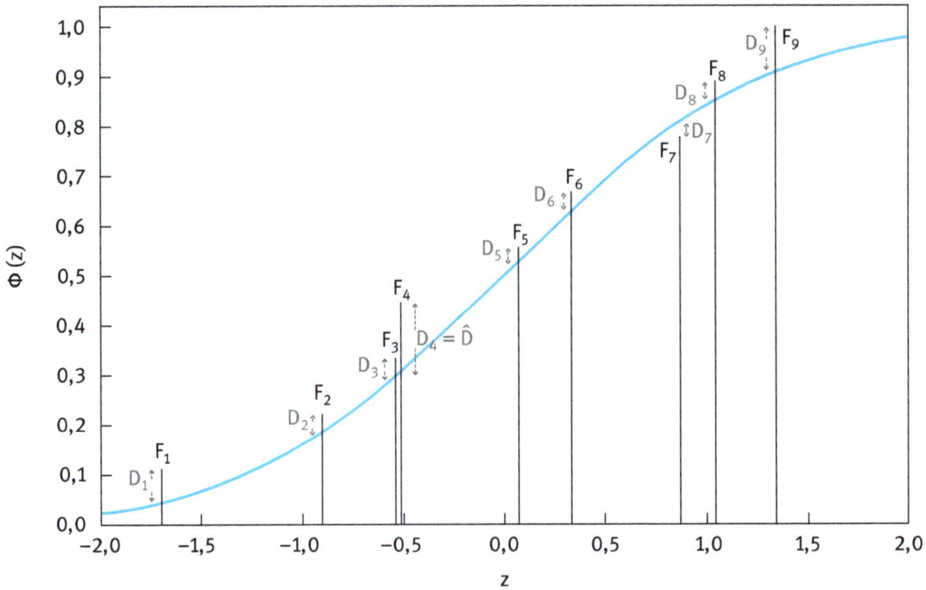


Abb. 2.3: Verdeutlichung von theoretischer ($\Phi$) und beobachteter ($F$) Summenhäufigkeit am Beispiel der Stichprobe Nitratanalyse in der Kläranlage.

Prüfung der Nullhypothese (Vorliegen einer Gauss-Verteilung) besteht aus den Schritten:

- Bestimmung beobachtete Summenhäufigkeit $F_i$ jedes Messwerts $x_i$

$$F_i = \sum_{i=1}^{m} \frac{j}{n} \tag{2.14}$$

  mit $j$: absolute Häufigkeit = Anzahl des Wertes $x_i$; $m$: Messwertnummer.
- Berechnung von Mittelwert $\bar{x}$ und Standardabweichung $s$ der Stichprobe
- Berechnung der Standardnormalvariablen

$$z_i = \frac{(x_i - \bar{x})}{s} \tag{2.15}$$

- Ermittlung der theoretischen Häufigkeit $\Phi_i$ für alle Messwerte aus der $\Phi(z)$-Tabelle A.3 mit $\Phi(z)$: Verteilungsfunktion z. B. der Gauss-Verteilung
- Berechnung der absoluten Differenzen $D_i$ der Summenhäufigkeiten $|F_i - \Phi_i|$
- Berechnung Prüfgröße $\hat{D}$ aus der maximalen Differenz

$$\hat{D} = \max |F_i - \Phi_i| \tag{2.16}$$

- Vergleich der Prüfgröße $\hat{D}$ mit den Werten der $D(\alpha, n)$-Tabelle A.4

Für $\hat{D}$ kleiner als $D(0{,}05, n)$ folgt die Annahme der Nullhypothese der Gauss-Verteilung.

Die Verteilungsprüfung erfolgt exemplarisch anhand der Nitratdaten aus Beispiel 2.4.

**Bsp. 2.5:** Nitratuntersuchung in einer Kläranlage, Prüfung der Gauss-Verteilung (vgl. Abb. 2.3).

$n = 9$; $\bar{x} = 23{,}62$; $s = 2{,}15$

| **Nr.** *m* | **1** | **2** | **3** | **4** | **5** | **6** | **7** | **8** | **9** |
|---|---|---|---|---|---|---|---|---|---|
| $x_i$ (sortiert) | 19,97 | 21,68 | 22,45 | 22,51 | 23,77 | 24,32 | 25,5 | 25,86 | 26,51 |
| $z_i$ | −1,69 | −0,90 | −0,54 | −0,51 | 0,07 | 0,33 | 0,87 | 1,04 | 1,34 |
| $j$ | 1 | 1 | 1 | 1 | 1 | 1 | 1 | 1 | 1 |
| $F_i$ | $=\frac{1}{9}$ $=0{,}111$ | $=\frac{1}{9}+\frac{1}{9}$ $=0{,}222$ | 0,333 | 0,444 | 0,556 | 0,667 | 0,778 | 0,889 | 1,000 |
| $\Phi_i$ | 0,046 | 0,184 | 0,295 | 0,302 | 0,528 | 0,629 | 0,808 | 0,851 | 0,910 |
| $D_i$ | 0,066 | 0,038 | 0,039 | **0,143** | 0,028 | 0,037 | 0,030 | 0,038 | 0,090 |

$\hat{D} = 0{,}143$; $D(0{,}05, 9) = 0{,}273$

### 2.3.3 Trendtest

Bei kontinuierlicher Vergrößerung (oder Verkleinerung) der Messwerte einer Stichprobe ist die Angabe der deskriptiven, statistischen Parameter nicht sinnvoll. Die Trendprüfung (Cox/Stuart) [5] erfolgt mit ausreißerbereinigter Stichprobe.

Zur Ausführung erfolgt die Aufteilung der Stichprobe in drei gleiche Teile. Aus Vergleich des $i$-ten Wertes aus dem ersten Drittel mit dem entsprechendem $i$-ten Wert des letzten Drittels folgt der Eintrag +1, wenn $i$-ter Wert des ersten Drittels kleiner als $i$-ter Wert des letzten Drittels ist, ansonsten folgt −1.
Als Summe der +1- bzw. −1-Einträge wird die Prüfsumme $PS$ bestimmt.
Die Prüfgröße ist

$$\hat{c} = \frac{|PS - n/6| - 0{,}5}{\sqrt{n/12}} \quad \text{für } n < 30 \tag{2.17}$$

bzw.

$$\hat{c} = \frac{|PS - n/6|}{\sqrt{n/12}} \tag{2.18}$$

Die Vergleichsgröße ist $z_i = 1{,}644854$.
Die Nullhypothese (kein Trend) wird akzeptiert wenn gilt:

$$|\text{Prüfgröße}| < \text{Vergleichsgröße}.$$

Bsp. 2.6: Nitratuntersuchung in einer Kläranlage, Trendtest.

| $x_i$, 1. Drittel | $x_i$, 3. Drittel | $x_i^{1.} \leftrightarrow x_i^{3.}$ |
|---|---|---|
| 24,32 | 26,51 | +1 |
| 19,97 | 25,86 | +1 |
| 22,45 | 22,51 | +1 |

$PS$: 3
$\hat{c}$: 1,15
$z_i$: 1,644854
kein Trend

### 2.3.4 Zusammenfassung

Die Parameter für die Stichprobe der Nitratmessungen der Kläranlage sind wie folgt:

Bsp. 2.7: Nitratuntersuchung in einer Kläranlage, Zusammenfassung.

| | |
|---|---|
| Anzahl | 9 |
| Mittelwert | 23,62 |
| Standardabweichung | 2,15 |
| Konfidenzintervall | 1,66 |
| Schiefe | −0,26 |
| Kurtosis | −0,80 |
| Prüfung Gauss-Verteilung | akzeptiert |
| Trendtest | kein Trend |

Ausreißerzahl: 1 (Ausreißer: 39,00)

$s_{rel}$ [%]: 9,12

## 2.4 Vergleich statistischer Parameter

### 2.4.1 Vergleich von Mittelwerten

Eine häufige Fragestellung ist die Signifikanz des Unterschieds der Mittelwerte zweier Stichproben. Es wurden z. B. bei zwei Temperaturen unterschiedliche Ausbeuten einer Reaktion ermittelt. Zu klären ist, ob dieser Unterschied signifikant ist und damit z. B. den Aufwand einer höheren Temperatur rechtfertigt.

Prinzipiell entspricht dies einem Vergleich beider Mittelwerte unter Berücksichtigung ihrer Streuungsmaße. Die statistische Prüfung der Nullhypothese (Mittelwerte unterscheiden sich lediglich durch Zufallsfehler) erfolgt durch den $t$-Test.[15]

15 Alternative, nichtparametrische Tests für Gleichung (2.19) bzw. Gleichung (2.20) sind der Wilcoxon-Test bzw. Mann-Whitney-$U$-Test.

Es wird die Prüfgröße $\hat{t}$ mit dem Wert der Student-$t$-Tabelle (zweiseitig) verglichen [1, 6]:

$$\hat{t} = \frac{|\bar{x}_1 - \bar{x}_2|}{\sqrt{\frac{(n_1 - 1)s_1^2 + (n_2 - 1)s_2^2}{n_1 + n_2 - 2}}} \sqrt{\frac{n_1 n_2}{n_1 + n_2}} \tag{2.19}$$

mit Freiheitsgrad $f = n_1 + n_2 - 2$, Index 1 bezieht sich auf die erste, 2 auf die zweite Messserie.

Voraussetzung ist, das beide Standardabweichungen nicht signifikant verschieden sind (vgl. Kapitel 2.4.2).

Im Fall, dass der Unterschied beider Streuungsmaße nicht vernachlässigt werden kann, gilt

$$\hat{t} = \frac{|\bar{x}_1 - \bar{x}_2|}{\sqrt{\frac{s_1^2}{n_1} + \frac{s_2^2}{n_2}}} \tag{2.20}$$

mit Freiheitsgrad

$$f = \frac{\left(\frac{s_1^2}{n_1} + \frac{s_2^2}{n_2}\right)^2}{\frac{(s_1^2/n_1)^2}{n_1 - 1} + \frac{(s_2^2/n_2)^2}{n_2 - 1}}$$

Für den Vergleich eines Mittelwerts mit einer theoretischen Größe $\mu_0$:

$$\hat{t} = \frac{|\bar{x}_1 - \mu_0|}{s} \sqrt{n} \quad \text{einseitiger } t\text{-Test}, f = n - 1. \tag{2.21}$$

Verglichen wird der $\hat{t}$-Wert mit dem $t(\alpha, f)$-Wert der $t$-Tabelle [1, 6]. Es folgt:

$$\begin{aligned} \hat{t} &< t(0{,}05, f) && \Rightarrow \text{kein Unterschied} \\ t(0{,}05, f) < \hat{t} &\leq t(0{,}01, f) && \Rightarrow \text{wahrscheinlicher Unterschied} \\ \hat{t} &> t(0{,}01, f) && \Rightarrow \text{signifikanter Unterschied} \end{aligned}$$

**Bsp. 2.8:** Nitratuntersuchung in einer Kläranlage, Vergleich Mittelwerte (Daten Kapitel 2.3.4).

(a) Es ist zu klären, ob sich eine Doppelbestimmung am folgenden Montag (32,2 / 32,6) von der vorherigen zweiwöchigen Stichprobe ($\bar{x} = 23{,}62$; $s = 2{,}15$; $n = 9$) unterscheidet.
Für den Vergleich Mittelwert von Doppelbestimmung Montag bzw. zweiwöchiger Stichprobe folgt mit Gleichung (2.19): $\hat{t} \simeq 5{,}22$ bzw. $t(0{,}01, 9) = 3{,}25$.
(Annahme einer konstanten Messwertstreuung $s_1 = s_2 \simeq 2{,}15$)
D. h., die Mittelwerte sind verschieden, die Nitratbelastung der Anlage am Montag war signifikant höher.

(b) Als Referenzwert ($\mu_0$) dient der gesetzlich festgelegte Grenzwert 20,0. Zur Prüfung, ob der 14-tägige Mittelwert (23,62) über dem Grenzwert liegt, gilt nach Gleichung (2.21): $\hat{t} \simeq 5{,}05$ bzw. $t(0{,}01, 8) = 2{,}896$.
(Bei der Prüfung, ob ein Mittelwert ober- bzw. unterhalb eines Grenzwertes liegt, werden in Gleichung (2.21) nicht der Absolutwert, sondern die realen Messwerte im Zähler eingesetzt.)
Daraus resultiert, das 14-Tage-Mittel liegt signifikant über dem Grenzwert.

### 2.4.2 Vergleich von Varianzen

Eine weitere Fragestellung ist häufig, ob die Standardabweichungen von zwei Stichproben sich unterscheiden[16]. Hat z. B. der Mitarbeiter 1 die Messungen reproduzierbarer ausgeführt als sein Kollege?

Als Nullhypothese gilt, beide Standardabweichungen unterscheiden sich nur zufällig. Hierzu kann der $F$-Test eingesetzt werden, indem die Prüfgröße $\hat{F}$ berechnet wird [1, 6].

$$\hat{F} = \frac{s_1^2}{s_2^2} \geq 1 \tag{2.22}$$

(Freiheitsgrade $f_1 = n_1 - 1$ bzw. $f_2 = n_2 - 1$ der 1. bzw. 2. Stichprobe).
Verglichen wird $\hat{F}$ mit dem $F(\alpha, f_1, f_2)$-Wert der $F$-Tabelle A.5.
Wenn gilt:

$$\begin{aligned} \hat{F} &< F(0{,}05, f_1, f_2) && \Rightarrow \text{kein Unterschied} \\ F(0{,}05, f_1, f_2) < \hat{F} &\leq F(0{,}01, f_1, f_2) && \Rightarrow \text{wahrscheinlicher Unterschied} \\ \hat{F} &> F(0{,}01, f_1, f_2) && \Rightarrow \text{signifikanter Unterschied} \end{aligned}$$

**Bsp. 2.9:** Nitratuntersuchung in einer Kläranlage, Vergleich Varianzen (Daten Kapitel 2.3.4).

In der nächsten 14-Tage-Periode wurden folgende Werte von einem anderen Mitarbeiter erfasst:

32,40 / 26,31 / 22,54 / 24,30 / 21,90 / 22,66 / 28,15 / 20,82 / 25,61 / 27,36

mit $\bar{x} \simeq 25{,}20$; $s \simeq 3{,}51$; $s_{rel} \simeq 13{,}9\,\%$ (kein Ausreißer, kein Trend, symmetrisch eingipflig).

Zum Vergleich der Streuungsmaße beider Stichproben gilt $\hat{F} \simeq 2{,}67$ und $F(0{,}05, 8, 9) = 3{,}23$.
Daraus resultiert, dass sich die Messunschärfe nicht signifikant geändert hat.

16 homoskedastisch: Messwertstreuung bei verschiedenen Stichproben sind vergleichbar, ansonsten heteroskedastisch

## 2.5 Literatur

[1] Sachs, L., Angewandte Statistik, 6. Aufl. Springer Verlag, Berlin, (1984)
[2] Doerffel, K., Statistik in der Analytischen Chemie, Deutscher Verlag für Grundstoffindustrie, 1990
[3] Kaiser, R., Gottschalk, G., Elementare Tests zur Beurteilung von Meßdaten. B. I. Hochschultaschenbuch, 774, Mannheim, 1972
[4] Danzer, K., Fres. Z. Anal. Chem., 335, 869–875, 1989
[5] Conover, Practical Nonparametric Statistics, Third Edition, Wiley, 170ff., 1999
[6] Bosch, K., Statistik-Taschenbuch, Oldenbourg-Verlag, München, 1998

## 2.6 Übungen

2.1. Geben Sie die Stichprobe 3,41 / 3,35 / 3,47 / 3,59 / 3,53 / 3,46 / 3,47 / 3,46 / 3,43 / 3,42 / 3,56 / 3,75 / 3,63 / 3,53 / 3,48 in eine Tabellenkalkulation ein und führen eine Ausreißerprüfung durch. Berechnen Sie Mittelwert, Standardabweichung, Median und Interquartilsabstand mit und ohne Ausreißereliminierung und vergleichen Sie die entsprechenden Resultate.

2.2. Als Wiederholungsmessung wurde die Doppelbestimmung 3,39 und 3,45 ermittelt. Mit Hilfe der Stichprobe aus Übung 2.1 berechnen Sie den Vertrauensbereich des Mittelwerts der Doppelbestimmung bzw. einer Vierfachmessung (3,39 / 3,45 / 3,41 / 3.33). Prüfen Sie die Alternativhypothese, dass der Erwartungswert (Mittelwert) der Doppelbestimmung kleiner ist als der der Stichprobe in Übung 2.1 ($\alpha = 0{,}05$).

2.3. Eine weitere Stichprobe ist gekennzeichnet durch $n = 12$, Mittelwert 3,9 und Standardabweichung 0,15. Mit Hilfe der Varianzanalyse ($F$-Test) prüfen Sie die Nullhypothese, dass beide Stichproben homoskedastisch sind.

## 2.7 Softwareanwendung

Die Auflistung der diversen Softwarepakete erhebt keinen Anspruch auf Vollständigkeit, es sind etablierte Vertreter bzw. für die Aufgabe speziell konzipierte Lösungen angegeben.

Etablierte Statistikpakete wie STATISTICA® (www.statsoft.de), SPSS® (SPSS.com) oder Statgraphics® (www.statgraphics.com) haben alle beschriebenen Parameter und Methoden implementiert. In vielen Fällen sind sie jedoch aufgrund ihres Leistungsumfangs schwierig anzuwenden und für einen Laboreinsatz z. B. auch aus Kostengründen oftmals nicht geeignet. Eine besondere Rolle nimmt hier das Statistikpaket RStudio/R (http://r-project.org) ein, da es modular aufgebaut und als freie Software auf nahezu allen Betriebssystemen zur Verfügung steht.

Eine besondere Stellung hat das dedizierte Programm MiniStat (www.chemometrie.info). Es zeichnet sich durch seine spezielle Ausrichtung auf die entsprechende Aufgabenstellung aus und deckt die beschriebenen Aspekte ab.
Der Einsatz von MiniStat bzw. die Umsetzung in RStudio/R soll die Anwendung der beschriebenen Theorie exemplarisch aufzeigen.

### 2.7.1 Einsatz MiniStat

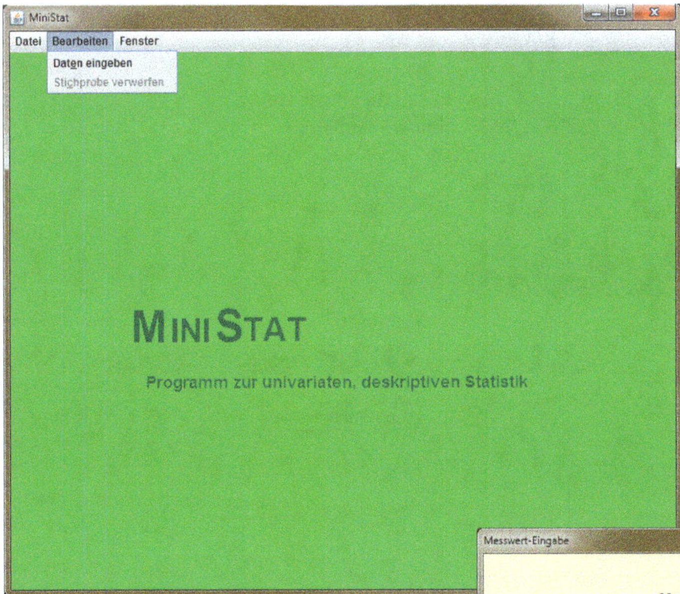


Programmstart

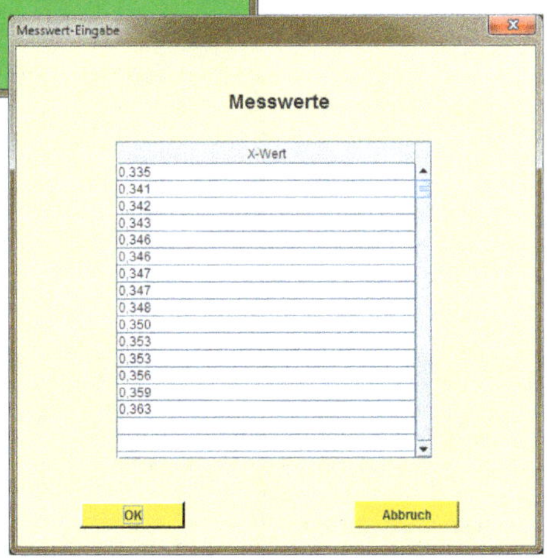


Manuelle Dateneingabe bzw. Import aus Textdatei

Vorgabe/Wahl der Statistik

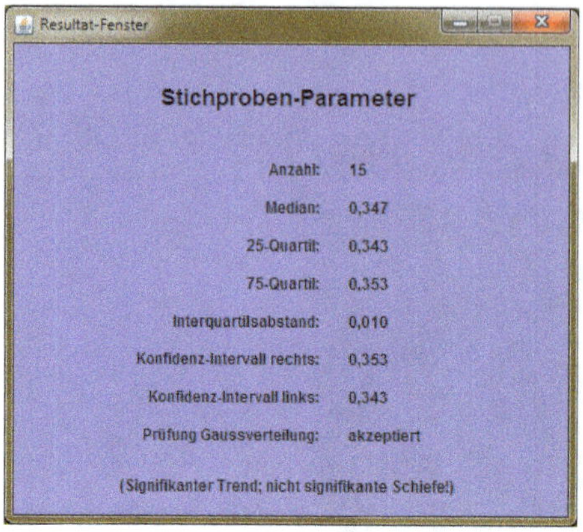


Resultate univariate, robuste Statistik

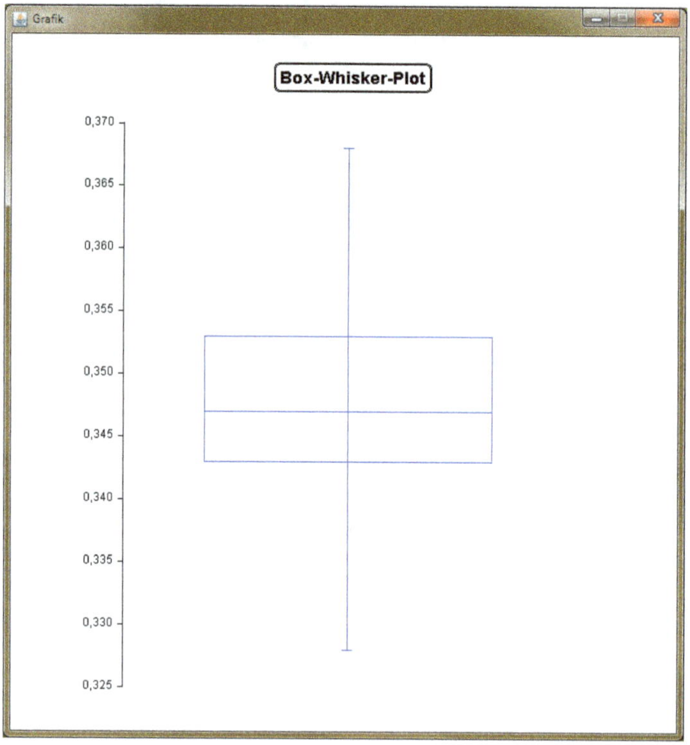


Box-Whisker-Plot

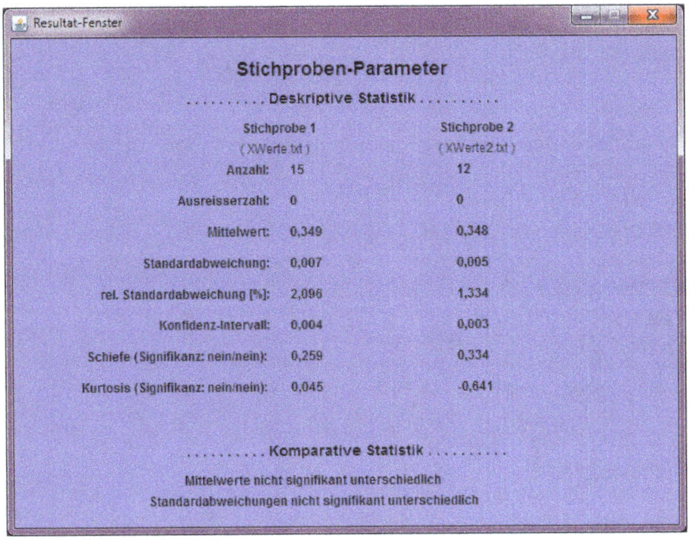


Resultate deskriptive und komparative Statistik

### 2.7.2 Umsetzung in RStudio/R

Es ist nicht Aufgabe dieses Buches, eine Einführung in R zu geben oder die Syntax von R-Funktionen zu beschreiben, hierzu steht eine Reihe guter Lehrbücher zur Verfügung [1, 2, Kapitel 8]. Auch ist es nicht Intention, ein R-Skript zu präsentieren, dass alle Themen dieses Kapitels vollständig abdeckt.

Im Folgenden werden exemplarisch Funktionen vorgestellt, mit denen wichtige statistische Parameter und Prüfverfahren in R umgesetzt und graphisch dargestellt werden können.

Deskriptive Statistik (vgl. Beispiel 2.3).

```
# Paket e1071 laden; Dimitriadon, Hornik, Leisch, Meier&Weingessel, 2012[17]
library("e1071")
# Import aus Textdatei xDaten1.txt (ohne Header) in Objekt sp
sp <- read.delim2("/media/reh/RDaten/xDaten1.txt", header=FALSE)
# Stichprobe zum Daten-Vektor X konvertieren
X <- sp[,1]
# Mittelwert
xM <- mean(X)
# Standardabweichung
s <- sd(X)
```

17 Kommentare werden in R mit # eingeleitet.

```
# rel. Standardabweichung
srel <- 100*(sd(X)/mean(X))
# Median
med <- median(X)
# Generierung aller Quantile und Zweisung derjenigen mit dem Index 25%
    und 75% zu quart
(quart <-quantile(X))[c("25%", "75%")]
# Vertrauensbereich Mittelwert (n=10)
t.test(X)
# Kolmogorov-Smirnoff-Test (Normalverteilung)
ks.test(X, "pnorm", xM, s)
# Schiefe aus Paket e1071
sk <- skewness(X)
# Kurtosis aus Paket e1071
kt <- kurtosis(X)
# Box-Whisker-Plot (Quantile)
boxplot(X)
```

Varianzanalysen (vgl. Beispiel 2.8 und 2.9).

```
# Import aus Textdatei xDaten1oA.txt (ohne Header, ohne Ausreißer) in
    Objekt sp1
sp1 <- read.delim2("/media/reh/Daten1/R_Skripte/RDaten/xDaten1oA.txt",
    header=FALSE)
X1 <- sp1[,1]
# Import aus Textdatei xDaten2.txt (ohne Header, ohne Ausreißer) in
    Objekt sp2
sp2 <- read.delim2("/media/reh/Daten1/R_Skripte/RDaten/xDaten2.txt",
    header=FALSE)
X2 <- sp2[,1]
# t-Test (Welch, ohne Voraussetzung Varianzhomogenität) zum Mittelwert-
    Vergleich sp1, sp2
t.test(X2, X1, var.equal=FALSE)
# $F$-Test
var.test(X2, X1)
```

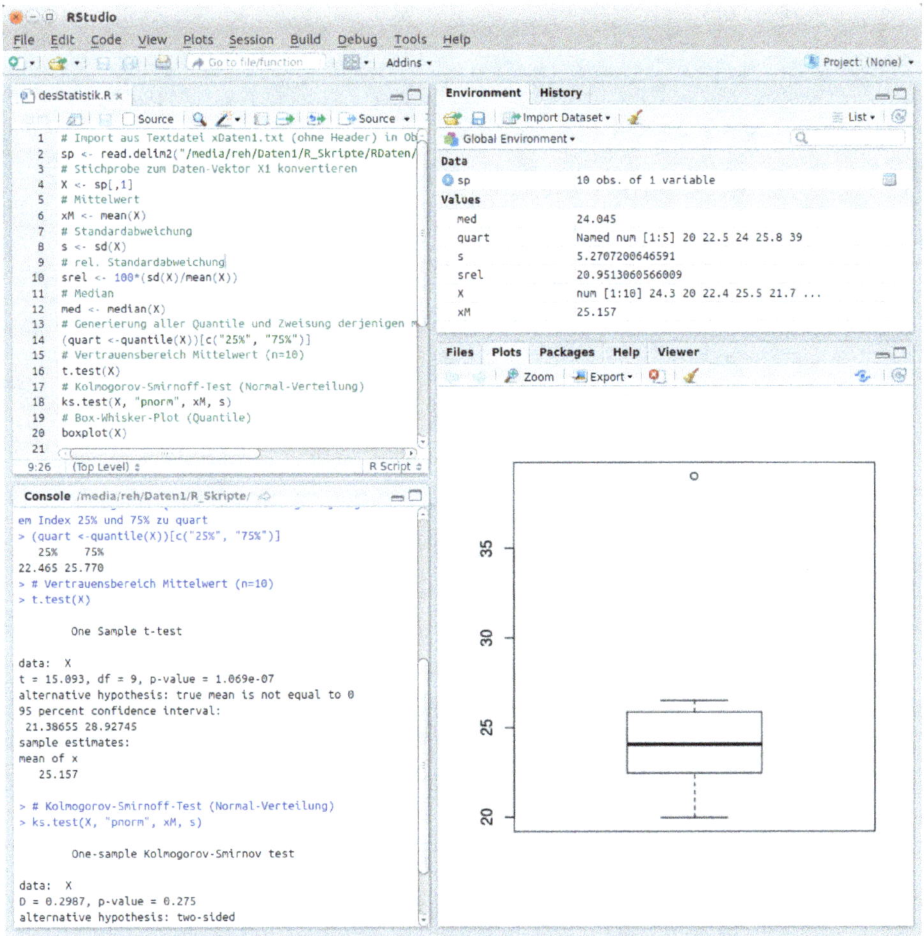


RStudio-Oberfläche (links oben: R-Sript, links unten: Kommandoeingabe, Ausgabe, rechts oben: Variablen, rechts unten: Graphik bzw. Verzeichnisse, Pakete, Hilfe)

# 3 Versuchsplanung, Prozessoptimierung

## 3.1 Einführung

Eine der häufigsten Aufgaben im technisch, naturwissenschaftlichen Bereich ist die Entwicklung und Optimierung von Prozessen. Dabei kann es sich sowohl um die Produktion eines Werkstücks oder die Optimierung eines Prozessablaufs z. B. in der chemischen Produktion handeln. Selbst im betriebswirtschaftlichen Umfeld stellt die Minimierung der Kosten eine essentielle Aufgabenstellung dar. Ziel ist, bei minimalem Aufwand (Material, Zeit) und Kosten (Entwicklung, Rücklauf) eine gewünschte Produktverbesserung zu erreichen, weshalb der Einsatz effizienter Strategien nicht hoch genug eingeschätzt werden kann.

Aufgabe sei die Untersuchung eines Fertigungsprozesses, mit dem Ziel, die wichtigsten Einflussgrößen, deren günstigste Einstellung und evtl. gegenseitige Beeinflussung zu ermitteln. So kann die Toleranz eines Werkstücks (z. B. die Variation des Kurbelwellen-Durchmessers auf der Drehbank) minimiert werden, die z. B. von der Varianz der Ausgangsmaterialien und den Fertigungsbedingungen beeinflusst wird. Oder es soll die Ausbeute einer chemischen Reaktion optimiert werden, die z. B. von der Konzentration der Reagenzien und dem pH-Wert des Reaktionsmediums abhängig ist. In einem ersten Schritt ist zu ermitteln, welche Einflussgrößen einen relevanten Einfluss haben, für dieses Screening der Einflussgrößen dient meist die statistische Versuchsplanung. Danach wird versucht, die beste Einstellung dieser Faktoren zu finden, diese Optimierung der relevanten Faktoren erfolgt dann mittels Simplex- bzw. Response-Surface-Prozess.

Eine bekannte Optimierungsmethode ist die „Eins-nach-dem-Anderen"-Strategie, d. h. ein Faktor wird nach dem anderen variiert. Ihr Einsatz sollte vermieden werden, da die Methode aufwendig ist und oft nicht zum Ziel führt. Immer wenn die Einflussgrößen (Faktoren) einander beeinflussen, wird diese Strategie das Optimum nicht erreichen (Einfluss von Wechselwirkungen, siehe Abbildung 3.1). Bei dem Beispiel der Reaktionsoptimierung ist es nicht sinnvoll, zuerst den pH-Wert zu ändern und die Reagenzkonzentration konstant zu halten, um dabei die entsprechende Ausbeute zu bestimmen, bzw. wenn der günstigste pH-Wert gefunden ist, diesen konstant zu halten und dann die Konzentration zu variieren. Es folgt aufgrund der Wechselwirkungen (siehe Kapitel 3.2.2) zwischen pH-Wert und Konzentration eine Fehloptimierung (Abbildung 3.1).

Einfache Versuchspläne oder eine Simplex-Optimierung können von Hand ausgeführt werden. Dedizierte Software, z. B. VPlan, SimSoft oder RSMSoft sollten eine breite und einfache Anwendung dieser wichtigen Strategien begünstigen.

DOI 10.1515/9783110451030-004

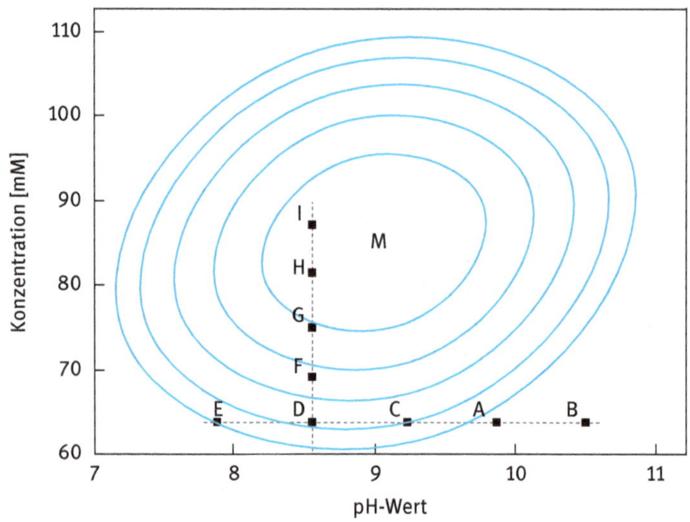


Abb. 3.1: Höhenliniendarstellung einer Fehloptimierung mit konventioneller Strategie. (Optimierung mit pH-Werten bei A → B → C → D → E, dann Konzentrationen bei F → G → H → I, Optimum an Punkt M)

## 3.2 Statistische Versuchsplanung

### 3.2.1 Grundlagen

Im ersten Schritt wird die *Zielgröße* festgelegt. Sie repräsentiert die zu untersuchende Eigenschaft des Prozesses, z. B. der Unterschied der Werkstückdicke, die Menge der produzierten Substanz oder die Herstellungskosten.

Der nächste Schritt ist die Festlegung der denkbaren Einflussgrößen (*Faktoren*) auf die Zielgröße. Es gibt unterschiedliche Ansätze, diesen Auswahlprozess graphisch zu untermauern, z. B. in einem Ursache-Wirkung-Diagramm bzw. Ishikawa-Diagramm (Abbildung 3.2).

Entscheidend ist, dass kein relevanter Faktor unberücksichtigt bleibt, eine zu große Zahl von behandelten Faktoren erhöht dagegen den Untersuchungsaufwand erheblich. Eine Option ist, alle involvierten Personen, z. B. aus Entwicklung und Produktion in einem Brainstorming einzubeziehen. Dieser Planungsprozess (*design of experiment*) wurde von Shainin ausführlich behandelt und beschrieben [1, 2].

Vor Einsatz eines Versuchsplans kann zur Faktor-Reduzierung z. B. die Pareto-Analyse eingesetzt werden[1]. Bei der Pareto-Analyse werden die möglichen Faktoren nach ihrem Einfluss auf die Zielgröße bewertet (evtl. empirisch geschätzt), der Größe

1 Alternative Ansätze sind Multivariations-Karten, paarweiser Vergleich oder Komponentensuche.

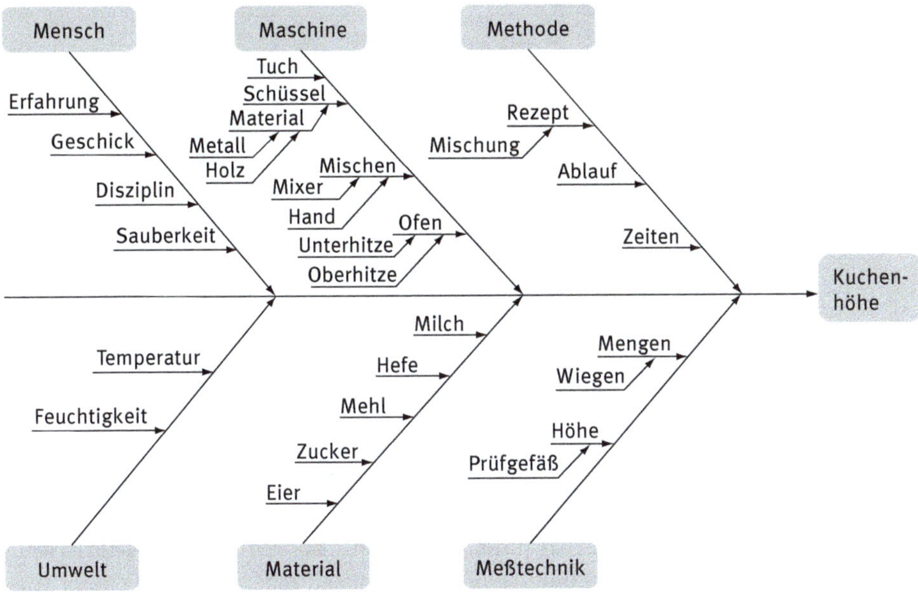


Abb. 3.2: Ursache-Wirkung-Diagramm zur Herstellung eines Hefekuchens (in Anlehnung an Gimpel, B., GfQS Aachen).

nach sortiert, prozentual normiert (Summe aller Einflüsse ergibt 100 %) und kumuliert (Beitrag eines Einflusses ist Summe aller vorherigen plus eigenem Anteil). Exemplarisch wird das Vorgehen für die Minimierung von Untersuchungskosten einer MS-Untersuchung in Tabelle 3.1 angegeben.

Tab. 3.1: Kostenabschätzung für massenspektrometrische Untersuchungen.

| **Kostenfaktoren MS-Analyse (€ pro Stunde)** | | | **Kostensätze** | **prozentual** | **kumulativ** |
|---|---|---|---|---|---|
| Geräte-Abschreibung (10 Jahre) | 10,00 € | | Stundensatz | 34,88 % | 34,88 |
| Zinsen (kalkulatorisch) | 1,50 € | | Abschreibung | 23,26 % | 58,14 |
| Instandhaltung (Wartung, Reparatur) | 2,00 € | | Verbrauchsmaterial | 23,26 % | 81,40 |
| Raumkosten (Strom, Wasser) | 1,50 € | → | Personalkosten | 6,97 % | 88,37 |
| Verbrauchsmaterial (Reagenzien) | 10,00 € | | Instandhaltung | 4,65 % | 93,02 |
| Stundensatz (Operator) | 15,00 € | | Zinsen | 3,49 % | 96,51 |
| Personalkosten (Verwaltung) | 3,00 € | | Raumkosten | 3,49 % | 100,00 |

Die nach Einfluss sortierten Faktoren werden im Pareto-Diagramm (Abbildung 3.3) als Balken, bzw. deren Kumulation als Summenkennlinie graphisch dargestellt.

Aus dem Pareto-Diagramm wird deutlich, dass mit wenigen (hier 3) Faktoren mehr als 80 % der Zielgröße (Kostensatz) abgedeckt werden, auf die sich die Versuchsplanung/Optimierung konzentrieren sollte (in diesem Fall sind Verbrauchskosten und

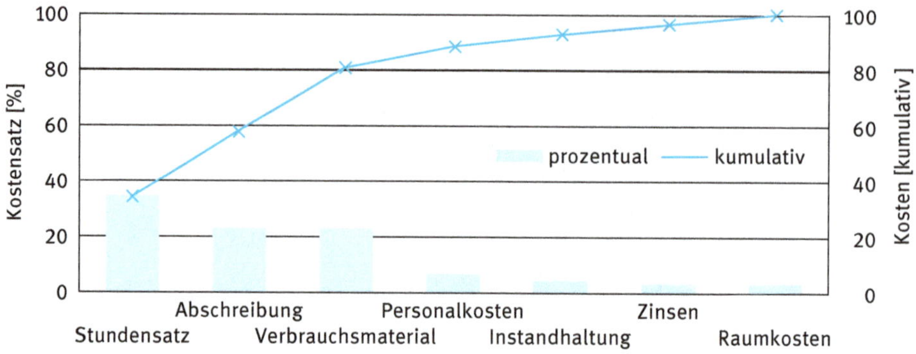


Abb. 3.3: Pareto-Diagramm zur Kostenminimierung von MS-Untersuchungen.

Overhead zu minimieren, da die ersten beiden Faktoren vermutlich invariant sein werden).

Die *Faktorzahl* legt die Zahl der zu untersuchenden Faktoren für den Prozess fest. Die *Stufenzahl* gibt an, wie viele unterschiedliche Einstellungen für einen Faktor vorgegeben werden. Normalerweise werden für Versuchspläne zwei Stufen festgesetzt. So wird für z. B. die Temperatur 25 °C bzw. 40 °C eingestellt oder die UV-Bestrahlung ist an oder aus. Versuchspläne mit drei Stufen sind meist nicht ratsam, da deutlich mehr Untersuchungen anfallen und relevante Aussagen über den Prozess besser nach numerischer Behandlung z. B. Response-Surface-Modelling (RSM, vgl. Kapitel 3.4) bestimmt werden.

### 3.2.2 Aufstellung des Versuchsplans

Für die experimentelle Ermittlung der Auswirkung der Faktoren auf die Zielgröße werden mehrere Versuche (bzw. Experimente) mit jeweils variierten Kombinationen der Faktoren mit veränderter Einstellung durchgeführt. Exemplarisch soll ein Versuchsplan für die Optimierung der Ausbeute (Zielgröße) einer chemischen Reaktion erstellt werden, die von den drei Faktoren Temperatur, pH-Wert und Reagenz-Konzentration bestimmt wird. Für die Untersuchungen (Ausbeute-Bestimmung) werden die Faktoren zunächst in zwei Stufen festgesetzt, dem niedrigeren Wert (z. B. 25 °C) wird die Zahl –1, dem höheren (z. B. 40 °C) formal +1 zugewiesen (vgl. Tabelle 3.2).

Faktoren für eine chemische Reaktion könnten z. B. sein:

- Temperatur,
- Reagenz-Konzentration,
- pH-Wert.

| Faktor | Stufen | |
|---|---|---|
| | **−1** | **+1** |
| Temp [°C] | 25 | 40 |
| Konz. [mM] | 0,5 | 25 |
| pH-Wert | 4,5 | 6,5 |

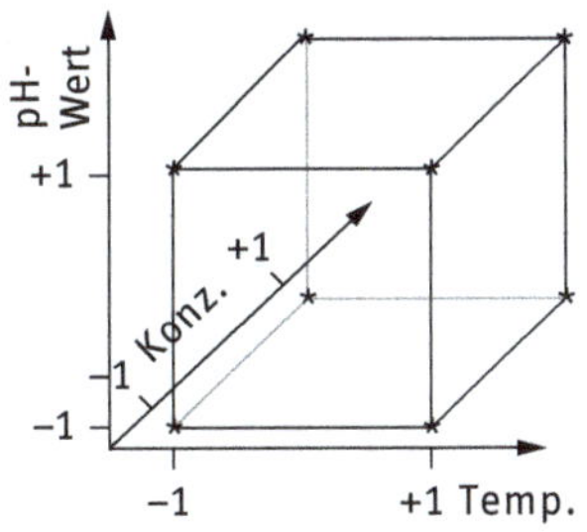


Die Faktoren werden in unterschiedlichen Zuständen (+1 oder −1) kombiniert, um die Auswirkung auf die Zielgröße (z. B. Ausbeute) experimentell zu ermitteln.
Der Versuchsplan fasst alle möglichen Konstellationen der Faktoren, z. B. in Tabelle 3.2 zusammen.

Tab. 3.2: Versuchsplan einer chemischen Reaktion.

| Versuch | Faktoren | | |
|---|---|---|---|
| | **Temp.** | **Konz.** | **pH** |
| 1 | −1 | −1 | −1 |
| 2 | +1 | −1 | −1 |
| 3 | −1 | +1 | −1 |
| 4 | +1 | +1 | −1 |
| 5 | −1 | −1 | +1 |
| 6 | +1 | −1 | +1 |
| 7 | −1 | +1 | +1 |
| 8 | +1 | +1 | +1 |

*Wechselwirkungen* geben den Einfluss eines Faktors auf einen anderen Faktor an. So kann z. B. die Konzentration eines Einsatzstoffes (z. B. ein Amin) einen Einfluss auf den pH-Wert des Reaktionsmediums haben. Daraus resultieren z. B. die asymmetrischen Zusammenhänge in Abbildung 3.1 und die hieraus folgende Fehloptimierung bei der „Eins nach dem Anderen"-Strategie. Häufig treten nur Einflüsse von zwei Faktoren auf, Einflüsse von drei oder mehr aufeinander wirkenden Faktoren kommen nur selten vor oder können in der Regel vernachlässigt werden. In den meisten Fällen ist es wichtig, Wechselwirkungen zu erkennen, da sich gegenseitig beeinflussende Faktoren nur zusammen betrachtet werden können. Bei der Auswertung des Versuchsplans erfolgt die Bestimmung von Wechselwirkungen aus der Produktbildung der verschiedenen Faktorzustände der entsprechenden Faktoren bei verschiedenen Versuchen (Tabelle 3.3 in Beispiel 3.1).

Der *Effekt* eines Faktors ist seine Auswirkung auf die Zielgröße und entspricht der Differenz zwischen den Resultatmittelwerten der oberen bzw. unteren Stufen (vgl. Gleichung (3.2)). Wichtigste Aufgabe der statistischen Versuchsplanung ist die Ermittlung der Faktoren mit großem (signifikantem) Effekt und Wahl der günstigsten Einstellung.

### 3.2.3 Auswertung des Versuchsplans

Nach Ausführung der Untersuchungen kann der Versuchsplan komplettiert werden, indem die Faktorstufen für die Wechselwirkungen ermittelt bzw. die resultierenden Effekte und deren Signifikanz berechnet werden. Eine ausführliche Abhandlung diverser Aspekte der statistischen Versuchsplanung bieten u. a. Barker bzw. Kleppmann [3, 4].

Für die Stufen der 2-Faktor-Wechselwirkungen von Faktor $A$ und $B$ (bei Versuch $i$) gilt:

$$\mathrm{FS}^i_{AB} = \mathrm{FS}^i_A \cdot \mathrm{FS}^i_B \qquad (3.1)$$

Analoges gilt für die 3-Faktor-Wechselwirkung der Faktoren $A$, $B$ und $C$ (die Stufen der verschiedenen Wechselwirkungen sind in Tabelle 3.3 kursiv hervorgehoben).

Der Effekt eines 2-Stufen-Designs wird berechnet mit

$$\text{Effekt} = \frac{1}{0{,}5 \cdot n_\mathrm{d}} \sum_{i=1}^{n_d} \mathrm{FS}^i \cdot \mathrm{ZG}^i \qquad (3.2)$$

mit ZG: Zielgröße (z. B. Ausbeute, Toleranz), FS: Faktorstufe (+1, −1), $AB$: Wechselwirkung zwischen Faktor $A$ und Faktor $B$ (z. B. Temperatur und Konzentration), $i$: Messnummer (zufällige Reihenfolge), $n_\mathrm{d}$: Zahl differenzierter Untersuchungen (ohne Wiederholungen, in Tabelle 3.3 ist $n_\mathrm{d} = 8$).

Zur Beurteilung, ob ein Effekt relevant (statistisch signifikant) ist, muss der Zufallsfehler bei der Untersuchung bekannt sein. Hierzu werden entweder alle Untersuchungen als Zweifach-Messungen angelegt oder bei einer Einstellung $n$ Wiederholungen durchgeführt. Letztere Variante ist effektiver, da bei großen Plänen weniger Untersuchungen anfallen. Die Bewertung eines Effekts entsprechend der Nullhypothese (Effekt ist signifikant $> 0$) erfolgt mittels $t$-Test. Für die Prüfgröße gilt:

$$\hat{t} = \frac{|\text{Effekt} - 0|}{s} \sqrt{n_\mathrm{d}} \qquad (3.3)$$

mit $s$: Standardabweichung (Wiederholungsmessungen Zielgröße).

Die Nullhypothese ist angenommen, wenn die Prüfgröße größer ist als die Vergleichsgröße $t(\alpha, f)$ der Student-$t$-Tabelle A.1 (Freiheitsgrad $f = n_\mathrm{d} - 1$, Signifikanzniveau $\alpha = 0{,}05$, zweiseitig).

Exemplarisch soll die Auswertung anhand des Versuchsplans für die Optimierung der Reaktionsausbeute einer chemischen Reaktion erfolgen.

Bsp. 3.1: Vollständiger Versuchsplan zur Reaktionsoptimierung.

Die Versuchs-Reihenfolge ist zufällig gewählt, nach den ersten acht Versuchen (vgl. Tabelle 3.2) werden sieben Wiederholungen durchgeführt.

Tab. 3.3: Versuchsplan Reaktionsausbeute einschließlich Resultaten und Auswertungen.

| **Reihenfolge** | **Faktoren** | | | **Wechselwirkungen** | | | | **Ausbeute [g]** |
|---|---|---|---|---|---|---|---|---|
| | **Temp.** | **Konz.** | **pH** | **Temp./ Konz.** | **Temp./ pH** | **Konz./ pH** | **Temp./ Konz./pH** | |
| 12 | −1 | −1 | −1 | *+1* | *+1* | *+1* | *−1* | 6,33 |
| 3 | +1 | −1 | −1 | *−1* | *−1* | *+1* | *+1* | 6,69 |
| 9 | −1 | +1 | −1 | *−1* | *+1* | *−1* | *+1* | 11,11 |
| 15 | +1 | +1 | −1 | *+1* | *−1* | *−1* | *−1* | 11,71 |
| 11 | −1 | −1 | +1 | *+1* | *−1* | *−1* | *+1* | 7,95 |
| 2 | +1 | −1 | +1 | *−1* | *+1* | *−1* | *−1* | 8,05 |
| 10 | −1 | +1 | +1 | *−1* | *−1* | *+1* | *−1* | 14,08 |
| 8 | +1 | +1 | +1 | *+1* | *+1* | *+1* | *+1* | 14,60 |
| 4 | +1 | +1 | +1 | *+1* | *+1* | *+1* | *+1* | 14,66 |
| 7 | +1 | +1 | +1 | *+1* | *+1* | *+1* | *+1* | 14,57 |
| 13 | +1 | +1 | +1 | *+1* | *+1* | *+1* | *+1* | 14,92 |
| 6 | +1 | +1 | +1 | *+1* | *+1* | *+1* | *+1* | 14,00 |
| 14 | +1 | +1 | +1 | *+1* | *+1* | *+1* | *+1* | 14,49 |
| 1 | +1 | +1 | +1 | *+1* | *+1* | *+1* | *+1* | 14,88 |
| 5 | +1 | +1 | +1 | *+1* | *+1* | *+1* | *+1* | 14,70 |
| **Effekt** | 0,40 | 5,62 | 2,21 | 0,17 | −0,09 | 0,72 | 0,04 | |
| **Signifikanz** | ja | ja | ja | nein | nein | ja | nein | |

(Bei der deklarierten Untersuchung 8 wurde der Mittelwert der Wiederholungsmessungen von 4, 7, 13, 6, 14, 1 und 5 eingesetzt.)

$$s \simeq 0{,}31; \quad \sqrt{n_\mathrm{d}} \simeq 2{,}83; \quad t(0{,}05, 7) = 2{,}365$$

$$\begin{aligned}
\mathrm{Effekt}_{\mathrm{Temp.}} &= 1/4 \cdot (-1 \cdot 6{,}33 + +1 \cdot 6{,}69 + -1 \cdot 11{,}11 + +1 \cdot 11{,}71 + -1 \cdot 7{,}95 \\
&\quad + +1 \cdot 8{,}05 + -1 \cdot 14{,}08 + +1 \cdot 14{,}60) \simeq 0{,}40 \\
\mathrm{Effekt}_{\mathrm{Konz.}} &= 1/4 \cdot (-1 \cdot 6{,}33 + -1 \cdot 6{,}69 + +1 \cdot 11{,}11 + +1 \cdot 11{,}71 + -1 \cdot 7{,}95 \\
&\quad + -1 \cdot 8{,}05 + +1 \cdot 14{,}08 + +1 \cdot 14{,}60) \simeq 5{,}62 \\
\mathrm{Effekt}_{\mathrm{pH}} &= 1/4 \cdot (-1 \cdot 6{,}33 + -1 \cdot 6{,}69 + -1 \cdot 11{,}11 + -1 \cdot 11{,}71 + +1 \cdot 7{,}95 \\
&\quad + +1 \cdot 8{,}05 + +1 \cdot 14{,}08 + +1 \cdot 14{,}60) \simeq 2{,}21 \\
\mathrm{Effekt}_{\mathrm{Temp./Konz.}} &= 1/4 \cdot (+1 \cdot 6{,}33 + -1 \cdot 6{,}69 + -1 \cdot 11{,}11 + +1 \cdot 11{,}71 + +1 \cdot 7{,}95 \\
&\quad + -1 \cdot 8{,}05 + -1 \cdot 14{,}08 + +1 \cdot 14{,}60) \simeq 0{,}17 \\
\mathrm{Effekt}_{\mathrm{Temp./pH}} &= 1/4 \cdot (+1 \cdot 6{,}33 + -1 \cdot 6{,}69 + +1 \cdot 11{,}11 + -1 \cdot 11{,}71 + -1 \cdot 7{,}95 \\
&\quad + +1 \cdot 8{,}05 + -1 \cdot 14{,}08 + +1 \cdot 14{,}60) \simeq -0{,}09
\end{aligned}$$

$$\text{Effekt}_{\text{Konz./pH}} = 1/4 \cdot (+1 \cdot 6{,}33 + +1 \cdot 6{,}69 + -1 \cdot 11{,}11 + -1 \cdot 11{,}71 + -1 \cdot 7{,}95 + -1 \cdot 8{,}05 + +1 \cdot 14{,}08 + +1 \cdot 14{,}60) \approx 0{,}72$$

$$\text{Effekt}_{\text{Temp./Konz./pH}} = 1/4 \cdot (-1 \cdot 6{,}33 + +1 \cdot 6{,}69 + +1 \cdot 11{,}11 + -1 \cdot 11{,}71 + +1 \cdot 7{,}95 + -1 \cdot 8{,}05 + -1 \cdot 14{,}08 + +1 \cdot 14{,}60) \approx 0{,}04$$

$$\hat{t}_{\text{Temp.}} = 0{,}04/0{,}31 \cdot 2{,}83 \approx 3{,}63$$

$$\hat{t}_{\text{Konz.}} = 5{,}62/0{,}31 \cdot 2{,}83 \approx 51{,}69$$

$$\hat{t}_{\text{pH}} = 2{,}21/0{,}31 \cdot 2{,}83 \approx 20{,}33$$

$$\hat{t}_{\text{Temp./Konz.}} = 0{,}17/0{,}31 \cdot 2{,}83 \approx 1{,}52$$

$$\hat{t}_{\text{Temp./pH}} = 0{,}09/0{,}31 \cdot 2{,}83 \approx 0{,}78$$

$$\hat{t}_{\text{Konz./pH}} = 0{,}72/0{,}31 \cdot 2{,}83 \approx 6{,}62$$

$$\hat{t}_{\text{Temp./Konz./pH}} = 0{,}04/0{,}31 \cdot 2{,}83 \approx 0{,}41$$

Die Auswertung des Versuchsplans für obige, chemische Reaktion ergibt: Alle Faktoren haben einen signifikanten Effekt und es gibt eine signifikante Wechselwirkung zwischen pH-Wert und Konzentration, welche sich in Abbildung 3.1 bereits angedeutet hat, die 3-Faktor-Wechselwirkung ist nicht signifikant.

Die Temperatur zeigt einen signifikanten aber nur kleinen Einfluss und kann bei weiteren Optimierungen evtl. außer Acht gelassen werden. Ein negativer Effekt (hier bei der Temp./pH-Wechselwirkung) zeigt an, dass die niedrige Einstellung günstiger ist.

Bei einer Wechselwirkung werden die betroffenen Faktoren gemeinsam betrachtet. Zur Bewertung von Konzentration und pH-Wert müssen jeweils alle Stufenkombinationen herangezogen werden, d. h. die mittleren Ausbeuten berechnet bei

- **hoher Konz./hohem pH-Wert (14,34 g)**,
- niedriger Konz./hohem pH-Wert (8,00 g),
- hoher Konz./niedrigem pH-Wert (11,41 g),
- niedriger Konz./niedrigem pH-Wert (6,51 g).

Daraus folgt, das eine hohe Konzentration und hoher pH-Wert eine maximale Ausbeute gewährleisten.

### 3.2.4 Spezielle Aspekte

#### Reduzierte Versuchspläne

Mit zunehmender Faktorzahl $p$ steigt die Zahl der Untersuchungen rapide an, wenn alle Konstellationen berücksichtigt werden. Für 2 Stufen ($2^p$-faktorieller Plan) ist die Versuchszahl $n_d = 2^p$ (ohne Wiederholungen), so sind bei 7 Faktoren 128 Experimente nötig sind. Dies erlaubt zwar die sichere Ermittlung aller Effekte und Wechselwirkungen auch für mehr als zwei zu untersuchende Faktoren, dies ist in der Praxis aber aus

Kosten- oder Zeitgründen oft nicht realisierbar. Verschiedene Ansätze ermöglichen die Reduktion der Versuchszahl ohne wesentliche Aspekte zu verlieren, z. B. fraktionell-faktorieller Versuchsplan, Plackett-Burman-Versuchsplan oder Taguchi-Methode. In allen Fällen müssen die erhaltenen Informationen und deren Relevanz kritisch hinterfragt werden.

*Screening* hat im Wesentlichen das Ziel, aus einer Vielzahl denkbarer Faktoren die relevanten Einflussgrößen zu ermitteln und evtl. deren sinnvolle Einstellung (oberer oder unterer Wert) festzulegen. In den meisten Prozessen gilt das Pareto-Prinzip, welches besagt, dass wenige (2 oder 3) Faktoren einen wesentlichen Einfluss auf den Prozess haben. Durch die Reduktion der Untersuchungszahl ist eine sichere Beurteilung von Wechselwirkungen oft nicht mehr möglich, da zumindest zwei unterschiedliche Faktoren/Wechselwirkungen zusammen erfasst und nicht differenziert werden können.

*Vermengung* bezeichnet das Phänomen, wenn durch Reduzierung der Untersuchungen mehrere Faktoren oder Wechselwirkungen nicht mehr getrennt interpretiert werden können, d. h. Effekte von Faktor und Wechselwirkungen sind überlagert.

*Auflösung* beschreibt den Grad der Vermengung bei reduzierten Versuchsplänen.[2] Bei Auflösung V oder größer liegen keine undifferenzierte Vermengungen vor, daher sind keine Fehlinterpretationen zu befürchten. Versuchspläne der Auflösung IV, wie z. B. beim fraktionell-faktoriellen Plan oder Plackett-Burman-Plan gewähren wie dargestellt bei deutlich reduziertem Untersuchungsaufwand gut interpretierbare Effekte für die Faktoren. Solche Versuchspläne werden auch als Screening-Pläne deklariert und sollen im Wesentlichen die relevanten Faktoren für einen Prozess ermitteln.

Höher vermengte Versuchspläne der Auflösung III oder kleiner sind nicht zu empfehlen. Hier ist es ratsam, mittels Vorversuchen oder systematische Beobachtungen (Shainin-Methoden, vgl. Kapitel 3.1) im Vorfeld die Zahl der zu untersuchenden Faktoren zu reduzieren. Etablierte, reduzierte Versuchspläne (Auflösung IV) sind z. B. der fraktionell-faktorielle oder der Plackett-Burman-Versuchsplan.

Beim *fraktionell-faktoriellen Plan* ($2^{p-k}$-faktorieller Plan, $p$: Zahl behandelter Faktoren, $k$: Zahl überlagerter Faktoren) ist jeder Faktor z. B. von einer 3-Faktoren- oder höheren Wechselwirkung überlagert. Geht man davon aus, dass eine 3-Faktor-Wechselwirkung $ABC$ unwahrscheinlich oder nicht signifikant ist, kann man die berechneten Stufen dieser Wechselwirkung (Spalte Temp./Konz./pH in Tabelle 3.3) verwenden, um damit einen weiteren Faktor zu bewerten. Dies bedeutet aber, dass die Faktorstufen des neuen Faktors $D$ (z. B. Zeit) identisch mit den Faktorstufen der Wechsel-

---

**2** Nach Gleichung (3.1) berechnen sich die Faktorstufen der Wechselwirkung als Produkt der Faktorstufen der beteiligten Faktoren, wie in Tabelle 3.4 für die 3-Faktor-Wechselwirkung $ABC$ leicht ersehen werden kann. Mit der Zuordnung $D = ABC$ wird formal ein Generator definiert, hier zu $ABCD$. Die Länge des (kleinsten) Generators der vermengten Wechselwirkungen (hier 4 Buchstaben) gibt das Maß der Auflösung (hier 4). Wäre z. B. ein Faktor $A$ vermengt mit $BC$ (Faktorstufen $A$ = Faktorstufen Wechselwirkung $BC$) wäre der entsprechende Generator $BCA$ und damit die Auflösung 3.

Tab. 3.4: $2^{4-1}$-fraktionell-faktorieller Versuchsplan.

| Versuch | Faktoren | | | | Wechselwirkungen | | | | | | | | | |
|---|---|---|---|---|---|---|---|---|---|---|---|---|---|---|
| | *A* | *B* | *C* | *D* | *AB* | *AC* | *AD* | *BC* | *CD* | *ABC* | *ABD* | *ACD* | *BCD* | *ABCD* |
| 1 | −1 | −1 | −1 | **−1** | +1 | +1 | +1 | +1 | +1 | **−1** | −1 | −1 | −1 | +1 |
| 2 | +1 | −1 | −1 | **+1** | −1 | −1 | +1 | +1 | −1 | **+1** | −1 | −1 | +1 | +1 |
| 3 | −1 | +1 | −1 | **+1** | −1 | +1 | −1 | −1 | −1 | **+1** | −1 | +1 | −1 | +1 |
| 4 | −1 | −1 | +1 | **+1** | +1 | −1 | −1 | −1 | +1 | **+1** | +1 | −1 | −1 | +1 |
| 5 | +1 | +1 | +1 | **+1** | +1 | +1 | +1 | +1 | +1 | **+1** | +1 | +1 | +1 | +1 |
| 6 | −1 | +1 | +1 | **−1** | −1 | −1 | +1 | +1 | −1 | **−1** | +1 | +1 | −1 | +1 |
| 7 | +1 | −1 | +1 | **−1** | −1 | +1 | −1 | −1 | −1 | **−1** | +1 | −1 | +1 | +1 |
| 8 | +1 | +1 | −1 | **−1** | +1 | −1 | −1 | −1 | +1 | **−1** | −1 | +1 | +1 | +1 |

wirkung von Temperatur, Konzentration und pH (vgl. Tabelle 3.3 und 3.4) ist und damit deren Effekte nicht mehr zu unterscheiden sind. In einem solchen $2^{4-1}$-fraktionellen Versuchsplan sind Faktor $D$ und die 3-Faktor-Wechselwirkung Temp./Konz./pH ($ABC$) vermengt. Tabelle 3.4 zeigt z. B. einen $2^{4-1}$-fraktionell-faktoriellen Versuchsplan.

Tabelle 3.5 gibt einen *Plackett-Burman-Versuchsplan* von 11 Faktoren an. Plackett-Burman-Pläne sind symmetrisch aufgebaut (*folding over*) [5]. Hier sind alle Faktoren (bis auf die Faktoren $A$ und $B$) gleichmäßig mit 2-Faktor-Wechselwirkungen vermengt. Bei kleinen Effekten der 2-Faktor-Wechselwirkungen, kann deren Einfluss auf die Faktoreffekte vernachlässigt werden. Aufgrund des symmetrischen Aufbaus von Plackett-Burman-Plänen kann die Versuchszahl halbiert werden, d. h. nur der erste Block (Versuch 1–12 in Tabelle 3.5) wird untersucht. Es resultiert ein stark vermengter Versuchsplan der Auflösung III.

### Taguchi-Methode

Die Bedeutung der Arbeiten von Taguchi liegt in einer neuen Bewertung der Qualität eines Produktes bzw. Prozesses. Zuvor definierten die Toleranzgrenzen des Herstellers die Produktqualität. Taguchi deklarierte als Qualitätsmerkmal die minimale Streuung der Produkteigenschaft aus Sicht des Kunden. Hieraus resultierte die Einführung von robusten Prozessen, d. h. geringe Streuung der Zielgröße, obwohl Prozessparameter (Produktionsbedingungen, Materialeigenschaften) in realistischem Rahmen variieren [6–8]. So differenziert Taguchi Prozessparameter als Steuerfaktoren (Faktoren für eine maximale Zielgröße z. B. pH, Konz.) und Rauschfaktoren (Faktoren verantwortlich für Prozessschwankungen z. B. Reagenzreinheit, Temperaturkonstanz). Steuerfaktoren können beim Prozess bzw. der Produktion vorgegeben werden. Rauschfaktoren lassen sich zwar bei der Entwicklung definiert einstellen, bei Produktion bzw. Einsatz aber nicht kontrolliert werden, es können lediglich Spezifikationsgrenzen vorgegeben werden.

Tab. 3.5: Plackett-Burman-Versuchsplan zur Abschätzung von 11 Faktoren (Auflösung IV).

| Versuch | Faktoren | | | | | | | | | | |
|---|---|---|---|---|---|---|---|---|---|---|---|
| | *A* | *B* | *C* | *D* | *E* | *F* | *G* | *H* | *J* | *K* | *L* |
| 1 | +1 | −1 | +1 | −1 | −1 | −1 | +1 | +1 | +1 | −1 | +1 |
| 2 | +1 | +1 | −1 | +1 | −1 | −1 | −1 | +1 | +1 | +1 | −1 |
| 3 | −1 | +1 | +1 | −1 | +1 | −1 | −1 | −1 | +1 | +1 | +1 |
| 4 | +1 | −1 | +1 | +1 | −1 | +1 | −1 | −1 | −1 | +1 | +1 |
| 5 | +1 | +1 | −1 | +1 | +1 | −1 | +1 | −1 | −1 | −1 | +1 |
| 6 | +1 | +1 | +1 | −1 | +1 | +1 | −1 | +1 | −1 | −1 | −1 |
| 7 | −1 | +1 | +1 | +1 | −1 | +1 | +1 | −1 | +1 | −1 | −1 |
| 8 | −1 | −1 | +1 | +1 | +1 | −1 | +1 | +1 | −1 | +1 | −1 |
| 9 | −1 | −1 | −1 | +1 | +1 | +1 | −1 | +1 | +1 | −1 | +1 |
| 10 | +1 | −1 | −1 | −1 | +1 | +1 | +1 | −1 | +1 | +1 | −1 |
| 11 | −1 | +1 | −1 | −1 | −1 | +1 | +1 | +1 | −1 | +1 | +1 |
| 12 | −1 | −1 | −1 | −1 | −1 | −1 | −1 | −1 | −1 | −1 | −1 |
| 13 | −1 | +1 | −1 | +1 | +1 | +1 | −1 | −1 | −1 | +1 | −1 |
| 14 | −1 | −1 | +1 | −1 | +1 | +1 | +1 | −1 | −1 | −1 | +1 |
| 15 | +1 | −1 | −1 | +1 | −1 | +1 | +1 | +1 | −1 | −1 | −1 |
| 16 | −1 | +1 | −1 | −1 | +1 | −1 | +1 | +1 | +1 | −1 | −1 |
| 17 | −1 | −1 | +1 | −1 | −1 | +1 | −1 | +1 | +1 | +1 | −1 |
| 18 | −1 | −1 | −1 | +1 | −1 | −1 | +1 | −1 | +1 | +1 | +1 |
| 19 | +1 | −1 | −1 | −1 | +1 | −1 | −1 | +1 | −1 | +1 | +1 |
| 20 | +1 | +1 | −1 | −1 | −1 | +1 | −1 | −1 | +1 | −1 | +1 |
| 21 | +1 | +1 | +1 | −1 | −1 | −1 | +1 | −1 | −1 | +1 | −1 |
| 22 | −1 | +1 | +1 | +1 | −1 | −1 | −1 | +1 | −1 | −1 | +1 |
| 23 | +1 | −1 | +1 | +1 | +1 | −1 | −1 | −1 | +1 | −1 | −1 |
| 24 | +1 | +1 | +1 | +1 | +1 | +1 | +1 | +1 | +1 | +1 | +1 |

Bei Taguchi wird die statistische Versuchsplanung in spezieller Abwandlung genutzt. In einem kombinierten Versuchsplan wird versucht, beide Aspekte (Steuerfaktoren und Rauschfaktoren) gleichzeitig zu behandeln. Ziel ist es, optimale Faktorstufen für die Steuerfaktoren zu finden, bei denen sich die Rauschfaktoren nur wenig auswirken.

Für den Hauptteil des Versuchsplans (Steuerfaktoren, *inner array*) verwendet Taguchi sogenannte orthogonale Felder, die zumeist hochvermengte, fraktionell-faktorielle bzw. Plackett-Burman-Pläne der Auflösung III sind. Da nur Effekte der Faktoren ermittelt werden sollen, resultiert daraus eine deutlich reduzierte Versuchszahl. Für die Untersuchung der Rauschfaktoren (*outer array*) werden ebenfalls reduzierte Versuchspläne der Auflösung III eingesetzt.

Bei der Auswertung werden die verschiedenen Stufen der Rauschfaktoren wie mehrmalige Realisierungen der Steuerfaktoren behandelt, was faktisch unzutreffend und statistisch nicht korrekt ist. Aus den Resultaten der Steuerfaktoren resultieren dann die Effekte für deren Mittelwerte (z. B. optimaler pH, Konz.), aus der Behandlung der Rauschfaktoren resultieren als Effekte deren Streuung (z. B. die Varianz bei variierender Temperatur oder Reinheit).

Gravierender Nachteil ist jedoch die Behandlung von Wechselwirkungen. Nach Taguchi wird ein Teil der Wechselwirkungen mit Hilfe von so genannten Dreieckstabellen oder linearen Graphen berücksichtigt. Damit wird erreicht, dass nur zuvor definierte, bestimmte 2-Faktor-Wechselwirkungen nicht mit den Effekten der Faktoren vermengt sind. Der Einfluss anderer Wechselwirkungen wird dagegen ignoriert. Hier ist es auch nicht zielführend zu deklarieren, dass weitere Wechselwirkungen nicht von Interesse sind. Deren eventueller Einfluss auf die Faktoren bleibt trotzdem bestehen.

Im Vorfeld ist natürlich nicht bekannt, welche Wechselwirkungen auftreten und welchen Einfluss diese auf die Effekte der Faktoren eines hochvermengten Versuchsplans haben. Beispielsweise ist bei einem orthogonalen $L^{16}(2^{15})$-Taguchi-Plan jeder berechnete Effekt die Summe von 2048 Effekten des vollständigen Versuchsplans, davon sieben 2-Faktor-Wechselwirkungen. Diese zu ignorieren kann zu irrelevanten Aussagen führen.

Die Taguchi-Realisierung der Versuchsplanung hat zu kontroversen Diskussionen geführt [9, 10]. Insbesondere aufgrund der verwendeten, hochgradig vermengten Pläne, hat sich die Einschätzung durchgesetzt, dass von einer Verwendung der orthogonalen Felder von Taguchi abzuraten ist.

Alternativ ist es möglich, analoge und gesicherte Aussagen zu erreichen, indem insbesondere der Versuchsplan des *inner array* durch einen fraktionell-faktoriellen Versuchsplan oder Plackett-Burman-Plan der Auflösung IV substituiert wird.
Generell ist aber zu empfehlen, statt der Kombination zweier Pläne (*inner array* mit den Faktoren $S_1, S_2, \ldots, S_i$ und *outer array* mit den Faktoren $R_1, R_2, \ldots, R_i$) einen gemeinsamen Versuchsplan der Auflösung IV (mit Faktoren $S_1, S_2, \ldots, S_i$, $R_1, R_2, \ldots, R_i$) zu verwenden.
Für Steuerfaktoren mit bekannter Wechselwirkung zu einem Rauschfaktor ist dann die Steuerfaktoreinstellung mit der kleineren Abhängigkeit zum Rauschfaktor zu wählen (d. h. Zuordnung der Faktoren zu sinnvollen Spalten z. B. in Tabelle 3.5).

### Randomisierung

Für die Untersuchung von Messserien ist eine Randomisierung der Messreihenfolge generell sinnvoll, um z. B. bei einem Trend Auswirkungen von einer zur nächsten Untersuchung zu minimieren. Die Bearbeitung der Untersuchungen eines Versuchsplans sollte daher in zufälliger Reihenfolge erfolgen. Dies wird durch Verwendung entsprechender Zufallszahlen erreicht (vgl. Spalte 1, Versuchsplan Tabelle 3.3 in Beispiel 3.1).

### Blockbildung

Dies bedeutet die Aufteilung der Untersuchungen in zwei (oder mehr) Teile (Blöcke). Innerhalb jeden Blocks sollen zufällige Unterschiede möglichst klein sein und jede Faktorstufenkombination gleich häufig vorkommen.

Ist z. B. die Reagenzmenge einer Charge nicht für alle Untersuchungen ausreichend oder alle Messungen können nicht in der gleichen Woche durchgeführt werden, kann eine Aufteilung in zwei Blöcke sinnvoll sein. Auf Grund des symmetrischen Aufbaus des $2^{4-1}$-fraktionell-faktoriellen Versuchsplans in Tabelle 3.4 bietet sich hier z. B. die Bildung zweier Blöcke aus den Untersuchungen 1 bis 4 bzw. 5 bis 8 an, jeweils randomisiert.

Bei symmetrischer Blockbildung sollten die Mittelwerte der Resultate der jeweiligen Blöcke gleich sein. Liegt aber durch eine systematische Abweichung (z. B. durch eine neue Reagenz-Charge oder aufgrund des erneuten Anfahrens der Anlage nach einem Wochenende) ein Unterschied zwischen den Blöcken vor, werden alle Resultate des ersten Blocks durch einen Faktor korrigiert (berechnet aus dem Quotienten vom Mittelwert aller Resultate aus Block 1 und dem Mittelwert aller Resultate von Block 2). Die Korrektur beeinflusst nicht die Berechnung der Effekte, wirkt sich aber auf die Standardabweichung zur Beurteilung der Signifikanz aus. Es ist zu berücksichtigen, dass sich bei Einsatz von $b$ Blöcken die Zahl der Freiheitsgrade zur Berechnung der Standardabweichung um $b - 1$ reduziert.

Werden z. B. im fraktionell-faktoriellen Versuchsplan in Tabelle 3.4 in beiden Blöcken jeweils noch vier Wiederholungsmessungen von Versuch 1 hinzugenommen ($n = 8$), ist bei der Berechnung der Standardabweichung durch $f = n - 2$ zu dividieren, die Vergleichsgröße der $t$-Tabelle ist $t(0{,}05,\ 6) = 2{,}447$.

### 3.2.5 Einsatzbereich und Grenzen

Die statistische Versuchsplanung ist ein unverzichtbares Werkzeug zur Untersuchung und Bewertung unterschiedlichster Prozesse. Dies kann z. B. die Steigerung der Produktionsmenge, eine Verbesserung der Qualität durch Minimierung der Streuung oder einer Reduktion der Kosten bei konstantem Absatz sein. Anwendungsfelder liegen sowohl im technischen oder wissenschaftlichen als auch im betriebswirtschaftlichen Umfeld.

Die primäre Zielsetzung sollte die Ermittlung der wesentlichen (zwei bis vier) Faktoren sein. In einfachen Fällen genügt danach schon die Festlegung der günstigen Einstellungen.

In manchen Arbeiten erscheint die Zielsetzung der Versuchsplanung überbetont. So wird der Einsatz von drei oder mehr Stufen als nicht sinnvoll erachtet, um detaillierte Aussagen über Wechselwirkungen oder ein nicht lineares Verhalten eines Faktors zu ermitteln. Es ist auch nicht angemessen, mittels Versuchsplanung eine weitergehende Detailoptimierung zu verfolgen. Dazu sollte in einem folgenden Schritt die Verbesserung essentieller Faktoren mit einer dedizierten Optimierungsstrategie erfolgen. Hierzu repräsentieren Response-Surface-Modelling (RSM) oder Simplex-Optimierung gute Ansätze.

## 3.3 Simplex-Optimierung

### 3.3.1 Prinzip des Standard-Simplex

Der Simplex-Prozess ist ein sequentieller Prozess, in dem sich Schritt für Schritt dem Optimum (Minimum/Maximum) genähert wird [11]. Zu Beginn werden bei beliebigen Einstellungen die entsprechenden Zielgrößen ermittelt. Der nächste Schritt erfolgt in die Richtung, in der die günstigsten Resultate lagen, weg von der ungünstigsten Einstellung.

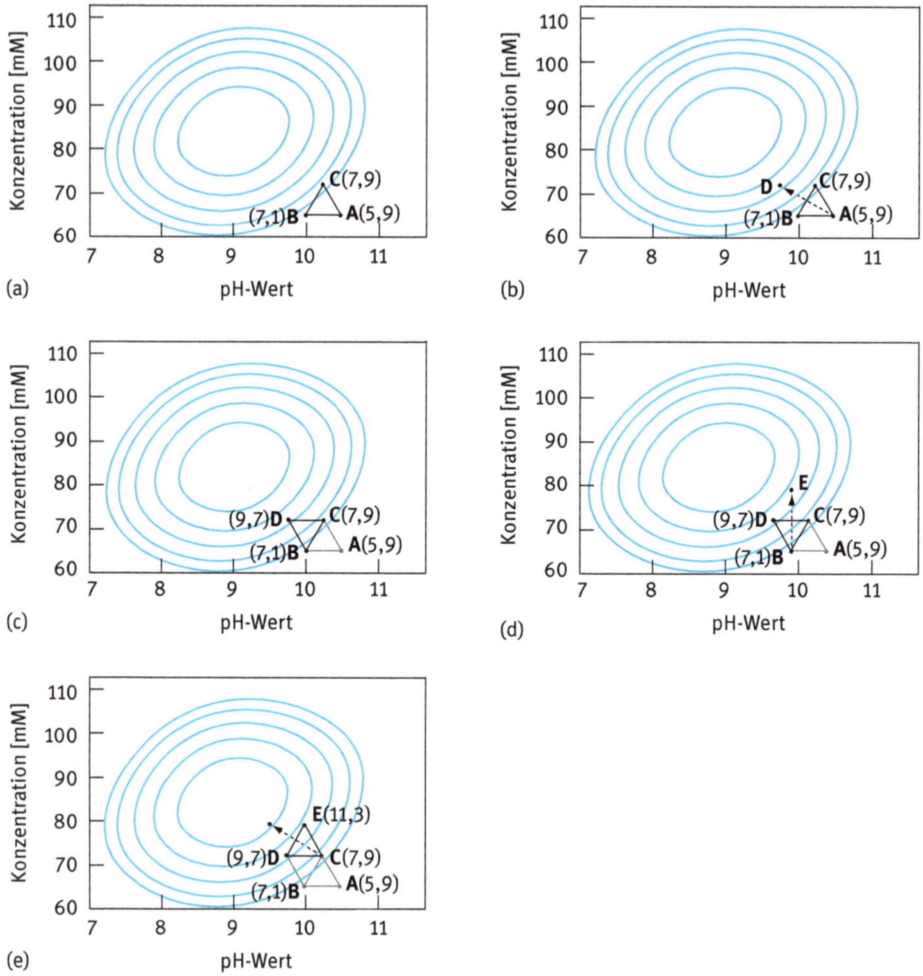


Abb. 3.4: Höhenliniendarstellung der Standard-Simplex-Optimierung. (a) Start-Simplex (ABC), (b) neuer Untersuchungspunkt $D$, (c) neuer Simplex ($BCD$) zur Bewertung der letzten Resultate, (d) nächster Untersuchungspunkt $E$, (e) neuer Simplex ($CDE$) ... (jeweilige Ausbeute in Klammern).

Abbildung 3.4 skizziert eine Simplexoptimierung im dreidimensionalen Raum in Form einer Höhenliniendarstellung. Die optimale Zielgröße (dritte Dimension), hier die Reaktionsausbeute soll durch veränderte Einstellungen der Einflussfaktoren Konzentration und pH-Wert ermittelt werden. Die ersten drei willkürlichen Messpunkte sind $A$, $B$ und $C$ (Abbildung 3.4 (a)). Ist das Resultat der Zielgröße bei $A$ am ungünstigsten und bei $C$ am besten, erfolgt eine neue Untersuchung am Punkt $D$ (Abbildung 3.4 (b)). Für eine neue Bewertung gilt nun der Simplex mit den Punkten $B$, $C$ und $D$ (Abbildung 3.4 (c)), daraus folgt Punkt $E$ (Abbildung 3.4 (d)) etc..

Ein Simplex ist ein geometrischer Körper, den die Messpunkte im Raum der Einflussgrößen aufspannen, ein Körper mit $n + 1$ Ecken im $n$-dimensionalen Raum (Abbildung 3.5). Ein Vertex ist ein Eckpunkt des Simplex. Der Faktor ist eine Einflussgröße (Temperatur, pH-Wert etc.). Die Zielgröße repräsentiert die zu optimierende Untersuchungsgröße (Ausbeute, Signal etc.) abhängig von den verschiedenen Faktoren.

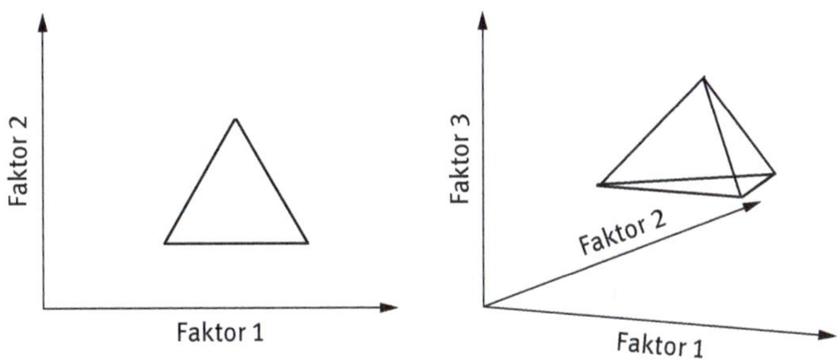


Abb. 3.5: Darstellung des 2-dimensionalen bzw. 3-dimensionalen Simplex (z. B. Faktor 1: Temperatur, Faktor 2: Konzentration, Faktor 3: pH-Wert).

Die Berechnung der neuen Vektorkoordinaten für zwei Faktoren $x_1, x_2$ ist:

$$x^{\text{neu}} = [x_1^{\text{neu}}, x_2^{\text{neu}}] = [(x_1^C + x_1^B) - x_1^A, (x_2^C + x_2^B) - x_2^A] \tag{3.4}$$

mit den Koordinaten $x^C$ des günstigsten und $x^A$ des ungünstigsten Vertex.

### 3.3.2 Modifizierter Simplex

Im modifizierten Simplex ist die Simplexgröße variabel [12], wie in Abbildung 3.6 demonstriert. Damit werden die Optimierungsschritte effektiver und es ist eine genaue Annäherung an den optimalen Punkt möglich. Es erfolgt eine

- Expansion nach Punkt $E$, wenn die Zielgröße beim neuen Vertex $D$ besser als beim bisher günstigsten Vertex $C$ ist (Abbildung 3.6 (a)). Vertex $D$ wird verworfen, wenn bei Punkt $E$ die Resultate besser sind.

- Kontraktion nach $F$, wenn z. B. die Zielgröße beim neuen Vertex $D$ ungünstiger als bei $C$ und $B$, aber noch besser als beim ungünstigsten Vertex $A$ ist (Abbildung 3.6 (b)).
- Inversion zu $G$, wenn Zielgröße bei $D$ schlechter als von $A$, $B$ und $C$ ist (Abbildung 3.6 (c)).

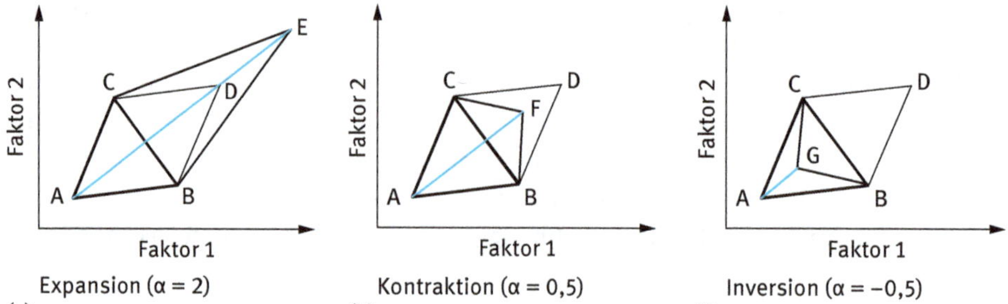


Abb. 3.6: Variierende Schrittweiten des modifizierten Simplex.

Die Berechnung der Koordinaten eines neuen Vertex erfolgt nach

$$x^{\text{neu}} = \left[ \frac{(1+\alpha)}{p} \sum_{\nu=1}^{\nu=p} x_1^\nu - \alpha x_1^0, \ldots, \frac{(1+\alpha)}{p} \sum_{\nu=1}^{\nu=p} x_p^\nu - \alpha x_p^0 \right] \tag{3.5}$$

mit $\nu$: Vertexnummer, $p$: Faktorzahl.

$\alpha$: Expansions-/Kontraktionsfaktor mit $\alpha \in (-0{,}5; 0{,}5; 1; 2)$:

$$\alpha = \begin{cases} 2 & \text{Expansion,} \\ 0{,}5 & \text{Kontraktion,} \\ -0{,}5 & \text{Inversion.} \end{cases}$$

Es erfolgt eine Sortierung der Vertices in Reihenfolge fallender Zielgrößen, so dass Vertex mit Index $\nu$ das beste und Vertex mit Index 0 das ungünstigste Resultat in Gleichung (3.5) aufweist.

Folgendes Beispiel demonstriert die Berechnung der Koordinaten eines modifizierten Simplex anhand der Maximierung des Absorptionssignals bei der Atomabsorption von Cd.

Bsp. 3.2: Simplex-Optimierung der Brenngase bei einer Cd-Flammen-Atomabsorptions-spektroskopie.

| | **Fluss $C_2H_2$, $x_1$** | **Fluss Luft, $x_2$** | **Abs.** |
|---|---|---|---|
| *A* | 5,50 | 14,50 | 0,10 |
| *B* | 4,75 | 13,50 | 0,16 |
| *C* | 5,00 | 14,00 | 0,14 |
| *D* | Zugrundeliegende Vertices | | |
| | 5,50/14,50; 4,75/13,50; 5,00/14,00 | $\alpha=1$ | |
| | Fluss $C_2H_2$, $x_1^{neu}$ | Fluss Luft, $x_2^{neu}$ | |
| | ~~$=(1+1)/2\cdot(4{,}75+5)-1\cdot5{,}5=4{,}25$~~ | ~~$=(1+1)/2\cdot(13{,}5+14)-1\cdot14{,}5=13{,}00$~~ | ~~0,18~~ |
| *E* | Zugrundeliegende Vertices | | |
| | 5,50/14,50; 4,75/13,50; 5,00/14,00 | $\alpha=2$ | |
| | Fluss $C_2H_2$, $x_1^{neu}$ | Fluss Luft, $x_2^{neu}$ | |
| | $=(1+2)/2\cdot(4{,}75+5)-2\cdot5{,}5\simeq3{,}63$ | $=(1+2)/2\cdot(13{,}5+14)-2\cdot14{,}5\simeq12{,}25$ | 0,21 |
| *F* | Zugrundeliegende Vertices | | |
| | 4,75/13,50; 5,00/14,00; 3,63/12,25 | $\alpha=1$ | |
| | Fluss $C_2H_2$, $x_1^{neu}$ | Fluss Luft, $x_2^{neu}$ | |
| | ~~$=(1+1)/2\cdot(3{,}63+4{,}75)-1\cdot5=3{,}38$~~ | ~~$=(1+1)/2\cdot(12{,}25+13{,}5)-1\cdot14=11{,}75$~~ | ~~0,24~~ |
| *G* | Zugrundeliegende Vertices | | |
| | 4,75/13,50; 5,00/14,00; 3,63/12,25 | $\alpha=2$ | |
| | Fluss $C_2H_2$, $x_1^{neu}$ | Fluss Luft, $x_2^{neu}$ | |
| | $=(1+2)/2\cdot(3{,}63+4{,}75)-2\cdot5\simeq2{,}57$ | $=(1+2)/2\cdot(12{,}25+13{,}5)-2\cdot14\simeq10{,}63$ | 0,26 |
| *H* | Zugrundeliegende Vertices | | |
| | 4,75/13,50; 3,63/12,25; 2,57/10,63 | $\alpha=1$ | |
| | Fluss $C_2H_2$, $x_1^{neu}$ | Fluss Luft, $x_2^{neu}$ | |
| | ~~$=(1+1)/2\cdot(2{,}57+3{,}63)-1\cdot4{,}75=1{,}45$~~ | ~~$=(1+1)/2\cdot(10{,}63+12{,}25)-1\cdot13{,}5=9{,}38$~~ | ~~0,20~~ |
| *I* | Zugrundeliegende Vertices | | |
| | 4,75/13,50; 3,63/12,25; 2,57/10,63 | $\alpha=0{,}5$ | |
| | Fluss $C_2H_2$, $x_1^{neu}$ | Fluss Luft, $x_2^{neu}$ | |
| | $=(1+0{,}5)/2\cdot(2{,}57+3{,}63)-0{,}5\cdot4{,}75\simeq2{,}28$ | $=(1+0{,}5)/2\cdot(10{,}63+12{,}25)-0{,}5\cdot13{,}5\simeq10{,}41$ | 0,28 |
| *K* | Zugrundeliegende Vertices | | |
| | 3,63/12,25; 2,57/10,63; 2,28/10,41 | $\alpha=1$ | |
| | Fluss $C_2H_2$, $x_1^{neu}$ | Fluss Luft, $x_2^{neu}$ | |
| | ~~$=(1+1)/2\cdot(2{,}28+2{,}57)-1\cdot3{,}63=1{,}22$~~ | ~~$=(1+1)/2\cdot(10{,}41+10{,}63)-1\cdot12{,}25=8{,}79$~~ | ~~0,19~~ |
| *L* | Zugrundeliegende Vertices | | |
| | 3,63/12,25; 2,57/10,63; 2,28/10,41 | $\alpha=-0{,}5$ | |
| | Fluss $C_2H_2$, $x_1^{neu}$ | Fluss Luft, $x_2^{neu}$ | |
| | $=(1+-0{,}5)/2\cdot(2{,}28+2{,}57)--0{,}5\cdot3{,}63\simeq3{,}03$ | $=(1+-0{,}5)/2\cdot(10{,}41+10{,}63)--0{,}5\cdot12{,}25\simeq11{,}39$ | 0,25 |

durchgestrichen: verworfene Vertices

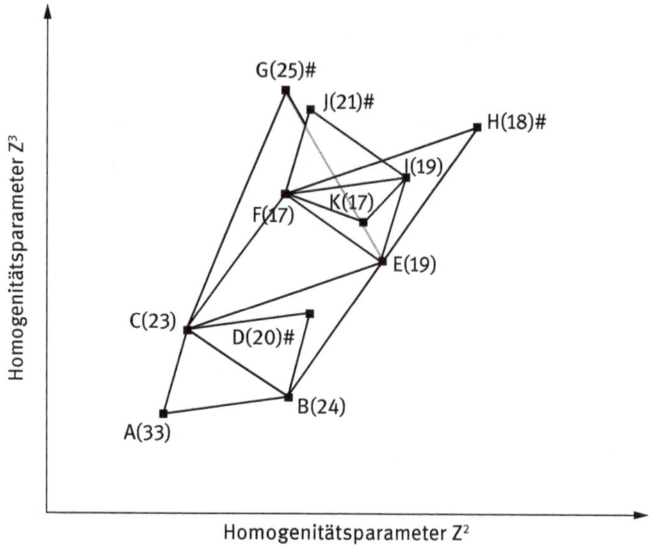


Abb. 3.7: Simplex bei einer NMR-Geräteoptimierung für minimale Signalbreiten (Klammerangaben), #: verworfener Vertex (in Anlehnung an [2] Kap. 7.6).

Abbildung 3.7 zeigt eine Anwendung bei einer automatischen, rechnergesteuerten Simplex-Optimierung der Feldinhomogenitäten eines NMR-Gerätes.

### 3.3.3 Simplex-Limitierungen

#### Schranken der Faktoren

Nicht immer dürfen Faktoren beliebige Werte annehmen, z. B. sei die Temperatur einer wässrigen Lösung auf den Bereich 0 °C bis 100 °C begrenzt. Für den gewünschten, betrachteten Wertebereich können Schranken in einem Simplex-Prozess vorgegeben werden. Wurden durch Gleichung (3.4) oder (3.5) Koordinaten außerhalb dieser Schranken berechnet, kann diesem Vertex eine ungünstige Zielgröße automatisch zugewiesen werden, wodurch der Simplex-Prozess von der Schranke weggeführt wird.

#### Skalierung der Faktoren

Unterschiedliche Faktoren erfordern oftmals eine unabhängige Skalierung voneinander aufgrund abweichender Wertebereiche, in denen die Untersuchung erfolgt. Deutlich wird dies bei Betrachtung der Faktoren Temperatur und pH-Wert. Es nicht sinnvoll, die Temperatur im Bereich von 0–100 °C in Einer-Schritten zu variieren wie den pH-Wert im Bereich von 1–14.

In solchen Fällen können Faktoren auf einen Wertebereich von −1 bis +1 skaliert werden:

– Lineare Skalierung:

$$x_i^S = 2c \frac{x_i - \frac{x_{i\,\mathrm{Hi}} + x_{i\,\mathrm{Lo}}}{2}}{x_{i\,\mathrm{Hi}} - x_{i\,\mathrm{Lo}}} \tag{3.6}$$

– Logarithmische Skalierung:

$$x_i^S = 2c \frac{\log\left(\frac{x_i}{\sqrt{x_{i\,\mathrm{Hi}} x_{i\,\mathrm{Lo}}}}\right)}{\log\left(\frac{x_{i\,\mathrm{Hi}}}{x_{i\,\mathrm{Lo}}}\right)} \tag{3.7}$$

mit $x_i$: Koordinate des Faktors $i$ im Untersuchungsbereich (z. B. 0 °C), $x_i^S$: skalierte Koordinate Faktor $i$ (z. B. −1); $x_{i\,\mathrm{Hi}}$, $x_{i\,\mathrm{Lo}}$: obere bzw. untere Grenze bei vergleichbarer Weite für den Faktor $i$ (z. B. 100 °C und 0 °C bzw. pH 14 und 1); $c$: konstant (zumeist 1).

#### Lokales Optimum

Problem jeder Optimierung ist das Aufsetzen auf einem Nebenoptimum, wobei an anderer Stelle noch ein günstigeres, globales Optimum existiert. Lösungen sind ein großer Startsimplex oder neuer Simplex-Prozess mit anderem Start.

### 3.3.4 Vor- und Nachteile

Vorteile der Simplex-Optimierung sind, dass keine Annahmen vor der Optimierung getroffen werden müssen und das der Prozess (z. B. aus Kostengründen) jederzeit beendet werden kann, auch wenn das Maximum noch nicht ganz erreicht ist. Nachteilig ist, dass keine Informationen über den Untersuchungsbereich außerhalb der Optimierungsschritte erhalten werden.

## 3.4 Response-Surface-Modelling (RSM)

### 3.4.1 Prinzip

Response-Surface-Modelling wird als Simultan-Methode bezeichnet, da die Informationen erst nach Abschluss aller Untersuchungen auf einmal anfallen [13, 14]. In einem Versuchsdesign werden die Größen (Koordinaten) der verschiedenen Faktoren festgelegt, bei denen Untersuchungen angestellt werden sollen. Nach Abschluss der Untersuchungen kann aus den Resultaten ein Modell berechnet werden, welches die Zusammenhänge des Systems und den Einfluss der Faktoren beschreibt. Aus diesem resultieren alle relevanten Antworten wie Lage der Optima, Wechselwirkungen zwischen den Faktoren oder Zielgrößen bei neuen Koordinaten.

Sollen z. B. bei der Optimierung der Ausbeute einer chemischen Reaktion die günstigsten pH-Wert- und Konzentrationsbedingungen ermittelt werden, legt das RSM-Design eine Reihe Versuchsbedingungen für pH-Wert und Konzentration fest, bei denen die Reaktion durchgeführt und die Ausbeute (Zielgröße) bestimmt wird (pH 7 und 6 mM; pH 7,5 und 8 mM etc.). Aus den ermittelten Ausbeuten bei den verschiedenen Konditionen wird ein Modell berechnet, z. B.

$$\text{Ausbeute [g]} = 0{,}25\ \text{[g/mM]} \cdot \text{Konz. [mM]} - 1{,}5\ \text{[g]} \cdot \text{pH}\,.$$

Hieraus können die wesentlichen Aspekte abgeleitet werden.

### 3.4.2 Untersuchungsdesign

Es ist eine optimale Verteilung der Messpunkte über den Untersuchungsbereich nötig. Meist werden Wiederholungsuntersuchungen hinzugenommen, um den Einfluss der Untersuchungsunschärfe auf das Modell zu bewerten.

#### Faktorielles Design

Die Untersuchungen sind an den Eckpunkten und evtl. Kantenmitten des Untersuchungsraums positioniert. Aus $k$ Stufen (Zahl unterschiedlicher Einstellungen für die Faktoren) und $p$ Faktoren folgt das $k^p$-Design, z. B. 2-Faktor-2-Stufen-faktorielles Design: $2^2$-Design.

$$\text{Versuchszahl } n \text{ ohne Wiederholungen} = k^p\,. \tag{3.8}$$

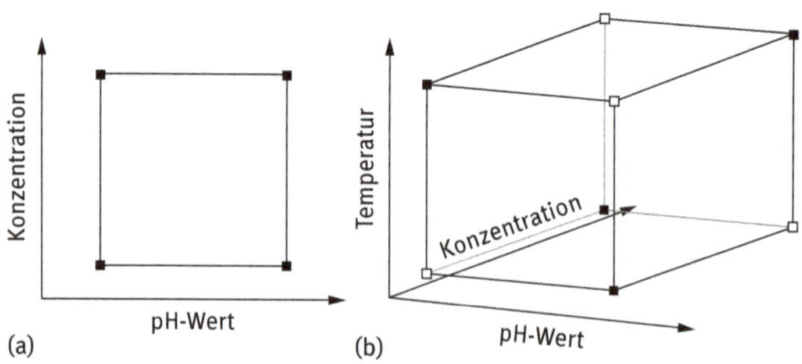


Abb. 3.8: Komplettes 2-Stufen-faktorielles Design für (a) zwei Faktoren und (b) drei Faktoren.

Ein $2^2$-Design zeigt Wechselwirkungen auf, nicht aber globale Optima. Die Messpunkte sind nicht optimal platziert, da sich im erwarteten Bereich des Optimums im Zentrum keine Messpunkte befinden. Eine häufige Anwendung des $k^p$-Designs ist die Bewertung qualitativer Zusammenhänge.

Für eine chemische Reaktion sollen die Reaktionsbedingungen festgelegt werden. Es stellt sich die Frage, ob Phosphatpuffer besser geeignet ist als Carbonatpuffer und ob eine Zugabe von Aceton erfolgen sollte oder nicht.

Eine solche Fragestellung kann quantitativ beantwortet werden, indem dem Phosphateinsatz 1 bzw. Nichteinsatz 0 (analog Aceton) zugeordnet wird. Zustandsgrößen dazwischen sind nicht definiert. Hierzu genügt auch oft ein partielles Design, bei dem eine Hälfte der Messpunkte (ungefüllte Eckpunkte in Abbildung 3.8 (b)) entfallen.

### Box-Behnken-Design

Die Untersuchungen sind an den Kantenmitten und im Zentrum des Untersuchungsraums positioniert.

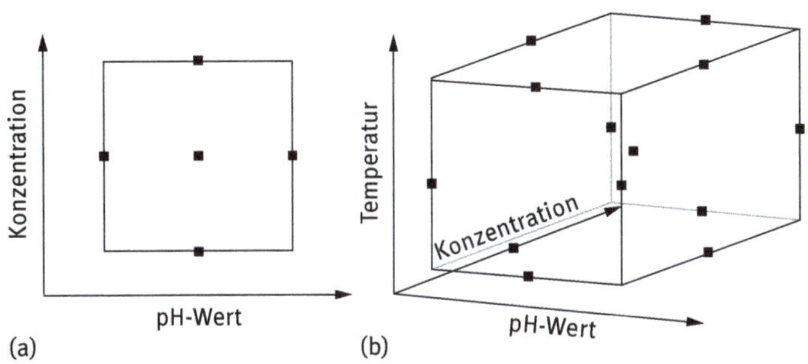


Abb. 3.9: Box-Behnken-Design für (a) zwei Faktoren und (b) drei Faktoren.

### Zentral-zusammengesetztes Design

Die Koordinaten sind teilweise nach außen versetzt, dies bietet eine höhere statistische Sicherheit am Rand. Die Verschiebung ist $\pm\sqrt[4]{2^p}$, also 1,41 für zwei bzw. 1,68 für drei Faktoren (siehe Abbildung 3.10).

$$\text{Versuchszahl } n = 2^p + 2p + 1\,. \tag{3.9}$$

Das zentral-zusammengesetzte Design ist bei höherer statistischer Sicherheit effektiver im Vergleich zum faktoriellen oder Box-Behnken-Design. Zur Reduzierung der Untersuchungszahl $n$ kann ein partielles zentral-zusammengesetztes Design gewählt werden (siehe Abbildung 3.11).

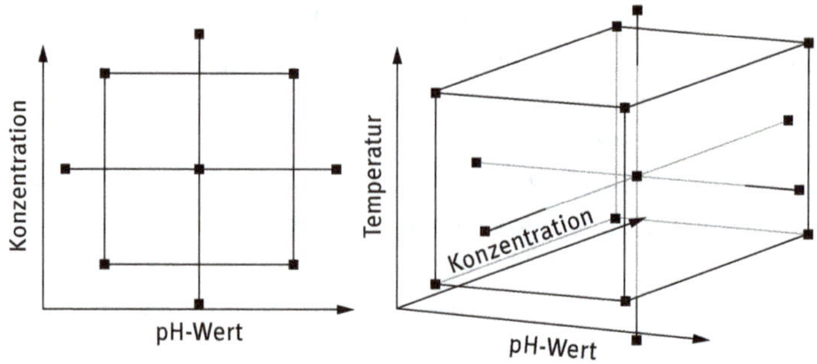


Abb. 3.10: Zentral-zusammengesetztes Design für (a) zwei Faktoren und (b) drei Faktoren.

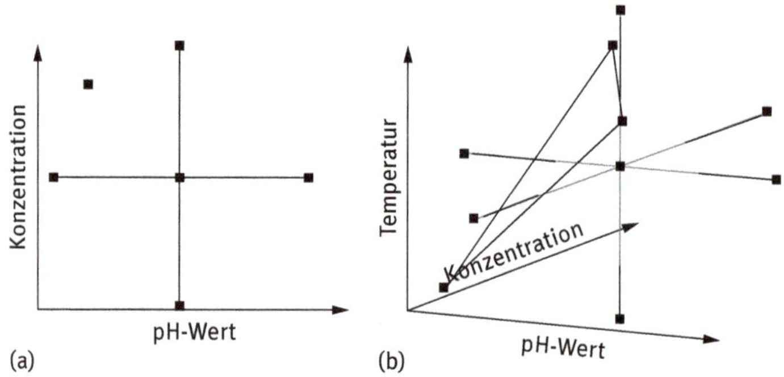


Abb. 3.11: Partielles zentral-zusammengesetztes Design für (a) zwei Faktoren und (b) drei Faktoren.

## Gitterdesign, Mischungspläne

In Mischungsplänen handelt es sich bei den betrachteten Faktoren um Komponenten einer Mischung, bzw. deren Konzentrationen, z. B. für die ternäre Lösungsmittelmischung von Dioxan (30 %), Hexan (30 %) und Chloroform (40 %). Mischungspläne des $(p, k)$-Gitterdesign zeichnen sich dadurch aus, dass die Konzentrationen der Faktoren nicht unabhängig voneinander sind, wie z. B. für die ternäre Lösungsmittelmischung Dioxan, Hexan und Chloroform. In der Regel ergänzen sich die Anteile $x_i$ aller $p$ Komponenten (z. B. Volumen- oder Molprozente) zu 100 %, bzw. normiert gilt $\sum_{i=1}^{p} x_i = 1$. Analog zum konventionellen Design gibt auch hier $k$ die Zahl der Faktorstufen vor, die unterschiedlichen Konzentrationsanteile sind dabei $0/k, 1/k, 2/k, \ldots, k-1/k, k/k$.

Das $(p, 2)$-Gitterdesign, auch als Simplex-Centroid-Design bezeichnet, hat für jede Komponente die Mischungsanteile 0, 1/2 und 1. Die Zahl der Mischungen $n$ im Simplex-Centroid-Design berechnet sich zu $n = 2^p - 1$. Abbildung 3.12 verdeutlicht den Plan des Simplex-Centroid-Designs für drei Faktoren $(x_1, x_2, x_3)$, deren sieben Einstellungen in Tabelle 3.6 aufgelistet sind.

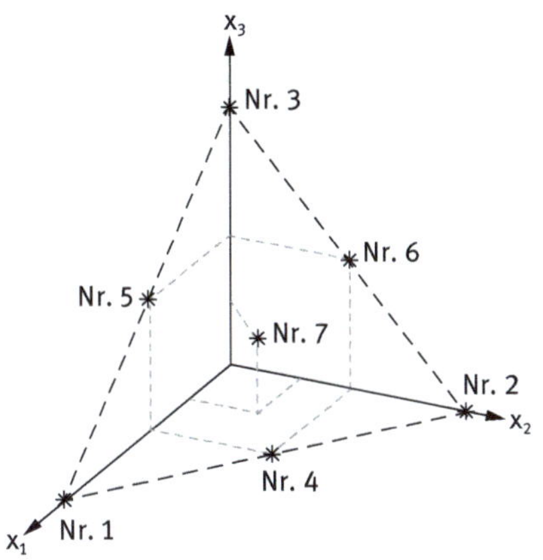


Abb. 3.12: Simplex-Centroid-Design, drei Faktoren.

Tab. 3.6: Simplex-Centroid-Design, $k = 2$.

| Nr. | Faktor 1 | Faktor 2 | Faktor 3 |
|---|---|---|---|
| 1 | 1 | 0 | 0 |
| 2 | 0 | 1 | 0 |
| 3 | 0 | 0 | 1 |
| 4 | 1/2 | 1/2 | 0 |
| 5 | 1/2 | 0 | 1/2 |
| 6 | 0 | 1/2 | 1/2 |
| 7 | 1/3 | 1/3 | 1/3 |

Da die Mischungszahl (Zahl der Experimente) geringer ist als beim konventionellen Design, können nicht die etablierten empirischen Polynom-Modelle zur Beschreibung der Resultate verwendet werden (für ein quadratisches Polynom mit drei Faktoren sind zehn Modellkoeffizienten $b_i$ zu bestimmen, vgl. Gleichung (3.11)). Hier kommen stattdessen Scheffé- bzw. Cox-Modelle zum Einsatz (Gleichung (3.12)).

Allgemein wird das $(p, k)$-Gitterdesign auch als Simplex-Lattice-Design bezeichnet, hier berechnet sich die Mischungszahl zu $n = (p + k - 1)!/((p - 1)!\, k!)$. Im (3, 3)-Gitterdesign liegen für drei Komponenten die Mischungsanteile bei 0, 1/3, 2/3, 1. Abbildung 3.13 zeigt diesen Mischungsplan, Tabelle 3.7 gibt die Faktorkombinationen an.

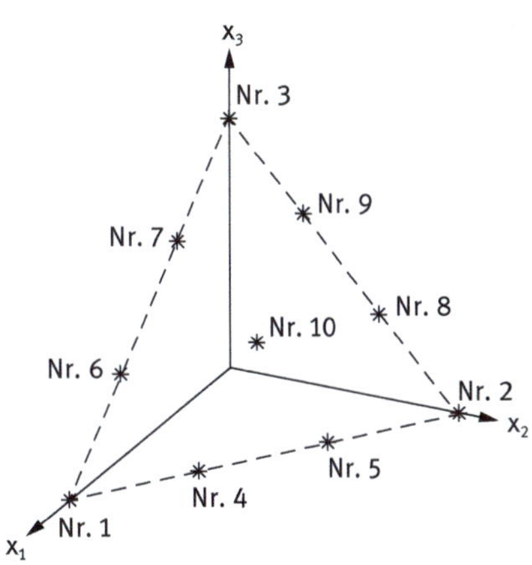


Abb. 3.13: Simplex-Lattice-Design, drei Faktoren.

Tab. 3.7: Simplex-Lattice-Design, $k = 3$.

| Nr. | Faktor 1 | Faktor 2 | Faktor 3 |
|---|---|---|---|
| 1 | 1 | 0 | 0 |
| 2 | 0 | 1 | 0 |
| 3 | 0 | 0 | 1 |
| 4 | 2/3 | 1/3 | 0 |
| 5 | 1/3 | 2/3 | 0 |
| 6 | 2/3 | 0 | 1/3 |
| 7 | 1/3 | 0 | 2/3 |
| 8 | 0 | 2/3 | 1/3 |
| 9 | 0 | 1/3 | 2/3 |
| 10 | 1/3 | 1/3 | 1/3 |

In vielen Fällen ist es erforderlich, dass für einzelne oder alle Faktoren untere Grenzen nicht unterschritten werden oder entsprechende Obergrenzen festgelegt sind (bzw. Ober- und Untergrenzen existieren). Man spricht hier von Mischungsplänen mit Beschränkung. Abbildung 3.14 zeigt Mischungspläne für vorgegebene Unter- bzw. Obergrenzen.

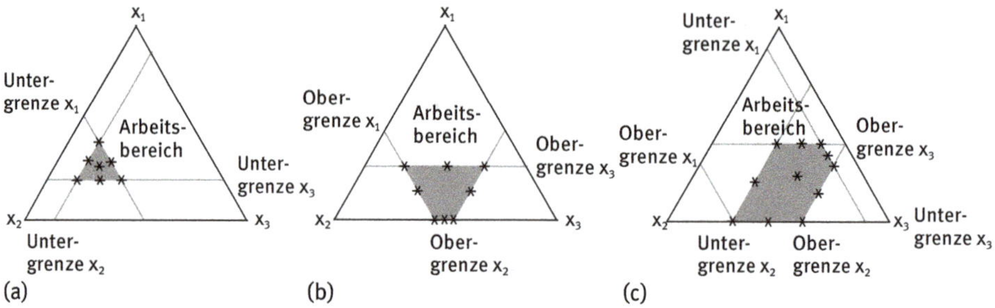


Abb. 3.14: Mischungsplan mit (a) Untergrenzen, (b) Obergrenzen, (c) Unter- und Obergrenzen.

Die Aufstellung optimaler Mischungspläne ist oft nicht trivial, hier ist es im Einzelfall sinnvoll, die entsprechende Spezial-Literatur zu konsultieren [15].

### 3.4.3 Modellberechnung

Mechanistische Modelle (z. B. entsprechend den physikalischen Gesetzen) sind oft nicht bekannt oder nur iterativ numerisch lösbar. Demgegenüber bieten empirische Modelle, z. B. Polynomfunktionen, eine leichte numerische Anpassung und hohe Flexibilität. Sie beschreiben aber oft die realen Gegebenheiten nicht korrekt. Beispiele für Polynome sind

$$y = b_0 + b_1x_1 + b_2x_2 + b_3x_1^2 + b_4x_2^2 + b_5x_1x_2 \tag{3.10}$$

für zwei Faktoren $x_1$ und $x_2$.
Das Polynom-Modell

$$\begin{aligned} y = b_0 + b_1x_1 + b_2x_2 + b_3x_3 + b_4x_1^2 + b_5x_2^2 + b_6x_3^2 \\ + b_7x_1x_2 + b_8x_1x_3 + b_9x_2x_3 \ , \end{aligned} \tag{3.11}$$

für drei Einflussgrößen $x_1$, $x_2$ und $x_3$.

Beziehungsweise das Scheffé-Modell[3,4] für Mischungspläne

$$y = b_1x_1 + b_2x_2 + b_3x_3 + b_4x_1x_2 + b_5x_1x_3 + b_6x_2x_3 + b_7x_1x_2x_3 \tag{3.12}$$

mit $y$: Zielgröße (z. B. Ausbeute); $x_1, x_2, x_3$: Faktor 1, 2, 3 (z. B. pH-Wert, Temperatur, Konzentration); $b_i$: $i$-ter Koeffizient des Modells (entspricht Abschnitt, Steigung bei Gerade $y = b_0 + b_1x$); Term $b_0$: Verschiebung Hyperfläche in $y$-Richtung; Terme $b_hx_ix_j$: Wechselwirkung zwischen Faktoren $i$ und $j$; $b_hx_ix_jx_k$: Wechselwirkung $i, j, k$.

Die Berechnung der Modellkoeffizienten $b_i$ geschieht durch die Methode der kleinsten Fehlerquadrate[5]. Die Regression erfolgt mit der Designmatrix $\boldsymbol{D}$ (beinhaltet Faktoreinstellungen), der hieraus unter Berücksichtigung des Modells abgeleiteten $\boldsymbol{X}$-Matrix und Zielgrößenvektor $\boldsymbol{y}$ (beinhaltet Messwerte $y_i$). Der resultierenden Fehler aufgrund der Schätzung der $y$-Variablen durch das Model $\hat{y}_j$ (bei der Rubrik $j$) gegenüber dem tatsächlichen Messwert $y_i$ wird als Residue ($e_i = y_i - \hat{y}_j$) angegeben (Residuen aller Messwerte stehen im Residuenvektor $\boldsymbol{e}$).

$$\boldsymbol{D} = \begin{pmatrix} x_{11} & x_{12} & \cdots & x_{1p} \\ x_{21} & x_{22} & \cdots & x_{2p} \\ \vdots & \vdots & \cdots & \vdots \\ x_{n1} & x_{n2} & \cdots & x_{np} \end{pmatrix} \tag{3.13}$$

Gemäß dem Polynom für zwei Faktoren ($y = b_0 + b_1x_1 + b_2x_2 + b_3x_1^2 + b_4x_1^2 + b_5x_1x_2$) folgt:

$$\boldsymbol{X} = \begin{pmatrix} 1 & x_{11} & x_{12} & x_{11}^2 & x_{12}^2 & x_{11}x_{12} \\ 1 & x_{21} & x_{22} & x_{21}^2 & x_{22}^2 & x_{21}x_{22} \\ \vdots & \vdots & \vdots & \vdots & \vdots & \vdots \\ 1 & x_{n1} & x_{n2} & x_{n1}^2 & x_{n2}^2 & x_{n1}x_{n2} \end{pmatrix} \tag{3.14}$$

$$\boldsymbol{y} = \begin{pmatrix} y_1 \\ y_2 \\ \vdots \\ y_n \end{pmatrix} \tag{3.15}$$

Der Koeffizientenvektor $\boldsymbol{b}$ mit den Koeffizienten $b_i$ folgt aus[6]:

$$\boldsymbol{b} = (\boldsymbol{X}^\mathrm{T}\boldsymbol{X})^{-1}(\boldsymbol{X}^\mathrm{T}\boldsymbol{y})\,. \tag{3.16}$$

---

3 Bei Mischungsplänen ist ein abhängiger Faktor $x_n$ implizit enthalten, für den gilt $x_n = 1 - \sum_i^{n-1} x_i$.

4 Beim Cox-Modell wird an Stelle des letzten gemischten Terms der Ordinatenabschnitt $b_0$ hinzu genommen.

5 Voraussetzungen der Least-Squares-Regression sind, Fehler nur in den Zielgrößen, gleiche Streuung bei allen Messpunkten ($s_y^k$ = const) und Normalverteilung der Streuung, vgl. Kapitel 4.2.3.

6 Index T steht für transponierte, Index −1 für invertierte Matrix.

Exemplarisch wird die Modellberechnung einer Extraktionsuntersuchung, in welcher die Ausbeute (Zielgröße $y$) in Abhängigkeit von zwei Faktoren ($x_1$: Auswahl zwischen Phosphat-/Carbonatpuffer, $x_2$: Acetonzugabe ja/nein) durchgeführt. Die Faktoreinstellungen sind:

$$x_1 = \begin{cases} 0 & \text{Auswahl Carbonat,} \\ 1 & \text{Auswahl Phosphat;} \end{cases} \qquad x_2 = \begin{cases} 0 & \text{kein Aceton,} \\ 1 & \text{Aceton.} \end{cases}$$

**Bsp. 3.3:** Modellberechnung der Extraktionsausbeute mit Faktoren Puffer-Art, Acetonzugabe nach Gleichung (3.16).

$$y = b_0 + b_1x_1 + b_2x_2 + b_3x_1x_2$$

$$\boldsymbol{D} = \begin{pmatrix} 0 & 0 \\ 0 & 1 \\ 1 & 0 \\ 1 & 1 \end{pmatrix} \quad \boldsymbol{X} = \begin{pmatrix} 1 & x_{11} & x_{12} & x_{11}x_{12} \\ 1 & x_{21} & x_{22} & x_{21}x_{22} \\ 1 & x_{31} & x_{32} & x_{31}x_{32} \\ 1 & x_{41} & x_{42} & x_{41}x_{42} \end{pmatrix} = \begin{pmatrix} 1 & 0 & 0 & 0 \\ 1 & 0 & 1 & 0 \\ 1 & 1 & 0 & 0 \\ 1 & 1 & 1 & 1 \end{pmatrix} \quad \boldsymbol{y} = \begin{pmatrix} 4{,}0 \\ 6{,}0 \\ 4{,}5 \\ 5{,}5 \end{pmatrix}$$

$$\begin{pmatrix} b_0 \\ b_1 \\ b_2 \\ b_3 \end{pmatrix} = (\boldsymbol{X}^\mathrm{T}\boldsymbol{X})^{-1}(\boldsymbol{X}^\mathrm{T}\boldsymbol{y})$$

$$= \left(\begin{pmatrix} 1 & 1 & 1 & 1 \\ 0 & 0 & 1 & 1 \\ 0 & 1 & 0 & 1 \\ 0 & 0 & 0 & 1 \end{pmatrix}\begin{pmatrix} 1 & 0 & 0 & 0 \\ 1 & 0 & 1 & 0 \\ 1 & 1 & 0 & 0 \\ 1 & 1 & 1 & 1 \end{pmatrix}\right)^{-1}\begin{pmatrix} 1 & 1 & 1 & 1 \\ 0 & 0 & 1 & 1 \\ 0 & 1 & 0 & 1 \\ 0 & 0 & 0 & 1 \end{pmatrix}\begin{pmatrix} 4{,}0 \\ 6{,}0 \\ 4{,}5 \\ 6{,}5 \end{pmatrix}$$

$$= \begin{pmatrix} 1 & 1 & 1 & 1 \\ 4 & -2 & -2 & -3 \\ 2 & 0 & -1 & -1 \\ 2 & 0{,}5 & -1 & -0{,}5 \end{pmatrix}^{-1}\begin{pmatrix} 4{,}0 \\ 6{,}0 \\ 4{,}5 \\ 5{,}5 \end{pmatrix}$$

$$= \begin{pmatrix} 1 & -1 & -1 & 1 \\ -1 & 2 & 1 & -2 \\ -1 & 1 & 2 & -2 \\ 1 & -2 & -2 & 4 \end{pmatrix}\begin{pmatrix} 4{,}0 \\ 6{,}0 \\ 4{,}5 \\ 5{,}5 \end{pmatrix} = \begin{pmatrix} 4{,}0 \\ 0{,}5 \\ 2{,}0 \\ -1{,}0 \end{pmatrix}$$

$$y = 4 + 0{,}5\,x_1 + 2\,x_2 - 1\,x_1x_2$$

### 3.4.4 Modellinterpretation

Die Modellfunktion für die Extraktionsbewertung ist $y = 4 + 0{,}5\,x_1 + 2\,x_2 - 1\,x_1x_2$. Daraus folgt, dass ein Wechsel des Puffers nur eine Verbesserung um 0,5 Einheiten, die Zugabe von Aceton aber eine Verbesserung um 2 Einheiten erbringt. Der Term des gemischten Glieds $x_1x_2$ zeigt hier eine deutliche Wechselwirkung zwischen Puffer-

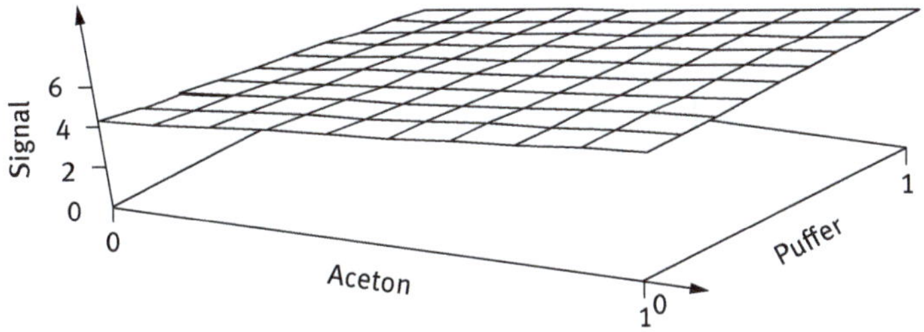


Abb. 3.15: Hyperfläche der Extraktionsabhängigkeit von Pufferwechsel und Acetonzugabe.

wechsel und Acetonzugabe, definiert in der partiellen Ableitung $\frac{\partial y}{\partial x_2} = 2 - x_1$. Das Modell ist graphisch in Abbildung 3.15 dargestellt.

In einem Beispiel einer Reaktionsoptimierung mit den Faktoren $x_1$ (pH-Wert) und $x_2$ (Reagenzkonzentration) resultiere die Modellfunktion für die Reaktionsausbeute $y$ zu

$$y = 9 - 0{,}4\,x_1 + 7\,x_2 - 0{,}04\,x_1^2 - 1\,x_2^2 + 0{,}2\,x_1 x_2\,,$$

wie in Abbildung 3.16 graphisch dargestellt. Aus der Ableitung folgen Minimum (hier pH 1, Konz. 8), Maximum (hier pH 5,0, Konz. 4,0) oder ein Sattelpunkt.

Darüber hinaus können aus dem Modell Zielgrößen für Einstellungen berechnet werden, bei denen keine Untersuchungen durchgeführt wurden, z. B. welche prozentuale Verschlechterung resultiert z. B. durch eine aus Kostengründen reduzierte Konzentration.

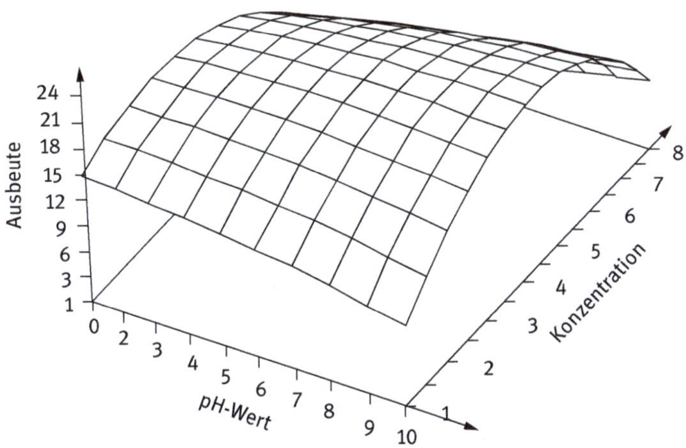


Abb. 3.16: Hyperfläche der Abhängigkeit der Ausbeute von pH-Wert und Konzentration.

### 3.4.5 Varianzanalyse (ANOVA)

Es bestehen zwei mögliche Fehlerquellen: (a) Zufallsfehler, (b) falsches Modell. Diverse Varianzen erlauben eine objektive Bewertung dieser beiden Fehler (vgl. Kapitel 4.2.3).

#### Reproduzierbarkeits-Varianz $s^2_{rep}$

Sie beschreibt den Einfluss der Messunschärfe auf die Vorhersagegenauigkeit des Modells.

$$s^2_{\mathrm{rep}} = \frac{1}{n-k} \sum_{j=1}^{k} \sum_{i=1}^{n_j} (y_{ij} - \bar{y}_j)^2 \tag{3.17}$$

mit $n$: Gesamtzahl der Untersuchungen; $n_j$: Zahl der Werte bei Rubrik $j$; $k$: Zahl unterschiedliche Rubriken (z. B. zwei Temperatureinstellungen), $\bar{y}_j$: über die $j$-te Rubrik gemittelte Zielgröße; $y_{ij}$: einzelne Untersuchungsgröße.
Freiheitsgrad 1 zur Beurteilung der Untersuchungsunschärfe:

$$f_1 = n - k\,. \tag{3.18a}$$

#### Modellvarianz $s^2_{lof}$ (*lack of fit*)

Sie ist ein Maß für die Abweichung des Mittelwerts der experimentell bestimmten Messwerte $\bar{y}_j$ von entsprechenden, aus dem Modell vorhergesagten Zielgrößen $\hat{y}_j$.

$$s^2_{\mathrm{lof}} = \frac{1}{k-q} \sum_{j=1}^{k} n_j(\hat{y}_j - \bar{y}_j)^2 \tag{3.19}$$

mit $\hat{y}_j$: aus Modell berechnete Zielgröße bei der Rubrik $j$; $q$: Zahl Modellkoeffizienten $b_i$.
Freiheitsgrad 2:

$$f_2 = k - q\,. \tag{3.18b}$$

Zur Beurteilung der Güte der Modellanpassung dient die Prüfgröße $\hat{F}$.

$$\hat{F} = \frac{s^2_{\mathrm{lof}}}{s^2_{\mathrm{rep}}} \tag{3.20}$$

Die Nullhypothese (Modell ist akzeptiert) wird angenommen, wenn $\hat{F}$ kleiner als $F(\alpha, f_1, f_2)$ aus der $F$-Tabelle A.5 ist. Kleine Abweichungen der berechneten Modellwerte von den gemessenen Werten, bzw. große Schwankungen (Reproduzierbarkeit) sprechen für das Modell.

### Residuenvarianz $s_R^2$

Sie beschreibt die Abweichung der Messwerte von den theoretischen Werten des Modells. Für die Residuenvarianz gilt

$$s_R^2 = \frac{1}{n-q} \sum_{j=1}^{k} \sum_{i=1}^{n_j} (y_{ij} - \hat{y}_j)^2 \,. \tag{3.21}$$

Als Folge der Modellungenauigkeit und Messwertunschärfe sind die ermittelten Koeffizienten $\hat{b}_i$ als auch die vorhergesagten Zielgrößen[7] $\hat{y}_0$ mit einer Unsicherheit behaftet. Die Bewertung der Unschärfe (Vertrauensintervall) basiert bei der linearen Regression meist auf dem Student-$t$-Wert[8] (vgl. Kapitel 4.2.3) und der hat-Matrix

$$\boldsymbol{H} = \boldsymbol{X}(\boldsymbol{X}^{\mathrm{T}}\boldsymbol{X})^{-1}\boldsymbol{X}^{\mathrm{T}} \,. \tag{3.22}$$

Aus diesen resultieren die Vertrauensbereiche für die Modellkoeffizienten $\Delta b_i$:

$$\Delta b_i = \pm t(\alpha, n-q) s_R \sqrt{h_{ii}} \tag{3.23}$$

mit $h_{ii}$: $i$-tes Diagonalelement der hat-Matrix[9]; $t(\alpha, n-q)$: Student-$t$-Faktor der $t$-Tabelle A.1; $\alpha$: statistische Sicherheit.

Analog folgen auch die Vertrauensbereiche für aus dem Modell geschätzte Zielgrößen $\Delta y_0$:

$$\Delta y_0 = \pm t(\alpha, n-q) s_R \sqrt{\boldsymbol{x}_0(\boldsymbol{X}^{\mathrm{T}}\boldsymbol{X})^{-1}\boldsymbol{x}_0^{\mathrm{T}}} \tag{3.24}$$

mit $\boldsymbol{x}_0$: Koordinatenvektor von $x_0$ zu dem $\hat{y}_0$ mit Hilfe des Modells berechnet werden soll.

### 3.4.6 Vor- und Nachteile

Die RSM-Optimierung bietet in vielen Fällen neben einer detaillierte Aussage über den Untersuchungsbereich eine visuelle Darstellung der Ergebnisse. RSM kommt oft auch mit weniger Untersuchungen aus als die Simplex-Optimierung. Nachteilig ist, dass zu Beginn der Messbereich festgelegt werden muss, welcher sich im Nachhinein als ungünstig erweisen kann, d. h. die Messungen müssen in einem neuen, passenden Messbereich wiederholt werden. Die Resultate liegen auch erst nach Ausführung aller Untersuchungen vor. Gravierende Probleme resultieren, wenn nach der Varianzanalyse das Polynom-Modell nicht akzeptiert wird, die Aussagen sind dann sehr fragwürdig.

7 Aus einem Modell abgeleitete (geschätzte) Größen werden meist mit $\hat{\ }$ bezeichnet.

8 Alternative Abschätzungen der Vertrauensintervalle basieren auf dem $F$-Wert $F_{\mathrm{Tab}}(\alpha, f_1, f_2)$ und $(\boldsymbol{X}^{\mathrm{T}}\boldsymbol{X})^{-1}$.

9 Der leverage-Wert $h_{ii}$ ist das Diagonalelement der quadratischen hat-Matrix $\boldsymbol{H} = \boldsymbol{X}(\boldsymbol{X}^{\mathrm{T}}\boldsymbol{X})^{-1}\boldsymbol{X}^{\mathrm{T}}$, vgl. Kapitel 8.4.

## 3.5 Literatur


[1] Shainin, D., Shainin, P., Better than Taguchi Orthonal Tables, Quality and Reliability Engineering International, 4, 143–149, 1988
[2] Bhote, K. R., Qualität – Der Weg zur Weltspitze, IQM, Großbottwar, 1990
[3] Barker, T. B., Quality by Experimental Design, Marcel Dekker, New York, 1985
[4] Kleppmann, W., Taschenbuch Versuchsplanung, Carl Hanser Verlag, München, 2009
[5] Wu, C. F. J., Hamada, M., Experiments: Planning, Analyisis and Parameter Design Optimization, John Wiley, New York, 2000
[6] Taguchi, G., Wu, Y., Introduction to Off-line Quality Control. Central Japan Quality Control Association, Nagaya, 1985
[7] Taguchi, G., Konishi, S., Taguchi Methods Orthogonal Arrays and Linear Graphs, Tools for Quality Engineering, ASI Press, 1987
[8] Klein, B., Versuchsplanung – DoE: Einführung in die Taguchi/Shainin-Methodik, Oldenbourg Verlag, München, 2007
[9] Journal of Quality Technology, Vol. 17,4, Special Issue, 1985
[10] Montgomery, D. C., Design and Analysis of Experiments, John Whiley, New York, 2008
[11] Deming, S. N., Parker, L. R., Review of simplex optimization in analytical chemistry, Crit. Rev. Anal. Chem., 7, 187ff., 1978
[12] Nelder, J. A., Mead, Comp. J., 7, 308, 1965
[13] Box, G. E. P., Wilson, K. B., On the experimental attainment of optimum conditions, J. R. Stat. Soc., Ser. B, 13, 1, 1951
[14] Box, G. E. P., Hunter, W. G., Statistics for experimenters. An Introduction to Design, Data Analysis and Model Building, Wiley, New York, 1978
[15] Cornell, J. A., Experiments with Mixtures: Design, Models and the Analysis of Mixture Data, Wiley, New York, 1990


## 3.6 Übungen

3.1. In der Ionenaustausch-Chromatographie hängt die Auflösung $R$ der Substanzen Thr und Ser vom pH-Wert (3–5) und dem Anteil Methanol (5–15 %) im Eluentenpuffer ab. Erstellen Sie den $2^2$-faktoriellen Versuchsplan inklusive der Wechselwirkungen. Berechnen Sie mit Hilfe einer Tabellenkalkulation die jeweilige Auflösung mit $R = 0{,}5 + 0{,}1\,\text{pH} + 0{,}05\,\text{Methanol-\%}$ und ermitteln die Effekte der Faktoren und Wechselwirkungen.

3.2. Stellen Sie einen faktoriellen $3^2$-Versuchsplan auf (Tabelle/Skizze/Plan) für die Untersuchung der Qualität eines Praktikums abhängig von der Zahl der Betreuer bzw. der Höhe der finanziellen Mittel (keine Wechselwirkung, keine Auswertung).

3.3. Was versteht man unter der Auflösung eines Versuchsplans, beurteilen Sie einen Plan mit der Auflösung III.

3.4. Ausgehend von den Vertices $A(10)$, $B(20)$ und $C(30)$ erfolgte die Untersuchung bei $D(25)$. Skizzieren Sie die Konstellation dieser Simplex-Schritte und zeichnen/bezeichnen den folgenden Schritt bei der modifizierten Simplex-Optimierung (Zielgröße in Klammern).

3.5. Berechnen Sie für den Standard-Simplex die Koordinaten des Punktes $D$ in Übung 3.4, wenn für die Vertices gilt

$$A: [0,0], \quad B: [10,5], \quad C: [10,10] .$$

3.6. In Übung 3.1 sei die Betreuer-Zahl minimal 1 und maximal 3. Berechnen Sie die linear skalierte Größe für den Fall von 2 Betreuern ($c = \text{const} = 1$).

3.7. Unterscheiden Sie mechanistisches und empirisches Modell. Geben Sie je ein Beispiel an und erklären die Problematik bei einem RSM-Einsatz.

3.8. Bei der RSM-Optimierung der Klausur-Noten ($y$), abhängig vom IQ der Studierenden ($x_1$, Bereich 100 bis 120) und der Zahl der Übungsstunden ($x_2$, Bereich 0 bis 3 h) wurde das RSM-Modell ermittelt $y = 4 - 0{,}1\,x_1 - 6\,x_2 + 0{,}001\,x_1^2 + 2\,x_2^2 + 0{,}001\,x_1x_2$ und das Optimum (Note 1): IQ 120 und 1 h Übung bzw. Maximum (Note 5): IQ 100 und 0 h Übung mit den Standardabweichungen $s_{\text{rep}} = 0{,}105$ ($f_1 = 5$); $s_{\text{lof}} = 2{,}1$ ($f_2 = 3$). Welche Schlussfolgerung ist daraus zu ziehen für Optimum, Wechselwirkung und Modellgüte?

## 3.7 Softwareanwendung

Die Auflistung der diversen Softwarepakete erhebt keinen Anspruch auf Vollständigkeit, es sind etablierte Vertreter bzw. für die Aufgabe speziell konzipierte Lösungen angegeben.

Etablierte Statistikpakete wie STATISTICA® (www.statsoft.de), SPSS® (SPSS.com) oder Statgraphics® (www.statgraphics.com) haben Methoden für vollständige oder fraktionelle bzw. zentral-zusammengesetzte Versuchspläne und der Auswertung von Effekten, Signifikanz und Wechselwirkungen implementiert. Auch der Einsatz von Simplex- bzw. Response-Surface-Berechnungen ist zumindest ansatzweise realisiert. In vielen Fällen sind sie jedoch aufgrund ihres Leistungsumfangs schwierig anzuwenden und für einen Laboreinsatz z. B. auch aus Kostengründen oftmals nicht geeignet. Eine besondere Rolle nimmt hier das Statistikpaket RStudio/R (http://r-project.org) ein, da es modular aufgebaut und als freie Software auf nahezu allen Betriebssystemen zur Verfügung steht.

Spezielle Programme zur statistischen Versuchsplanung sind Design-Expert (www.statease.com), MODDE (www.umesoft.de) und STAVEX (www.aicos.com). Eine besondere Stellung haben die dedizierten Programme VPlan (www.chemometrie.info), SimSOFT (www.chemometrie.info) und RSMSoft (www.chemometrie.info). Sie

zeichnen sich durch eine spezielle Ausrichtung auf die entsprechende Aufgabenstellung aus und decken die beschriebenen Aspekte ab.
Der Einsatz von VPlan, SimSoft, RSMSoft bzw. die Umsetzung in RStudio/R soll die Anwendung der beschriebenen Theorie exemplarisch aufzeigen.

## 3.7.1 Einsatz VPlan, SimSoft, RSMSoft

### 3.7.1.1 VPlan

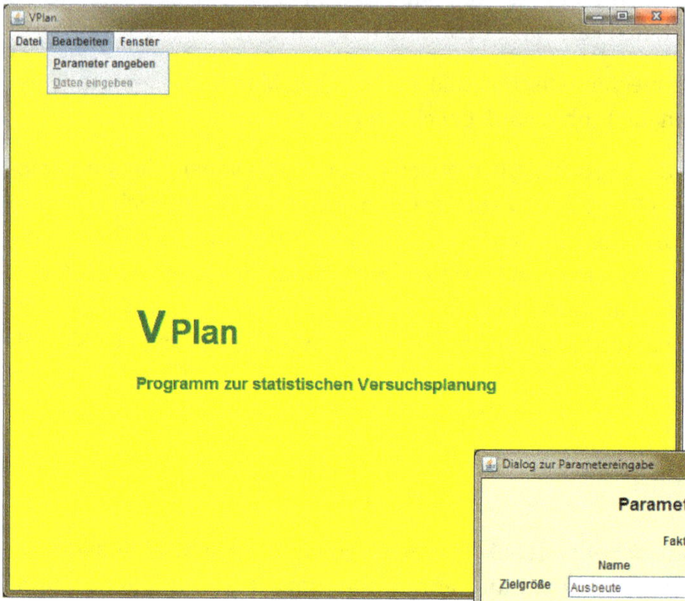


Programmstart

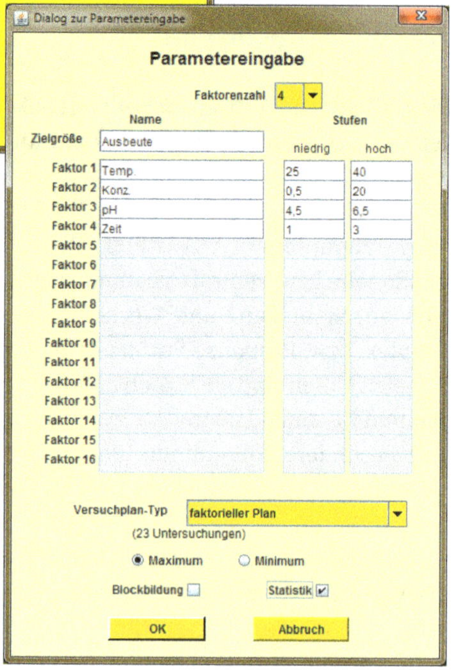


Vorgabe Parameter
Versuchsplan

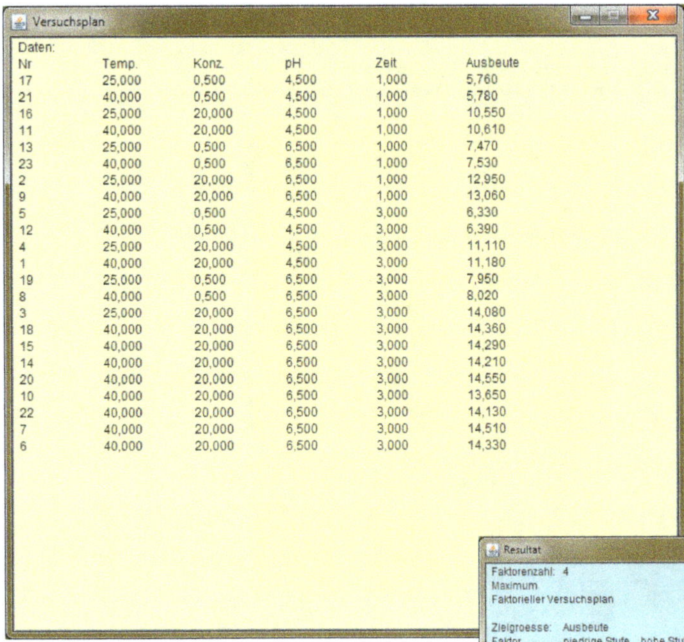

Versuchsplan

Daten:

| Nr | Temp. | Konz. | pH | Zeit | Ausbeute |
|---|---|---|---|---|---|
| 17 | 25,000 | 0,500 | 4,500 | 1,000 | 5,760 |
| 21 | 40,000 | 0,500 | 4,500 | 1,000 | 5,780 |
| 16 | 25,000 | 20,000 | 4,500 | 1,000 | 10,550 |
| 11 | 40,000 | 20,000 | 4,500 | 1,000 | 10,610 |
| 13 | 25,000 | 0,500 | 6,500 | 1,000 | 7,470 |
| 23 | 40,000 | 0,500 | 6,500 | 1,000 | 7,530 |
| 2 | 25,000 | 20,000 | 6,500 | 1,000 | 12,950 |
| 9 | 40,000 | 20,000 | 6,500 | 1,000 | 13,060 |
| 5 | 25,000 | 0,500 | 4,500 | 3,000 | 6,330 |
| 12 | 40,000 | 0,500 | 4,500 | 3,000 | 6,390 |
| 4 | 25,000 | 20,000 | 4,500 | 3,000 | 11,110 |
| 1 | 40,000 | 20,000 | 4,500 | 3,000 | 11,180 |
| 19 | 25,000 | 0,500 | 6,500 | 3,000 | 7,950 |
| 8 | 40,000 | 0,500 | 6,500 | 3,000 | 8,020 |
| 3 | 25,000 | 20,000 | 6,500 | 3,000 | 14,080 |
| 18 | 40,000 | 20,000 | 6,500 | 3,000 | 14,360 |
| 15 | 40,000 | 20,000 | 6,500 | 3,000 | 14,290 |
| 14 | 40,000 | 20,000 | 6,500 | 3,000 | 14,210 |
| 20 | 40,000 | 20,000 | 6,500 | 3,000 | 14,550 |
| 10 | 40,000 | 20,000 | 6,500 | 3,000 | 13,650 |
| 22 | 40,000 | 20,000 | 6,500 | 3,000 | 14,130 |
| 7 | 40,000 | 20,000 | 6,500 | 3,000 | 14,510 |
| 6 | 40,000 | 20,000 | 6,500 | 3,000 | 14,330 |

Versuchsplan, komplettiert mit Resultaten

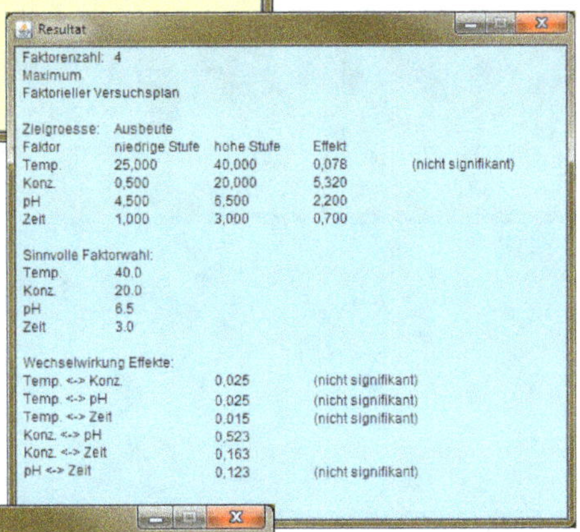

Resultat

Faktorenzahl: 4
Maximum
Faktorieller Versuchsplan

Zielgroesse: Ausbeute

| Faktor | niedrige Stufe | hohe Stufe | Effekt | |
|---|---|---|---|---|
| Temp. | 25,000 | 40,000 | 0,078 | (nicht signifikant) |
| Konz. | 0,500 | 20,000 | 5,320 | |
| pH | 4,500 | 6,500 | 2,200 | |
| Zeit | 1,000 | 3,000 | 0,700 | |

Sinnvolle Faktorwahl:

| | |
|---|---|
| Temp. | 40.0 |
| Konz. | 20.0 |
| pH | 6.5 |
| Zeit | 3.0 |

Wechselwirkung Effekte:

| | | |
|---|---|---|
| Temp. <-> Konz. | 0,025 | (nicht signifikant) |
| Temp. <-> pH | 0,025 | (nicht signifikant) |
| Temp. <-> Zeit | 0.015 | (nicht signifikant) |
| Konz. <-> pH | 0,523 | |
| Konz. <-> Zeit | 0,163 | |
| pH <-> Zeit | 0,123 | (nicht signifikant) |

Auswertung Versuchsplan

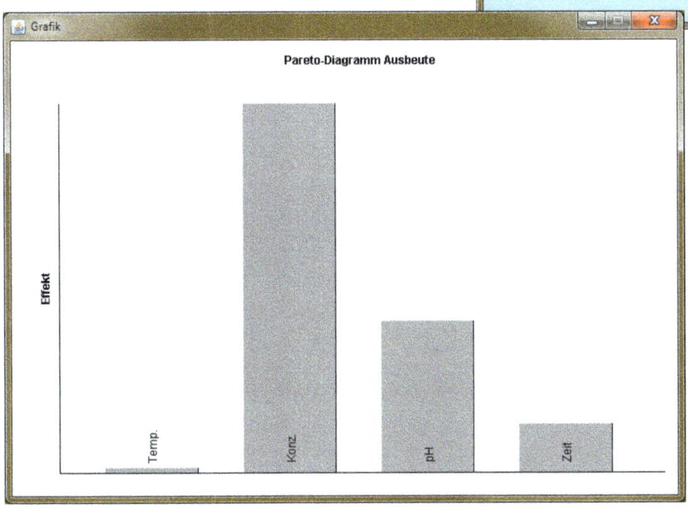


Pareto-Diagramm

### 3.7.1.2 SimSoft

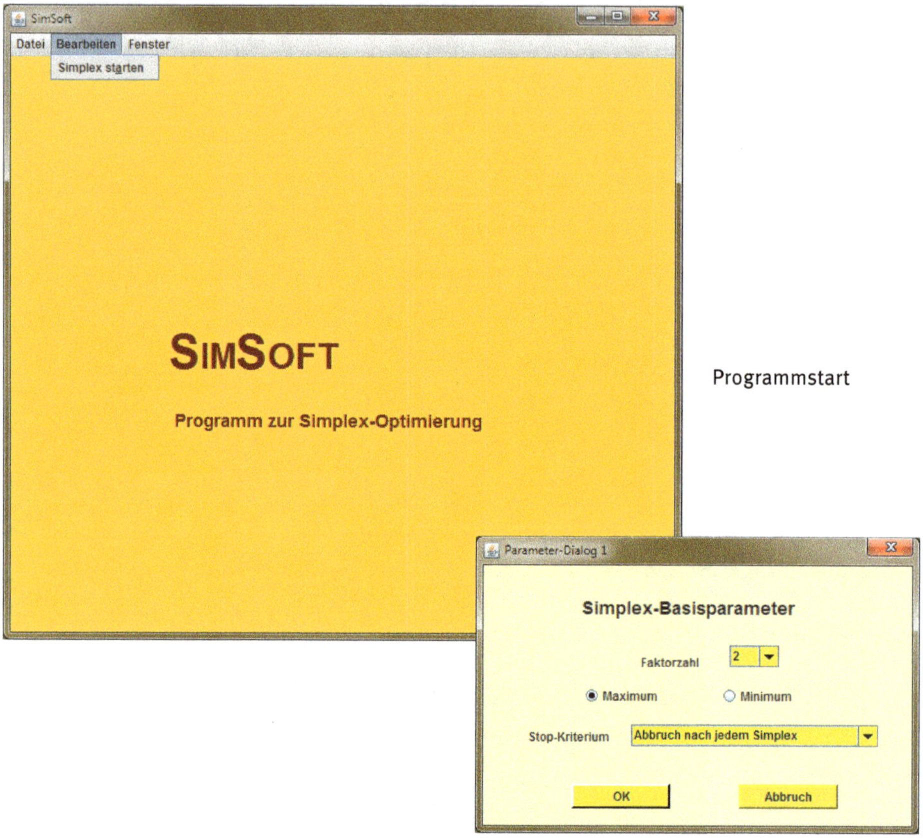


Programmstart

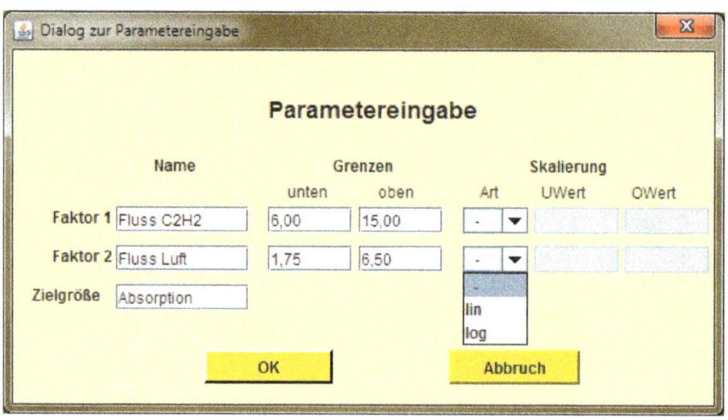


Parametereingabe

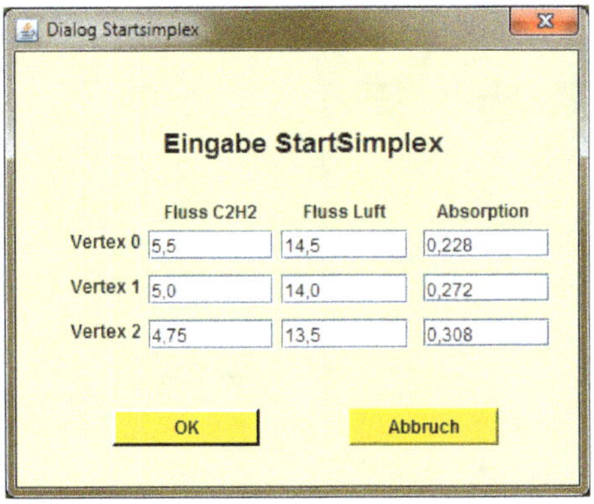


Eingabe Start-Simplex

Eingabe Zielgröße für neuen Simplex

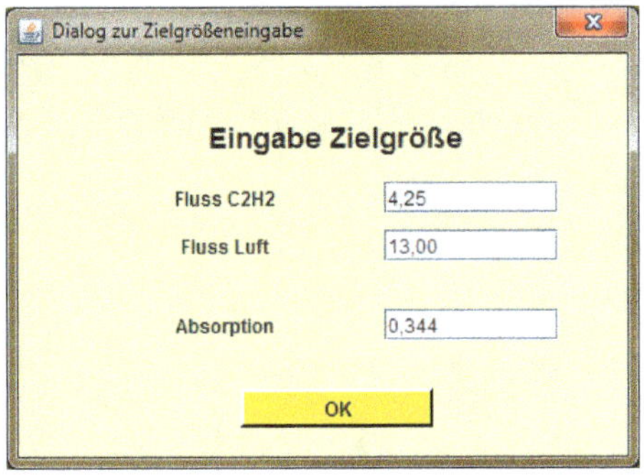


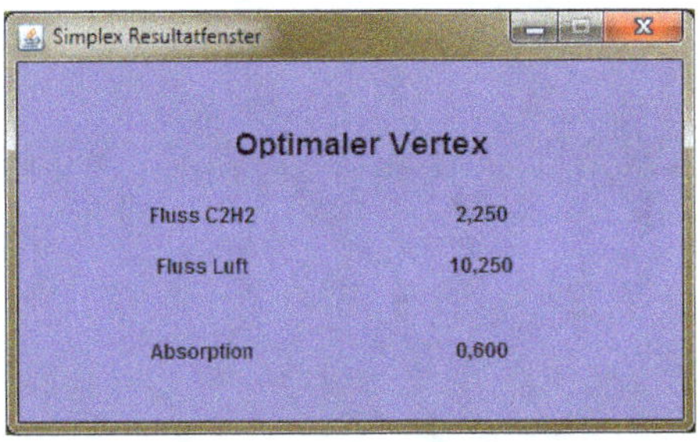


Resultatausgabe

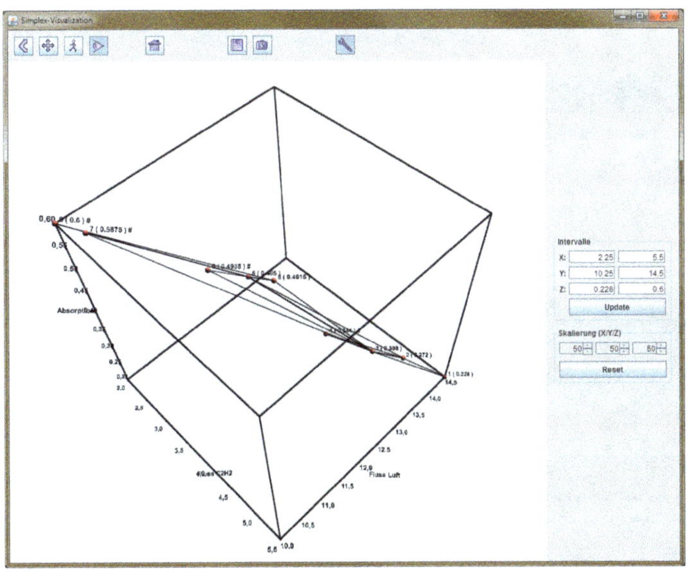

Graph Verlauf Simplex-Optimierung

### 3.7.1.3 RSMSoft

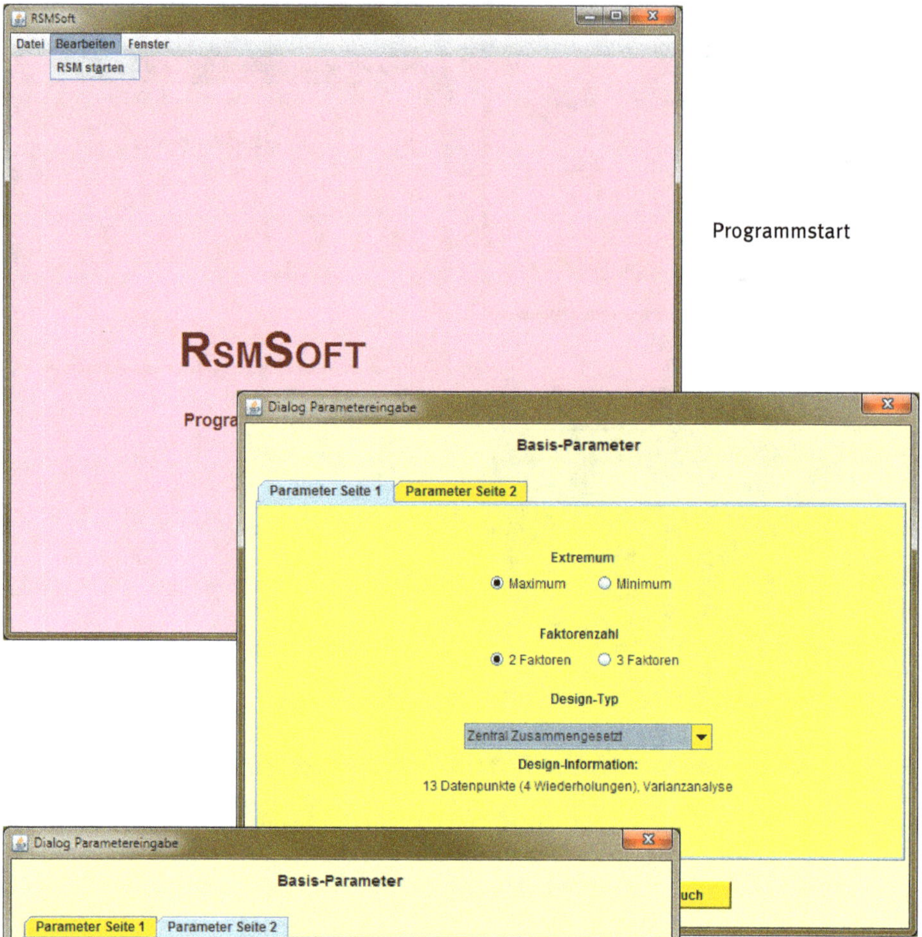


Programmstart

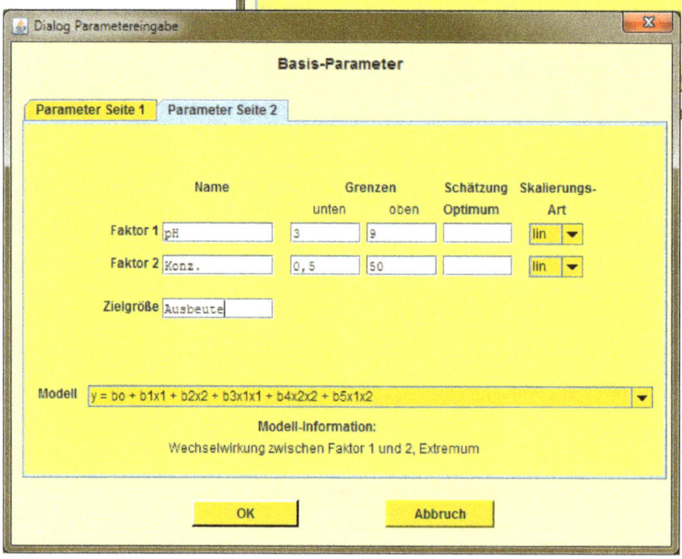


Parametereingabe

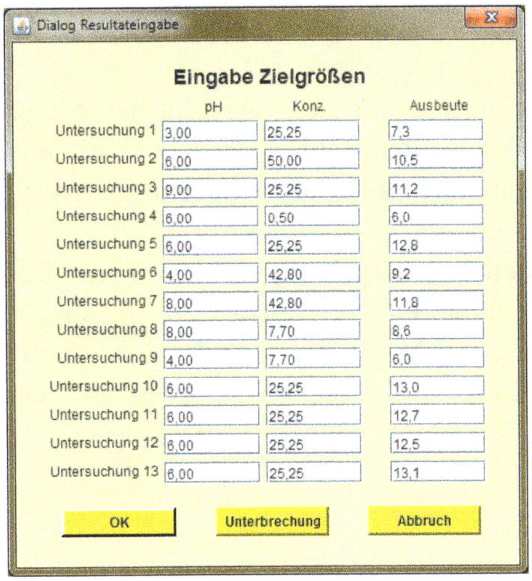


Zielgrößeneingabe

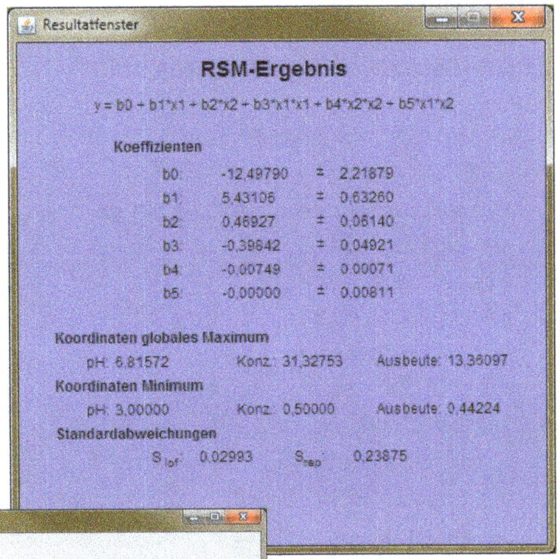


RSM-Resultat

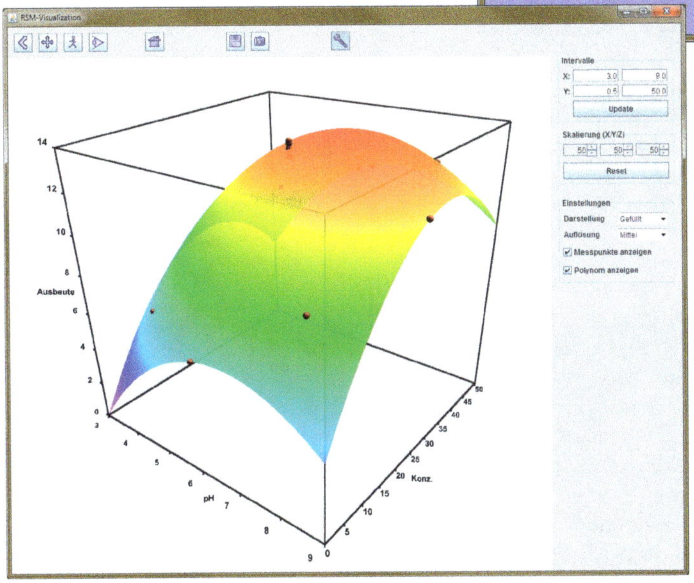


RSM-Graph

### 3.7.2 Umsetzung in RStudio/R

Es ist nicht Aufgabe dieses Buches, eine Einführung in R zu geben oder die Syntax von R-Funktionen zu beschreiben, hierzu steht eine Reihe guter Lehrbücher zur Verfügung [1, 2, Kapitel 9]. Auch ist es nicht Intention ein R-Skript zu präsentieren, dass alle Themen dieses Kapitels vollständig abdeckt.

Im Folgenden werden exemplarisch Funktionen vorgestellt, mit denen grundlegende Elemente der Simplex- und der RSM-Optimierung in R realisiert und graphisch dargestellt werden können. Eine ausführliche Realisierung der Versuchsplanung mit R ist in dem Paket RcmdrPlugin.DoE frei verfügbar, das zudem eine graphische Oberfläche für die R-Commander-Shell bereitstellt.

Simplex-Berechnung (vgl. Beispiel 3.2).

```
# Faktorzahl p festlegen[10]
p <- 2
# Vertex1 zuweisen (x1, x2, y)
v1 <- c(5.5, 14.5, 0.1)
# Vertex2 zuweisen
v2 <- c(4.75, 13.5, 0.16)
# Vertex3 zuweisen
v3 <- c(5.0, 14.0, 0.14)
# Simplex1 zeilenweise zusammenstellen mit Benennung Zeilen (v1, v2, v3)
    und Spalten (x1, x2, y)
s1 <- matrix(c(v1, v2, v3), nrow=(p+1), ncol=(p+1), byrow=TRUE, dimnames
   =list(c("v1", "v2", "v3"), c("x1", "x2", "y")))
# Simplex1 sortieren
s1s <- s1[order(s1[, (p+1)]), ]
# Koordinate x1neu berechnen (Standard-Simplex bzw. α = 1)
x1neu <- s1s[3,1] + s1s[2,1] - s1s[1,1]
# Koordinate x2neu berechnen (Standard-Simplex bzw. α = 1)
x2neu <- s1s[3,2] + s1s[2,2] - s1s[1,2]
# neuen Vertex1 zuweisen
v1 <- c(s1s[3,1], s1s[3,2], s1s[3,3])
# neuen Vertex2 zuweisen
v2 <- c(s1s[2,1], s1s[2,2], s1s[2,3])
# neuen Vertex3a (α = 1) zuweisen (ohne Zielgröße)
v3a <- c(x1neu, x2neu, NA)
# Zielgröße Vertex3a zuweisen nach Untersuchung
v3a[3] <- 0.18
# α = 2 festlegen (Expansion prüfen)
alpha <- 2
# Koordinate x1neu berechnen (für Expansion, α = 2)
x1neu <- (1+alpha)/p*(s1s[3,1] + s1s[2,1]) - alpha*s1s[1,1]
```

10 Kommentare werden in R mit # eingeleitet.

```
# Koordinate x2neu berechnen (für Expansion, α = 2)
x2neu <- (1+alpha)/p*(s1s[3,2] + s1s[2,2]) - alpha*s1s[1,2]
# neuen Vertex3b (α = 2) zuweisen (ohne Zielgröße)
v3b <- c(x1neu, x2neu, NA)
# Zielgröße Vertex3b zuweisen nach Untersuchung
v3b[3] <- 0.21
# Vergleich Vertex3a (α = 1) mit Vertex3b (α = 2); Vertex mit größerer
    Zielgröße wird Vertex3
ifelse(v3a[3]>v3b[3], yes=(v3 <- v3a), no=(v3 <- v3b))
# Simplex2 zeilenweise zusammenstellen mit Benennung Zeilen (v1, v2, v3)
    und Spalten (x1, x2, y)
s2 <- matrix(c(v1, v2, v3), nrow=(p+1), ncol=(p+1), byrow=TRUE, dimnames
    =list(c("v1", "v2", "v3"), c("x1", "x2", "y")))
# Simplex2 sortieren
s2s <- s2[order(s2[, (p+1)]), ]
```

RSM-Berechnung.

```
# Zentral-zusammengesetztes RSM-Design fuer 2 Faktoren
# Untergrenze Faktor 1
lo1 <- 0
# Obergrenze Faktor 1
hi1 <- 10
# Untergrenze Faktor 2
lo2 <- 0
# Obergrenze Faktor 2
hi2 <- 20
fakt <- 1.41
# links zentr.
# Koordinate x1
d1 <- -1.41 * (hi1 - lo1) / (2*fakt) + (hi1 + lo1) / 2
# Koordinate x2
d2 <- 0 * (hi2 - lo2) / (2*fakt) + (hi2 + lo2) / 2
# in Designmatrix D einfuegen
D <- rbind(c(d1, d2))
# oben zentr.
d1 <- 0 * (hi1 - lo1) / (2*fakt) + (hi1 + lo1) / 2
d2 <- 1.41 * (hi2 - lo2) / (2*fakt) + (hi2 + lo2) / 2
D <- rbind(D, c(d1, d2))
# rechts zentr.
d1 <- 1.41 * (hi1 - lo1) / (2*fakt) + (hi1 + lo1) / 2
d2 <- 0 * (hi2 - lo2) / (2*fakt) + (hi2 + lo2) / 2
D <- rbind(D, c(d1, d2))
# unten zentr.
d1 <- 0 * (hi1 - lo1) / (2*fakt) + (hi1 + lo1) / 2
d2 <- -1.41 * (hi2 - lo2) / (2*fakt) + (hi2 + lo2) / 2
D <- rbind(D, c(d1, d2))
```

```
# oben links
d1 <- -1 * (hi1 - lo1) / (2*fakt) + (hi1 + lo1) / 2
d2 <- 1 * (hi2 - lo2) / (2*fakt) + (hi2 + lo2) / 2
D <- rbind(D, c(d1, d2))
# oben rechts
d1 <- 1 * (hi1 - lo1) / (2*fakt) + (hi1 + lo1) / 2
d2 <- 1 * (hi2 - lo2) / (2*fakt) + (hi2 + lo2) / 2
D <- rbind(D, c(d1, d2))
# unten rechts
d1 <- 1 * (hi1 - lo1) / (2*fakt) + (hi1 + lo1) / 2
d2 <- -1 * (hi2 - lo2) / (2*fakt) + (hi2 + lo2) / 2
D <- rbind(D, c(d1, d2))
# unten links
d1 <- -1 * (hi1 - lo1) / (2*fakt) + (hi1 + lo1) / 2
d2 <- -1 * (hi2 - lo2) / (2*fakt) + (hi2 + lo2) / 2
D <- rbind(D, c(d1, d2))
# mitte
d1 <- 0 * (hi1 - lo1) / (2*fakt) + (hi1 + lo1) / 2
d2 <- 0 * (hi2 - lo2) / (2*fakt) + (hi2 + lo2) / 2
D <- rbind(D, c(d1, d2))
# Wiederholungen
D <- rbind(D, c(d1, d2))
D <- rbind(D, c(d1, d2))
D <- rbind(D, c(d1, d2))
D <- rbind(D, c(d1, d2))
D <- rbind(D, c(d1, d2))
# Spaltennamen x1, x2 einfuegen
colnames(D) <- paste("x", 1:2, sep="")
# D als Textdatei speichern in design.txt
write.table(x=D, file="/media/reh/RDaten/rsmDaten .txt", sep ="\t", dec
    =",", row.names=FALSE, col.names=TRUE, quote=TRUE)
# RSM-Modell berechnen
# Paket car laden; Fox, Weisberg, 2016
library("car")
# Import mit Header y, x1, x2 (rsmDaten.txt ergaenzt um Resultate in
    Spalte y)
rsmDat <- read.delim2("/media/reh/RDaten/rsmDaten.txt")
# Term y
y <-rsmDat$y
# Term x1
x1 <-rsmDat$x1
# Term x2
x2 <-rsmDat$x2
# Term fuer x1^2
x12 <-x1^2
# Term fuer x2^2
x22 <-x2^2
# Term fuer x1*x2
x1x2 <- x1*x2
```

```
# Fit Modell y = b0 + b1*x1 + b2*x2 + b3*x1^2 + b4*x2^2 + b5*x1*x2
rsmFit <- lm(y ~ x1 + x2 + x12 + x22 + x1x2)
# Koeffizienten-Vektor B
B <- cbind(rsmFit$coefficients)
# Übersicht Resultate lineare Regression (u.a. sR, sbi , R2, F)
summary(rsmFit)
# Berechnung Konfidenzintervalle (delta_bi)
confint(rsmFit, level=0.95)
# 3D-Graphik (Paket car)
scatter3d(y ~ x1 + x2, data=rsmDat, fit="quadratic")
```

# 4 Univariate Regression, Kalibration

## 4.1 Einleitung

Die Regression dient der Ermittlung des Zusammenhangs zwischen einer abhängigen Messgröße von einem unabhängigen Parameter und wird in unterschiedlichsten Bereichen zur Auswertung von Untersuchungen eingesetzt. Dazu gehört z. B. die Kalibration eines pH-Meters, eines Thermoelements oder einer Waage[1]. Insbesondere in physikochemischen Untersuchungen wird immer wieder auf eine Regressionsanalyse zurückgegriffen. Beispiele sind die Massekalibration eines Massenspektrometers oder Wellenlängenkalibration eines Diodenarray-Detektors. Dies unterstreicht ihren weiten Einsatzbereich und grundlegende Bedeutung, insbesondere bei der Konzentrationsbestimmung in der Analytischen Chemie [1]. Allen Anwendungen ist jedoch gemein, dass Fehler in der Regressionsanalyse sich (meist linear) auf alle nachfolgenden Untersuchungen auswirken. Generell liegt für eine physikochemische Messgröße (abhängige Variable $y$) eine Abhängigkeit von einer oder mehreren Parametern (unabhängige Variable $x_1, x_2, \dots, x_i$) vor. Ist die Messgröße nur von einer Variablen $x_1$ abhängig, liegt eine univariate Regression vor, ansonsten spricht man von einer multivariaten Regression, wie sie z. B. bei der Multikomponentenanalyse zum Einsatz kommt (vgl. Kapitel 8).

Primär wird durch die Regression ein funktionaler Zusammenhang zwischen Messgröße ($y$) und dem gewünschten Parameter (Information $x$) ermittelt, aus welchem das Regressionsmodell $y = f(x)$ resultiert. Häufig erfolgt dies mit Referenzmessungen, z. B. bei der Kalibration eines pH-Meters. Die Schätzung des zugehörigen Modells (Ermittlung von Asymmetrie und Steilheit aus der Nernst-Gleichung) erfolgt durch die Untersuchung von Referenzproben (zwei Puffer z. B. pH 4,0 und pH 7,0). Komplexer ist z. B. die Regression in der Gelfiltrationschromatograhie, bei der ein sigmoider Zusammenhang zwischen Retentionszeit der Elution und der Molmasse einiger Referenzpolymere (Kalibrator, Standard) ermittelt wird. Das Vorgehen wird in Abbildung 4.1 verdeutlicht.

Erst nach Vorliegen des Regressionsmodells können in einem zweiten Schritt aus der Untersuchung der Proben die zugehörigen Resultate abgeleitet werden, z. B. durch Berechnung der Umkehrfunktion (Analysenfunktion) $x = g(y)$.

Die Ermittlung des Modells (meist Berechnung mittels Regression) erfolgt oft rechnergestützt, so dass in Messgeräten dies häufig bereits implementiert ist. Eine weitergehende numerische Behandlung zur Validierung der Regressionsrechnung (Varianzanalyse, Signifikanz Achsenabschnitt etc.) fehlt jedoch zumeist. Explizite Statistikpakete (Statistica®, StatGraphics®) bringen auch diese Routinen mit, erlauben meist

1 Der früher übliche Begriff Eichung ist ausschließlich autorisierten Behörden vorbehalten.

DOI 10.1515/9783110451030-005

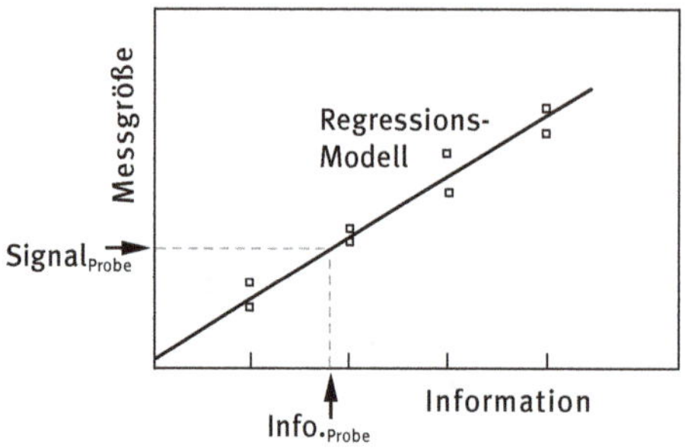


Abb. 4.1: Einsatz eines Regressionsmodells.

aber keine Berechnung der Probeinformationen aus der Umkehrfunktion. Hier bieten spezielle Softwarelösungen wie z. B. Calib einen guten Kompromiss, besonders für die nichtlineare Regression sollte eine spezielle Software verfügbar sein, z. B. SimFit.

## 4.2 Regression

### 4.2.1 Modelldesign

Eine optimale Anordnung der Regressionsuntersuchungen (Design) ist wichtig, um optimale Aussagen z. B. zur Güte der Regression, Vertrauensbereiche etc. zu erhalten wie Abbildung 4.2 zeigt.

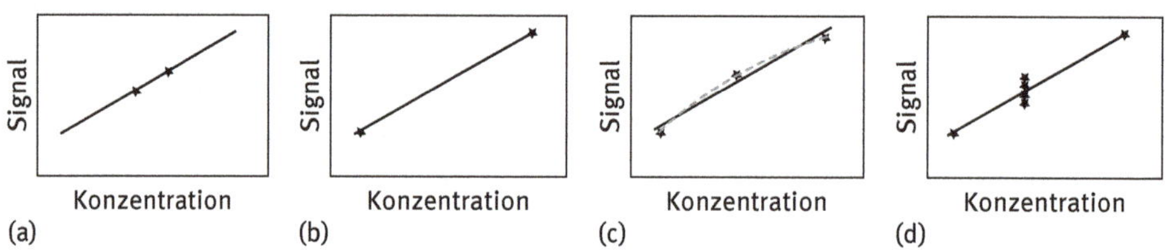


Abb. 4.2: Design der Regressionsuntersuchungen; (a) zu enger Messbereich, (b) keine Freiheitsgrade zur Bestätigung des Modells, (c) keine Freiheitsgrade zur Beurteilung des Zufallsfehlers, (d) optimales Design.

In vielen Fällen wird eine Gerade als Modell gewählt, in anderen Fällen aber auch z. B. ein Polynom zweiten Grades. Beide werden als lineare Modelle[2] bezeichnet, da die zu schätzenden Parameter ($b_i$) in linearer Abhängigkeit zueinander stehen. Selten kommen nichtlineare Modelle zum Einsatz, z. B. in Form der Rodbard-Funktion[3]

2 Im linearen Modell ist ein Modellkoeffizient $b_i$ in jedem additiven Term des Modells (z. B. $y = b0 + b_1x + b_2x^2$).

3 Rodbard-Funktion: $y = b_0 + b_1/(1 + b_2x^{b_3})$; Sättigungsfunktion: $y = b_0x/(b_1 + x)$.

bei immunologischen Messungen (sigmoider Verlauf) oder Sättigungsfunktion (z. B. bei der Elektrospray-Ionisation in der Massenspektrometrie). Hier muss eine iterative, nichtlineare Regression durchgeführt werden (Kapitel 4.2.3).

### 4.2.2 Lineare Regression

Die Schätzung der Modellkoeffizienten $b_i$ (z. B. Achsenabschnitt $b_0$, Steigung $b_1$ bei der Geraden) erfolgt zumeist mit der Methode der kleinsten Fehlerquadrate.
Dabei wird zugrunde gelegt:

- Fehler treten nur bei $y$-Werten auf (Abweichung der Messwerte senkrecht zur Abszisse),
- vergleichbare Streuung (Residuen) bei Wiederholungsmessungen diverser Kalibratoren,[4]
- normal verteile Streuung der Residuen um den Nullwert.

Für eine lineare Regression liegen $n$ Untersuchungen vor mit den Messwertpaaren $y_1 = f(x_1), y_2 = f(x_2), \ldots, y_n = f(x_n)$, bzw. in Matrixschreibweise $\boldsymbol{y} = \boldsymbol{Xb}$.

Für den einfachsten Fall einer Geradengleichung (Polynom 1. Grades mit einer Variablen) entspricht analog Kapitel 3.4.3 die Aufstellung des Resultatvektors $\boldsymbol{y}$ mit den $y$-Werten (Messgrößen), der Designmatrix $\boldsymbol{D}$ ($x$-Werte, z. B. Konzentrationen) und der entsprechend dem Modell ($y = b_0 + b_1x_1$) daraus abgeleiteten $\boldsymbol{X}$-Matrix. Für den Fall der Geradengleichung gilt demnach:

$$\begin{pmatrix} y_1 \\ y_2 \\ \vdots \\ y_n \end{pmatrix} = \begin{pmatrix} 1 & x_1 \\ 1 & x_2 \\ \vdots & \vdots \\ 1 & x_n \end{pmatrix} \begin{pmatrix} b_0 \\ b_1 \end{pmatrix} + \begin{pmatrix} e_1 \\ e_2 \\ \vdots \\ e_n \end{pmatrix} . \tag{4.1}$$

Der Residuenvektor $\boldsymbol{e}$ gibt die Fehler an aufgrund der Schätzung der $y$-Variablen durch das Model, $\hat{y}_i$, im Vergleich zum entsprechenden Messwert $y_i$ ($e_i = y_i - \hat{y}_i$, vgl. Abbildung 4.7).

Der Vektor $\boldsymbol{b}$ enthält die zu schätzenden Modellkoeffizienten $b_i$ (z. B. Achsensabschnitt $b_0$, Steigung $b_1$ einer Gerade). Die Regression basiert auf einer Minimierung der Summe der Residuenquadrate $SQ_R = \sum_i e_i^2$ (Gauss-Least-Square-Regression)[5]. Allgemein kann für alle linearen Modelle die Abschätzung der Modellkoeffizienten $b_i$

---

4 Homoskedastisch: Messwertstreuung bei verschiedenen, unabhängigen Variablen $x_i$ sind vergleichbar, ansonsten heteroskedastisch.

5 Für eine Gerade entspricht dies dem Nullsetzen der partiellen Ableitungen (jeweils nach $b_i$) von $SQ_R$.

erfolgen mit[6]

$$\boldsymbol{b} = (\boldsymbol{X}^{\mathrm{T}}\boldsymbol{X})^{-1}(\boldsymbol{X}^{\mathrm{T}}\boldsymbol{y}) \tag{4.2}$$

(vgl. Kapitel 3.4.3, Gleichung (3.13)–(3.16)).

Als Indikator für die Erfüllung der Voraussetzungen für die lineare Regression kann die graphische Darstellung der Residuen dienen, wie in Abbildung 4.3 gezeigt wird.

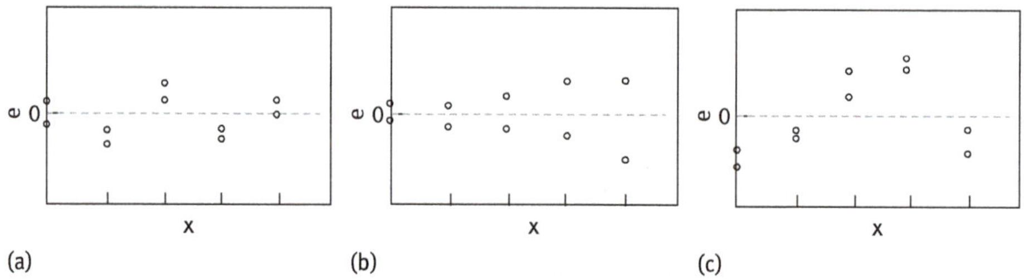


Abb. 4.3: Residuen-Plot; (a) Voraussetzungen erfüllt, (b) steigende Messwert-Varianz, (c) falsches Geradenmodell.

Als Folge der Modellungenauigkeit und Messwertunschärfe sind die Koeffizienten $\hat{b}_i$ als auch vorhergesagte Messgrößen[7] $\hat{y}$ mit einer Unsicherheit behaftet. Diese wird ausgedrückt durch die Vertrauensbereiche $\Delta b_i$ und $\Delta y$ (vgl. Gleichung (3.23), (3.24), Kapitel 3.4.5) und leiten sich ab aus diversen Streuungsmaßen/Varianzen.

## Varianzanalyse (*analysis of variance*, ANOVA)

Zur Beurteilung der linearen Regression dienen unterschiedliche Streuungsmaße (Quadratsumme SQ) mit den entsprechenden Freiheitsgraden.
Von besonderer Bedeutung sind:

– Streuung der $y$-Messwerte bezogen auf den $y$-Gesamtmittelwert, $SQ_T$

$$SQ_T = \sum_{j=1}^{k}\sum_{i=1}^{n_j}(y_{ij} - \bar{y})^2 \qquad \text{Freiheitsgrad: } n-1 \tag{4.3}$$

– Streuung, resultierend aus den Koeffizienten des Modells, $SQ_K$ d. h. Unterschied jeweiliger $y$-Wert aus dem Modell zum $y$-Gesamtmittelwert

$$SQ_K = \sum_{j=1}^{k} n_j(\hat{y}_j - \bar{y})^2 \qquad \text{Freiheitsgrad: } q-1 \tag{4.4}$$

6 Index T steht für transponierte, Index −1 für invertierte Matrix.

7 Aus einem Modell abgeleitete (geschätzte) Größen werden meist mit ˆ bezeichnet.

- Streuung basierend auf den Residuen, $SQ_R$ d. h. Unterschied experimenteller $y$-Wert von entsprechendem $y$-Wert aus dem Modell

$$SQ_R = \sum_{j=1}^{k} \sum_{i=1}^{n_j} (y_{ij} - \hat{y}_j)^2 \qquad \text{Freiheitsgrad: } n - q \tag{4.5}$$

- Streuung basierend auf dem Modell (lack of fit), $SQ_{lof}$ d. h. Unterschied jeweiliger $y$-Wert aus dem Modell von entsprechendem $y$-Mittelwert

$$SQ_{lof} = \sum_{j=1}^{k} n_j (\hat{y}_j - \bar{y}_j)^2 \qquad \text{Freiheitsgrad: } k - q \tag{4.6}$$

- Streuung basierend auf dem experimentellen Fehler (Reproduzierbarkeit), $SQ_{rep}$ d. h. Unterschied jeweiliger $y$-Wert von entsprechendem $y$-Mittelwert

$$SQ_{rep} = \sum_{j=1}^{k} \sum_{i=1}^{n_j} (y_{ij} - \bar{y}_j)^2 \qquad \text{Freiheitsgrad: } n - k \tag{4.7}$$

mit $n$: Gesamtzahl Untersuchungen; $n_j$: Messwertzahl bei der Rubrik $j$; $q$: Koeffizientenzahl ($q = 2$ für Gerade); $k$: Zahl unterschiedlicher Rubriken (Einstellungen der unabhängigen Variablen, Konzentrationen); $y_{ij}$: $i$-ter experimenteller $y$-Wert bei der Rubrik $j$; $\bar{y}$: $y$-Mittelwert über alle $n$ Messwerte; $\bar{y}_j$: $y$-Mittelwert über die $n_i$ Messwerte der Rubrik $j$; $\hat{y}_j$: aus dem Modell geschätzter $y$-Wert der Rubrik $j$.

Die Zusammenhänge der diversen Streuungsmaße sind:

$$SQ_T = SQ_K + SQ_R \quad \text{bzw.} \quad SQ_R = SQ_{lof} + SQ_{rep} \,.$$

Das Streuungsmaß dividiert durch den entsprechenden Freiheitsgrad ergibt die analoge Varianz $s^2$, z. B.

- Residuenvarianz

$$s_R^2 = \frac{1}{n-q} SQ_R \tag{4.8}$$

- Varianz der Reproduzierbarkeit

$$s_{rep}^2 = \frac{1}{n-k} SQ_{rep} \tag{4.9}$$

- Varianz des Modellfehlers

$$s_{lof}^2 = \frac{1}{k-q} SQ_{lof} \,. \tag{4.10}$$

### Korrelationskoeffizient, Bestimmtheitsmaß

Der lineare Zusammenhang (Korrelation) zwischen beiden Variablen wird durch den Korrelationskoeffizient $r_{xy}$ bewertet. Allgemein wird dieser durch die Kovarianz $\mathrm{cov}(x, y)$ definiert, dividiert durch die beiden Varianzen $s_x^2$ (Streuung der $x$-Werte) und $s_y^2$ (Streuung der $y$-Werte), damit ist dieses Maß unabhängig von den absoluten Größen. Es gilt:

$$r_{xy} = \frac{\mathrm{cov}(x,y)}{\sqrt{s_x^2 s_y^2}} = \frac{\sum_{i=1}^{n}(x_i - \bar{x})(y_i - \bar{y})}{\sqrt{\sum_{i=1}^{n}(x_i - \bar{x})^2 \sum_{i=1}^{n}(y_i - \bar{y})^2}} \tag{4.11}$$

bzw.

$$\text{Bestimmtheitsmaß } R^2 = r_{xy}^2 \tag{4.12}$$

mit $\bar{x}$: Mittelwert der unabhängigen Variablen $x_i$; $\bar{y}$: Mittelwert der abhängigen Variablen $y_i$.

Eine ideale Abhängigkeit der Variablen liegt vor bei $|r_{xy}| = 1$, d. h. $r_{xy} = 0$ zeigt eine fehlende Korrelation an und $r_{xy} < 0$ resultiert aus der negativen Steigung der Regressionsgeraden.

Zur Bewertung, wie gut das gewählte Modell die Daten beschreibt (vgl. Kapitel 3.4.5), sollte jedoch nicht der Korrelationskoeffizient herangezogen werden. Die Residuenvarianz $s_\mathrm{R}^2$ (Gleichung (4.8)) ist besser geeignet zur Bewertung der Güte einer Regression. Analog zur univariaten, deskriptiven Statistik (vgl. Kapitel 2.2.2) kann auch hier eine relative Standardabweichung definiert werden zu[8]

$$s_\mathrm{rel} = 100\frac{\sqrt{\frac{1}{n-q}\sum_{j=1}^{k}\sum_{i=1}^{n_j}(y_{ij} - \hat{y}_j)^2}}{\bar{y}}\ [\%] \tag{4.13}$$

mit $\bar{y}$: Mittelwert aller Messwerte $y_{ij}$.

Diese ist unabhängig von den absoluten Messgrößen und zum Vergleich besser geeignet.

### Konfidenzintervall

Die Fehler bei der Schätzung der Modellkoeffizienten $b_i$ werden als Konfidenzintervall $\Delta b_i$ (Vertrauensbereich, vgl. Kapitel 2.2.2) aus den entsprechenden Varianzen $s^2$ bestimmt. Es gilt:[9]

$$\Delta b_i = t(\alpha, f)\sqrt{s_{b_i}^2} \tag{4.14}$$

mit Freiheitsgrad $f = n - q$; $t(\alpha, f)$: Student-$t$-Faktor mit Signifikanzniveau $\alpha$ (zweiseitig).

---

8 Alternativ definiert DIN 38402-51 für eine Gerade die Verfahrensstandardabweichung

$$s_\mathrm{V} = 100\frac{s_\mathrm{R}/b_1}{\bar{x}}\ [\%]\,.$$

9 Voraussetzung ist die Unabhängigkeit der Modellkoeffizienten $b_i$.

Für den Fall der Koeffizienten $b_0$ und $b_1$ bei einer Gerade gilt

$$s_{b_0}^2 = s_R^2 \left( \frac{1}{n} + \frac{\bar{x}^2}{\sum_{i=1}^n (x_i - \bar{x})^2} \right) \tag{4.15}$$

$$s_{b_1}^2 = s_R^2 \frac{1}{\sum_{i=1}^n (x_i - \bar{x})^2} \tag{4.16}$$

mit $s_R^2$: Residuenvarianz.

Analog sind Vertrauensbereiche definiert für die Schätzung von neuen $y$-Werten $\hat{y}_0$ (Messwerte) oder von Rubriken $\hat{x}_0$ (z. B. Konzentration) aus dem Modell[10].

Wesentliche Aspekte der linearen Regression sollen an einem Beispiel berechnet werden.

**Bsp. 4.1:** Lineare Regression einer Geraden.

Messwerte ($n = 4$; $k = 3$; $q = 2$):

| Nr. | $x$ | $y$ |
|---|---|---|
| 1 | 0 | 0,3 |
| 2 | 1 | 1,8 |
| 3 | 1 | 2,2 |
| 4 | 2 | 3,5 |

Regressionsgleichung entsprechend Gleichung (4.1):

$$\begin{pmatrix} 0{,}3 \\ 1{,}8 \\ 2{,}2 \\ 3{,}5 \end{pmatrix} = \begin{pmatrix} 1 & 0{,}0 \\ 1 & 1{,}0 \\ 1 & 1{,}0 \\ 1 & 2{,}0 \end{pmatrix} \begin{pmatrix} b_0 \\ b_1 \end{pmatrix}$$

---

**10** Vertrauensbereich $y$-Wert $\Delta y_j = t(\alpha, f)\sqrt{s_{\hat{y}}^2}$ mit

$$s_{\hat{y}}^2 = s_R^2 \left( \frac{1}{n} + \frac{(x_j - \bar{x})^2}{\sum_{i=1}^n (x_i - \bar{x})^2} \right)$$

bzw. für die Schätzung eines $y$-Wertes $\hat{y}_0$ aus einem individuellen $x$-Wert $x_0$ gilt

$$s_{\hat{y}_0}^2 = s_R^2 \left( \frac{1}{r} + \frac{1}{n} + \frac{(x_0 - \bar{x})^2}{\sum_{i=1}^n (x_i - \bar{x})^2} \right)$$

mit $r$: Zahl der $x$-Wiederholungsmessungen; für einzelnen Wert $\hat{y}_0$ ist $r = 1$. Obige Gleichungen definieren das Konfidenz- bzw. Dispersionsband ($r = 1$) als entsprechende hyperbolische Kurven im Kalibrationsgraphen.

Aus dem Dispersionsband lässt sich aus $y_S \pm \Delta y_S$ graphisch der Unschärfebereich für die Abschätzung eines $x$-Wertes $x_0$ z. B. für eine Probe ablesen. Der Vertrauensbereich $\Delta x_0 = t(\alpha, f)\sqrt{s_x^2}$ berechnet sich mit Hilfe der Varianz $s_x^2$:

$$s_x^2 = \frac{s_R^2}{b_1} \left( \frac{1}{r} + \frac{1}{n} + \frac{(y_S - \bar{y})^2}{b_1^2 \sum_{i=1}^n (x_i - \bar{x})^2} \right)$$

mit $r$: Zahl der $y_S$-Wiederholungsmessungen; $y_S$: $y$-Wert, der der Berechnung von $x_0$ zugrunde liegt.

Regression nach Gleichung (4.2):

$$\begin{pmatrix} b_0 \\ b_1 \end{pmatrix} = (\boldsymbol{X}^\mathrm{T}\boldsymbol{X})^{-1}(\boldsymbol{X}^\mathrm{T}\boldsymbol{y})$$

$$= \left( \begin{pmatrix} 1 & 1 & 1 & 1 \\ 0{,}0 & 1{,}0 & 1{,}0 & 2{,}0 \end{pmatrix} \begin{pmatrix} 1 & 0{,}0 \\ 1 & 1{,}0 \\ 1 & 1{,}0 \\ 1 & 2{,}0 \end{pmatrix} \right)^{-1} \begin{pmatrix} 1 & 1 & 1 & 1 \\ 0{,}0 & 1{,}0 & 1{,}0 & 2{,}0 \end{pmatrix} \begin{pmatrix} 0{,}3 \\ 1{,}8 \\ 2{,}2 \\ 3{,}5 \end{pmatrix}$$

$$= \begin{pmatrix} 4 & 4 \\ 4 & 6 \end{pmatrix}^{-1} \begin{pmatrix} 7{,}8 \\ 11{,}0 \end{pmatrix} = \begin{pmatrix} 0{,}75 & -0{,}50 \\ -0{,}50 & 0{,}50 \end{pmatrix} \begin{pmatrix} 7{,}8 \\ 11{,}0 \end{pmatrix} = \begin{pmatrix} 0{,}35 \\ 1{,}60 \end{pmatrix}$$

d. h. $y = 0{,}35 + 1{,}60x$.

Regressionsgraph:

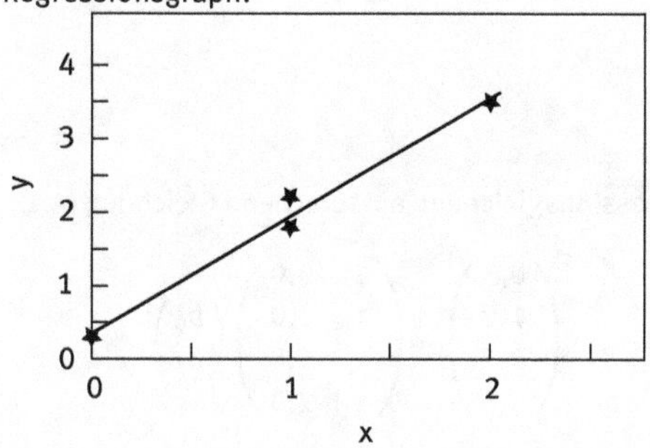


Es gelten ($\bar{y} = 1{,}95$; $\bar{x} = 1{,}0$):

| Nr. | $\hat{y}_j = b_0 + b_1 x_i$ | $\bar{y}_j$ |
|---|---|---|
| 1 | 0,35 | 0,3 |
| 2 | 1,95 | 2,0 |
| 3 | 1,95 | 2,0 |
| 4 | 3,55 | 3,5 |

Streuungsmaße/Varianzen nach Gleichung (4.3)–(4.10):

$$SQ_T = (0{,}3-1{,}95)^2 + (1{,}8-1{,}95)^2 + (2{,}2-1{,}95)^2 + (3{,}5-1{,}95)^2 \simeq 5{,}21; \quad f = 3$$
$$\Rightarrow \quad s_T^2 \simeq 1{,}737$$
$$SQ_K = 1 \cdot (0{,}35-1{,}95)^2 + 2 \cdot (1{,}95-1{,}95)^2 + 1 \cdot (3{,}55-1{,}95)^2 \simeq 5{,}12; \quad f = 1$$
$$\Rightarrow \quad s_K^2 \simeq 5{,}120$$
$$SQ_R = (0{,}3-0{,}35)^2 + (1{,}8-1{,}95)^2 + (2{,}2-1{,}95)^2 + (3{,}5-3{,}55)^2 \simeq 0{,}09; \quad f = 2$$
$$\Rightarrow \quad s_R^2 \simeq 0{,}045$$
$$SQ_{lof} = 1 \cdot (0{,}35-0{,}3)^2 + 2 \cdot (1{,}95-2)^2 + 1 \cdot (3{,}55-3{,}5)^2 \simeq 0{,}01; \quad f = 1$$
$$\Rightarrow \quad s_{lof}^2 \simeq 0{,}010$$
$$SQ_{rep} = (0{,}3-0{,}3)^2 + (1{,}8-2)^2 + (2{,}2-2)^2 + (3{,}5-3{,}5)^2 \simeq 0{,}08; \quad f = 1$$
$$\Rightarrow \quad s_{rep}^2 \simeq 0{,}080$$

Bestimmheitsmaß/Korrelationskoeffizient/rel. Standardabweichung nach Gleichung (4.11)–(4.13):

$$R^2 = 5{,}12/5{,}21 \simeq 0{,}983; \quad r_{xy} \simeq 0{,}991$$

$$s_{\mathrm{rel}} = 100 \cdot \left(\tfrac{1}{2} \cdot \left((0{,}3 - 0{,}35)^2 + (1{,}8 - 1{,}95)^2 + (2{,}2 - 1{,}95)^2 + (3{,}5 - 3{,}55)^2\right)\right)^{-1/2} /1{,}95$$
$$\simeq 10{,}88\,\%$$

Konfidenzintervalle nach Gleichung (4.14)–(4.16):

$$s_{b_0}^2 = 0{,}045 \cdot \left(\tfrac{1}{4} + (0^2 + 1^2 + 1^2 + 2^2)/4/\left((0-1)^2 + (1-1)^2 + (1-1)^2 + (2-1)^2\right)\right) \simeq 0{,}0338$$
$$\Rightarrow \quad \Delta b_0 = (18{,}51 \cdot 0{,}0338)^{1/2} \simeq 0{,}79$$
$$s_{b_1}^2 = 0{,}045 \cdot 1/\left((0-1)^2 + (1-1)^2 + (1-1)^2 + (2-1)^2\right) \simeq 0{,}0225$$
$$\Rightarrow \quad \Delta b_1 = (18{,}51 \cdot 0{,}0225)^{1/2} \simeq 0{,}65$$

### 4.2.3 Nichtlineare Regression

Vielen physikochemischen Untersuchungen liegt ein komplexer Zusammenhang zugrunde, der nicht durch lineare Modelle beschrieben werden kann, z. B. bei der Langmuir-Adsorptionsisotherme mit $y = b_0x/(b_1 + x)$. Aber auch in der Analytischen Chemie müssen zur Konzentrationsberechnung teilweise nichtlineare Modelle eingesetzt werden, z. B. bei kompetitiven Immunoassays mit ihrer sigmoiden Rodbardfunktion $y = b_0 + b_1/(1 + b_2x^{b_3})$.

Ziel der Regression ist auch hier, die Summe der Residuenquadrate $(y_i - \hat{y}_j)^2$ zu minimieren. Dazu gibt es verschiedene Ansätze, die Modellparameter zu schätzen.

Mit den Optimierungsmethoden in Kapitel 3 wurden bereits zwei Alternativen vorgestellt, mit der auch bei beliebigen Systemen Minima ermittelt werden können, Simplex- und RSM-Optimierung. Bei RSM mussten zwingend Bereichsgrenzen vorgegeben und ein nicht zutreffendes, empirisches Modell (Polynom) angepasst werden. Beides kann sich als unpassend erweisen.

Bei der nichtlinearen Regression mittels Simplexmethode entsprechen die zu variierenden Faktoren den zu ermittelnden Modellkoeffizienten $b_i$ und die zu minimierende Zielgröße der Residuensumme. Der Prozess ist für beliebige Modelle anwendbar und nicht parametrisch, d. h. es müssen keine Voraussetzungen erfüllt werden. Der iterative Ansatz ist numerisch nicht anspruchsvoll, und bei der Rechenleistung heutiger Mikroprozessoren problemlos durchzuführen. Dieser Ansatz wird daher als eine sehr gute Lösung für die nichtlineare Regression erachtet und ist z. B. in der Software SimSoft implementiert.

Alternative Verfahren[11] sind in diverser Fachliteratur [2] beschrieben, zeigen aber keine eindeutigen Vorteile, die die eine oder andere Methodik präferieren.

Generell von Nachteil jeder nichtlinearen Regression ist, dass nicht analog zur linearen Regresssion aus einer Varianzanalyse entsprechende Streuungsmaße abgeleitet werden. Aus der Residuensumme folgt lediglich eine grobe Fehlerabschätzung. Die nichtlineare Regression kommt z. B. bei der Kalibration von Massenspektrometrie-Messungen zum Einsatz wie dies folgende Electrospray-HPLC-MS-Daten verdeutlichen.

Tab. 4.1: HPLC-MS-Kalibrationswerte.

| $x$ | 0,00 | 0,00 | 0,05 | 0,05 | 0,10 | 0,10 | 0,15 | 0,15 | 0,20 | 0,20 |
|---|---|---|---|---|---|---|---|---|---|---|
| $y$ | 0,00 | 0,00 | 17,04 | 17,51 | 26,12 | 26,82 | 32,94 | 32,94 | 37,18 | 37,65 |

Die Regression erfolgte mit

(a) Linearer Regression eines Polynoms 2. Grades $y = 0{,}675 + 342{,}847x - 809{,}286x^2$

$$s_R^2 = 1{,}21; \ \hat{F} = 42{,}4 \ (f_1 = 2; f_2 = 5) \quad \Rightarrow \text{Modell verworfen (vgl. Kapitel 4.2.5).}$$

(b) Nichtlinearer Regression einer Sättigungsfunktion $y = 61{,}768x/(0{,}131 + x)$

$$s_R^2 = 0{,}09; \ \hat{F} = 0{,}88 \ (f_1 = 3; f_2 = 5) \quad \Rightarrow \text{Modell akzeptiert (vgl. Kapitel 4.2.5).}$$

11

- Bei der *Methode des steilsten Abstiegs* ist die Basis ein faktorieller Versuchsplan mit den Residuen als Zielgröße und Modellkoeffizienten als Faktoren. Dieses System wird mittels linearer Regression gelöst und die Schätzgrößen $b_i$ bestimmt. Der Ansatz entspricht dem Response-Surface-Modeling, RSM (vgl. Kapitel 3.4). Nachteilig ist hier wie bei RSM allgemein, dass zu Beginn Vorgaben z. B. Bereichsgrenzen gemacht werden müssen, die sich nach der Optimierung als unzutreffend erweisen können.
- Bei der *Linearisierung* wird nicht der Modellkoeffizient direkt eingesetzt, sondern die Differenz des Startwertes vom zu schätzenden Koeffizienten. Die Linearisierung erfolgt durch Näherung der Modellfunktion durch eine Taylor-Reihe (Abbruch nach 1. Glied). Danach kann eine lineare Regression eingesetzt werden, wobei in der $\boldsymbol{X}$-Matrix die partiellen Ableitungen der Funktion nach dem jeweiligen Koeffizienten stehen (Jacobi-Matrix). Dies setzt u. a. voraus, dass der Fehler durch Abbruch nach dem 1. Glied der Taylor-Reihe ausreichend klein ist und dass alle Ableitungen geschlossen lösbar sind.
- Beim *Monte-Carlo-Verfahren* wird iterativ das Optimum durch zufällige Veränderung der zu schätzenden Koeffizienten angenähert, wobei die verbesserten Parameter immer wieder in die Iteration einfließen. Das Vorgehen ist vielfach beschrieben aber nicht sehr effizient.
- Sehr bekannt ist auch der Algorithmus nach *Levenberg/Marquard*, bei dem eine Kombination der Methode des steilsten Abstiegs und der Linearisierung eingesetzt wird. Dies ist hinsichtlich der numerischen Algorithmen als auch ihrer Software-Realisierung anspruchsvoll.

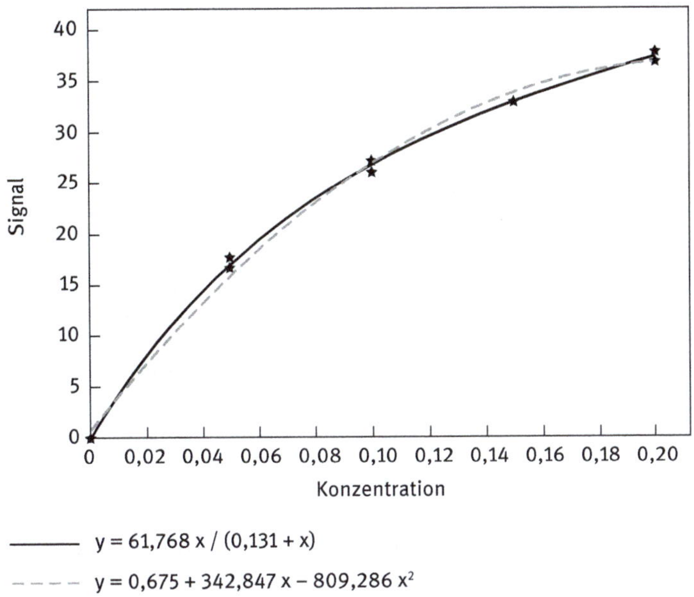


Abb. 4.4: Vergleich lineare, nichtlineare Regression einer LC-MS-Kalibration.

Abbildung 4.4 stellt die Resultate der linearen und nichtlinearen Regression graphisch dar.

### 4.2.4 Robuste Regression

Der linearen Regression liegen mehrere Vorraussetzung zu Grunde (vgl. Kapitel 4.2.2), sind diese nicht erfüllt, bietet die robuste Regression eine Alternative. Zur Bestimmung der Modellkoeffizienten einer Gerade wird hierbei jeder Messpunkt mit jedem durch eine Teilgerade verbunden und dessen Teilsteigung ermittelt. Die Schätzung der Steigung der robusten Ausgleichsgeraden entspricht dem Median der Teilsteigungen, $\tilde{b}_1 = \text{med}\,\{b_{1_{ij}}\}$ (vgl. Kapitel 2.2). Zur Schätzung des Achsenabschnitts wird durch jeden Messpunkt eine Teilgerade mit der zuvor ermittelten Steigung $\tilde{b}_1$ gelegt und der jeweilige Teilachsenabschnitt bestimmt, der Achsenabschnitt der Kalibrationsgerade ist der Median der Teilachsenabschnitte, $\tilde{b}_0 = \text{med}\,\{y_i - \tilde{b}_1 x_i\}$.

Die robuste Regression ist immer anwendbar (nicht parametrisch), ergibt aber nicht die gleichen Resultate wie eine lineare Regression. Sie hat aber zudem den Vorteil, invariant gegenüber Ausreißern zu sein, während ein Ausreißer eine konventionelle Regression gravierend verändern kann, wie Abbildung 4.5 verdeutlicht.

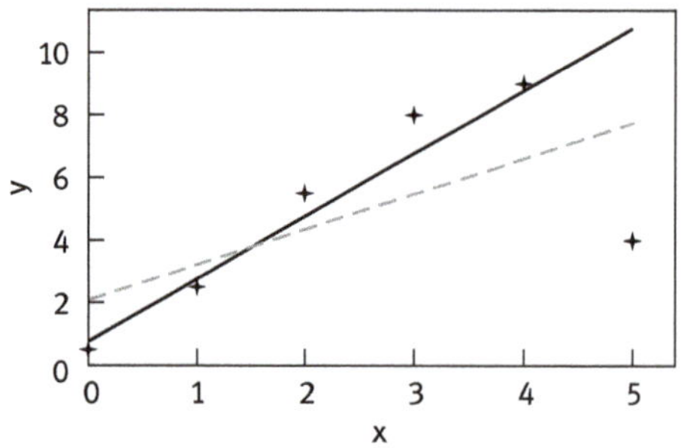


Abb. 4.5: Einfluss eines Ausreißers (gestrichelte Linie: lineare Regression, durchgezogene Linie: robuste Regression).

Die robuste Regression bietet zudem die Möglichkeit einer Ausreißerprüfung z. B. bei der häufig eingesetzten Regressionsgerade. Nach robuster Regression dienen die Residuen als Stichprobe für eine Ausreißerprüfung (z. B. Grubbs-Test, vgl. Kapitel 2.3.1). Ausreißerverdächtige Kalibratoren können so verworfen und eliminiert werden, danach die lineare Regression zur Schätzung der Gerade verwendet werden.

Die robuste Regression soll anhand der Daten von Abbildung 4.5. verdeutlicht werden.

Bsp. 4.2: Robuste Regression.

| **Messdaten** | | | **Steigungen** | | **Achsenabschnitte** |
|---|---|---|---|---|---|
| **Nr.** | $x_i$ | $y_i$ | **Messpunkte** | $b_{1_{ij}} = \frac{y_j - y_i}{x_j - x_i}$ | $b_{0_i} = y_i - \tilde{b}_1 \cdot x_i$ |
| 1 | 0 | 0,5 | 1 ↔ 2 | 2,00 | 0,50 |
| 2 | 1 | 2,5 | 1 ↔ 3 | 2,50 | 0,50 |
| 3 | 2 | 5,5 | 1 ↔ 4 | 2,50 | 1,50 |
| 4 | 3 | 8 | 1 ↔ 5 | 2,13 | 2,00 |
| 5 | 4 | 9 | 1 ↔ 6 | 0,70 | 1,00 |
| 6 | 5 | 4 | 2 ↔ 3 | 3,00 | −6,00 |
| | | | 2 ↔ 4 | 2,75 | |
| | | | 2 ↔ 5 | 2,17 | |
| | | | 2 ↔ 6 | 0,38 | |
| | | | 3 ↔ 4 | 2,50 | |
| | | | 3 ↔ 5 | 1,75 | |
| | | | 3 ↔ 6 | −0,50 | |
| | | | 4 ↔ 5 | 1,00 | |
| | | | 4 ↔ 6 | −2,00 | |
| | | | 5 ↔ 6 | −5,00 | |
| | | | **Median** | $\tilde{b}_1 = 2,00$ | $\tilde{b}_0 = 0,75$ |

lineare Regression $y = 2,095 + 1,129x$

robuste Regression $y = 0,75 + 2,00x$

### 4.2.5 Prüfung der Adäquatheit des Regressionsmodells

In vielen Fällen wird eine Gerade als Modell für die Regression verwendet. Dies trifft insbesondere für Kalibrationsuntersuchungen in der Analytischen Chemie zu. Die Gerade ist jedoch nicht immer das korrekte Modell zur Beschreibung des Zusammenhangs unabhängiger und abhängiger Variablen [3]. Gründe für eine Abweichung von der Gerade bei Kalibrationen können z. B. Verluste des Analyten (Abbildung 4.6) bei niedriger Konzentration oder Sättigung des Messsignals bei hoher Konzentration sein.

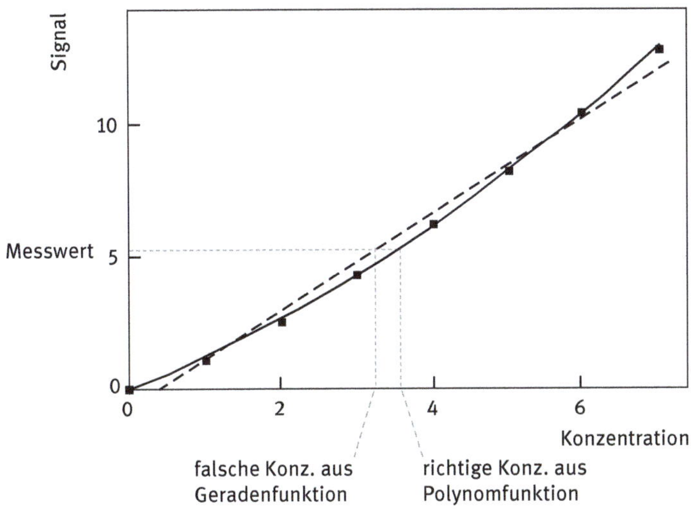


Abb. 4.6: Fälschliche Anwendung der Regressionsgerade.

Die Wahl des falschen Regressionsmodells (hier Gerade) führt zu falschen Resultaten. Das gewählte Modell sollte daher visuell und mit statistischen Prüfverfahren ($F$-Test, Cusum-Test) verifiziert werden.

#### Modellprüfung mittels $F$-Test[12]

Für die Berechnung der Prüfgröße $\hat{F}$ gilt:

$$\hat{F} = \frac{\text{Abweichung } y - \text{Gruppenmittelwerte von Regressionsfunktion}}{\text{Abweichung } y - \text{Werte vom } y - \text{Gruppenmittelwert}} = \frac{s_{\text{lof}}^2}{s_{\text{rep}}^2} \tag{4.17}$$

12 Teilweise in der Literatur auch als lack-of-fit-Test bezeichnet.

bzw.

$$\hat{F} = \frac{1/(k-q)\sum_{j=1}^{k} n_j(\hat{y}_j - \bar{y}_j)^2}{1/(n-k)\sum_{j=1}^{k}\sum_{i=1}^{n_i}(y_{ij} - \bar{y}_j)^2} \tag{4.18}$$

mit $n$: Gesamtzahl der Messpunkte, $n_i$: Zahl der Messpunkte bei der Rubrik (Konzentration) $j$; $k$: Anzahl unterschiedlicher Rubriken; $q$: Zahl der Modellkoeffizienten (Gerade: $q = 2$); $\bar{y}_j$: $y$-Gruppenmittelwert der $j$-ten Rubrik, $y_{ij}$: $y$-Wert $i$ von der $j$-ten Rubrik; $\hat{y}_j$: theoretischer $y$-Wert der $j$-ten Rubrik aus der Regressionsfunktion. Abbildung 4.7 verdeutlicht die Zusammenhänge.

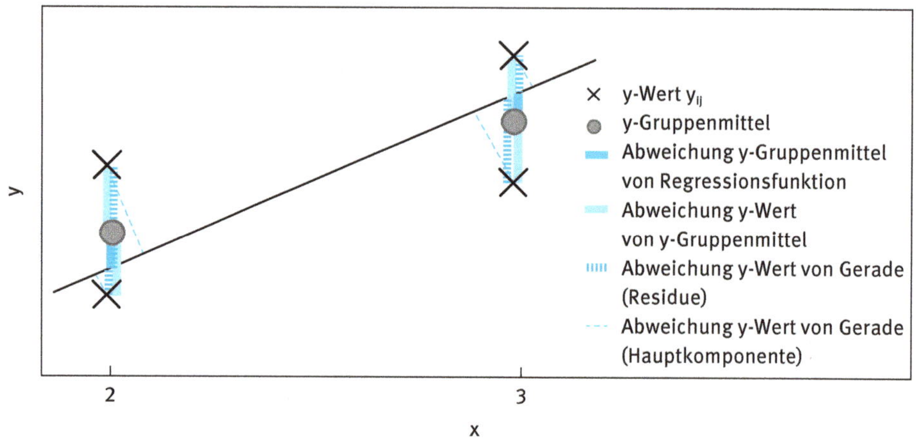


Abb. 4.7: Skizzierung der Parameter der $\hat{F}$-Prüfgröße.

Die Nullhypothese (Annahme des Regressionsmodells) wird akzeptiert, wenn die Prüfgröße $\hat{F}$ kleiner als die Vergleichsgröße $F(\alpha, f_1, f_2)$ aus der $F$-Tabelle A.5 ist, mit den Freiheitsgraden $f_1, f_2$ ($f_1 = k - q$ bzw. $f_2 = n - k$) und dem Signifikanzniveau $\alpha$.

Der Vorteil des $F$-Tests ist, das er zur Prüfung der Nullhypothese beliebiger Modelle, z. B. von Polynomfunktionen mit quadratischen Termen eingesetzt werden kann ($q$: Zahl der Modellkoeffizienten $b_i$). Nachteilig ist, dass es sich um einen parametrischen Test handelt (z. B. wird vorausgesetzt, dass Fehler nur bei Messsignalen auftreten). Die Prüfung ist nur bei Wiederholungsmessungen anwendbar.

Der Einsatz des $F$-Tests wird exemplarisch anhand der Daten in Kapitel 4.2.3 verdeutlicht.

**Bsp. 4.3:** *F*-Test Sättigungsfunktion nach nichtlinearer Regression.

Modell: $\hat{y} = 61{,}768x/(0{,}131 + x)$

$f_1 = 3, f_2 = 5,\ n = 10,\ k = 5,\ q = 2$

| $x_i$ | $y_i$ | $\hat{y}$ | $\bar{y}$ | $(\bar{y} - \hat{y})^2$ | $(y_i - \bar{y})^2$ |
|---|---|---|---|---|---|
| 0,00 | 0,00 | 0,00 | 0,00 | 0,0000 | 0,0000 |
| 0,00 | 0,00 | 0,00 | | | 0,0000 |
| 0,05 | 17,04 | 17,06 | 17,27 | 0,0431 | 0,0554 |
| 0,05 | 17,51 | 17,06 | | | 0,0554 |
| 0,10 | 26,12 | 26,74 | 26,47 | 0,0723 | 0,1246 |
| 0,10 | 26,82 | 26,74 | | | 0,1246 |
| 0,15 | 32,94 | 32,97 | 32,94 | 0,0010 | 0,0000 |
| 0,15 | 32,94 | 32,97 | | | 0,0000 |
| 0,20 | 37,18 | 37,32 | 37,41 | 0,0080 | 0,0554 |
| 0,20 | 37,65 | 37,32 | | | 0,0554 |
| | | | Zähler | 0,0830 | |
| | | | Nenner | | 0,0941 |
| | | | $\hat{F}$-Wert | 0,8815 | |

## Linearitätsprüfung mittels Cusum-Test

Die Prüfung (Nullhypothese: Gerade akzeptiert) erfolgt aus der Zuordnung von +1 bzw. −1 zu Werten über bzw. unter der Regressiongerade, wie in Abbildung 4.8 verdeutlicht.
Die Prüfgröße Cusum resultiert aus der kumulierten Summe der Zuordnungen (+1, −1 an der Abszisse, Abbildung 4.8). Die Vergleichsgröße $C_V$ ist definiert zu

$$C_V = 1{,}36\sqrt{n} \tag{4.19}$$

mit $n$: Zahl der Wertepaare.

Ist der Absolutbetrag der Prüfgröße Cusum an beliebiger Stelle größer als die Vergleichsgröße $C_V$, wird die Gerade als Kalibrationsmodell abgelehnt. Der Vorteil des Cusum-Test ist, dass er robust (nichtparametrisch) ist, von Nachteil ist, dass eine größere Stichprobe ($n > 7$) erforderlich ist.

## Visuelle, analytische Beurteilung

Wichtig ist die Wahl des richtigen Regressionsmodells (z. B. Gerade, Polynom 3. Grades oder Splinefunktion). Neben den statistischen Kennzahlen ($\hat{F}$-Wert, Standardabweichung) erlaubt auch die visuelle Beurteilung eine Entscheidung, ob das Modell den physikalischen bzw. analytischen Gegebenheiten entspricht.

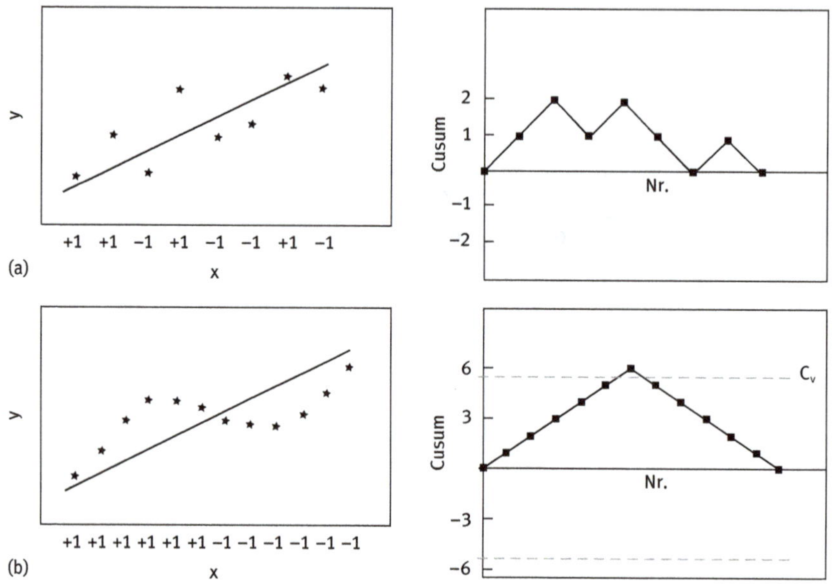


Abb. 4.8: Ausführung des Cusum-Tests; (a) Gerade akzeptiert (Cusum = 2; $n$ = 13; $C_V$ = 4,90), (b) Gerade verworfen (Cusum = 6).

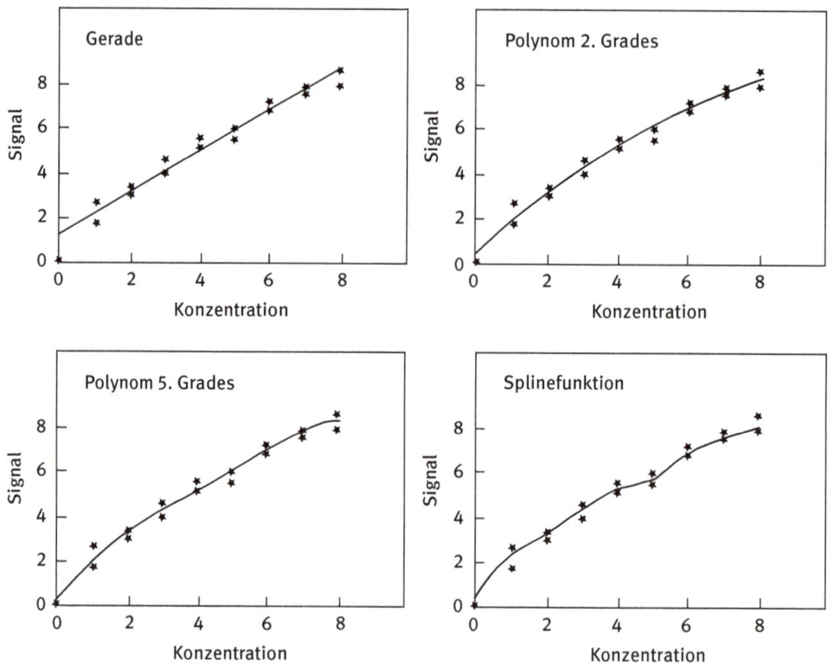


Abb. 4.9: Vergleich diverser Regressionsmodelle.

Abbildung 4.9 verdeutlicht dies. Oft ist nur schwer mit physikalisch, chemischen Aspekten zu begründen, dass z. B. bei der Gerade der Achsenabschnitt deutlich über dem Nullpunkt-Messwert liegt oder ein geschwungener Kurvenverlauf beim Polynom 5. Grades oder der Splinefunktion berechnet wurde.

### 4.2.6 Prüfung des Achsenabschnitts

Die Prüfung eines Ordinatenabschnitts erfolgt durch den $t$-Test mit der Prüfgröße

$$\hat{t} = \frac{|\hat{y}_0 - \mu|}{s_R} \sqrt{n} \tag{4.20}$$

mit $\hat{y}_0$: Achsenabschnitt aus Regression; $\mu$: theoretischer Wert (= 0); $s_R$: Residuen-Standardabweichung.

Die Nullhypothese (Achsenabschnitt ist nicht von 0 verschieden) wird abgelehnt, wenn die Prüfgröße $\hat{t}$ größer ist als die Vergleichsgröße $t(\alpha, f)$ der $t$-Tabelle A.1 (einseitig[13]; $f$: Freiheitsgrad, $f = n - 1$; $\alpha$: Signifikanzniveau).

### 4.2.7 Nachweis-, Bestimmungsgrenze

Insbesondere die Untergrenze des Messbereichs ist häufig von Interesse, z. B. in der Analytischen Chemie für qualitative und quantitative Untersuchungen als Nachweis- oder Bestimmungsgrenze bezeichnet [4, 5].

In den meisten Fällen wird die Untergrenze durch die Messwertstreuung definiert von Wiederholungsmessungen einer Probe ohne die zu ermittelnde Zielgröße (z. B. eine Lösung ohne den fraglichen Analyten, vgl. $s_{blank}$, Abbildung 4.10).

Die Nachweisgrenze $x_N$ ist die Untergrenze für qualitative Untersuchungen. Eine häufig verwendete Definition ist die Konzentration eines kritischen Signals $y_N$ zu

$$y_N = \bar{y}_{blank} + 3s_{blank} \tag{4.21}$$

mit $\bar{y}_{blank}$: Mittelwert der Mehrfachmessungen der Signale einer Leerprobe; $s_{blank}$: Standardabweichung der Untersuchungen der Signale der Leerprobe[14].

13 Einseitige Fragestellung liegt z. B. vor, wenn gefragt ist, ob ein Wert größer als eine Grenze ist, eine zweiseitige Fragestellung, wenn der Wert größer als eine Unter- und kleiner als eine Obergrenze sein soll.

14 Alternativ folgt nach DIN 32645 die Nachweisgrenze aus dem Vertrauensbereich des Signals $y_{blank}$ bei $x = 0$,

$$y_N = b_0 + \Delta y_{blank} = b_0 + t(a, f) s_R \sqrt{\left(\frac{1}{r} + \frac{1}{n} + \frac{\bar{x}^2}{\sum_{i=1}^{n}(x_i - \bar{x})^2}\right)}$$

mit $r$: Zahl der Wiederholungsmessungen bei $x = 0$.
Daraus folgt die Nachweisegrenze (bei einer Gerade) $x_N = (y_N - b_0)/b_1$.

Die analoge Bestimmungsgrenze[15] $x_B$ ist die Untergrenze für quantitative Untersuchungen und entspricht der Konzentration eines kritischen Signals $y_B$ zu

$$y_B = \bar{y}_{\text{blank}} + 6s_{\text{blank}} \,. \tag{4.22}$$

Nachweis- und Bestimmungsgrenze werden ermittelt aus der Analysenfunktion, z. B. $x_N$ abgeleitet aus dem Geradenmodell $y_N = b_0 + b_1 x_N$.
Abbildung 4.10 verdeutlicht den Zusammenhang anhand einer Kalibrationsfunktion.

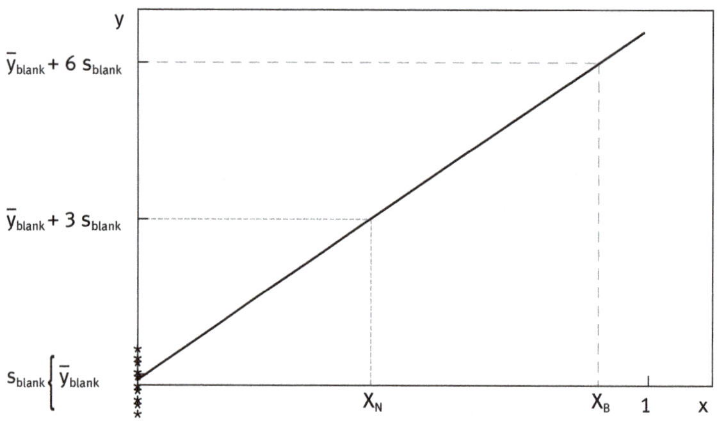


Abb. 4.10: Ableitung von Nachweis- und Bestimmungsgrenze.

In der Chromatographie wird meist das Basislinienrauschen als $s_{\text{blank}}$ verwendet. Der niedrigste, eingesetzte Kalibrator sollte größer als die Bestimmungsgrenze sein.

### 4.2.8 Behandlung von Ausnahmen

Nicht immer sind die Voraussetzungen für eine lineare Regression erfüllt.

#### Gewichtete Regression

Insbesondere bei großem Messbereich ist die Streuung am untereren aber auch oberen Bereich signifikant größer als im mittleren Bereich, manifestiert durch die jeweiligen Standardabweichungen der Wiederholungsmessungen $s_{yj}$ z. B. bei der untersten, mittleren und obersten Rubrik (Kalibrator). Diese Problematik kann durch den Einsatz

15 Teilweise wird hierfür auch der Begriff Erfassungsgrenze $X_E$ verwendet, nach DIN 32645 gilt: $X_E \sim 2X_N$.

von Gewichtungsfaktoren $w_j$ kompensiert werden. Diese sind z. B. definiert zu

$$w_j = \frac{1/s_{yj}^2}{1/k \sum_j s_{yj}^2} \tag{4.23}$$

mit $k$: Zahl unterschiedlicher Rubriken.

Die $x$- und $y$-Variablen werden mit dem entsprechenden Gewichtungsfaktor multipliziert und die Regression mit den gewichteten Variablen durchgeführt.

#### Hauptkomponentenanalyse

Nicht immer ist gewährleistet, dass Messfehler ausschließlich bei den $y$-Variablen vorkommen, wie z. B. bei einem Methodenvergleich zweier Messverfahren. In seltenen Fällen kann auch die Kalibratorherstellung fehlerbehaftet sein. Hier ist die Minimierung der Residuen senkrecht zur Abszisse nicht zielführend, richtig ist dann die Minimierung der Abstände des Messwerts senkrecht zur Regressionsfunktion (vgl. Abbildung 4.7). Dies erfüllt die Hauptkomponentenanalyse, die in Kapitel 7.3 detailliert beschrieben ist.

## 4.3 Kalibrationsmethoden

Die univariate Regression hat insbesondere in der Analytischen Chemie einen hohen Stellenwert. Daher stehen hier verschiedene Optionen zur Verfügung, die in unterschiedlichen Anwendungsgebieten Einsatz finden. Speziell in der quantitativen Analyse soll ausgehend von einem physikochemischen Messwert auf eine entsprechende Konzentration als Information der Probe geschlossen werden. Dabei bestimmt die Wahl der optimalen Kalibrationsmethode ($\vartheta$-, $\sigma$-, $\delta$-Kalibration), ob korrekte Resultate erhalten werden.

### 4.3.1 $\vartheta$-Kalibration

Sind die physikalischen Zusammenhänge bekannt, kann eine theoretische Resultatsermittlung ohne Referenzmessungen erfolgen, z. B. bei der Coulometrischen Analyse

$$m = \frac{M_W}{2{,}303KFz} i_0 \tag{4.24}$$

mit $m$: Masse Analyt; $M_W$: Molmasse; $F$: Faraday-Konstante; $z$: Ladung; $i_0$, $K$: Konstanten.

Dies trifft auch für die Gravimetrie oder Isotopenverdünnungsanalyse zu.

Vorteil ist: – keine Fehler aus Kalibratorherstellung (Absolutmethode),

Nachteil: – nur in wenigen Fällen anwendbar.

### 4.3.2 σ-Kalibration

Die Kalibration erfolgt mittels synthetischen Referenzproben (Standards, Kalibratoren), d. h. Proben deren Konzentration explizit (z. B. durch Einwaage) festgelegt ist. Es wird zwischen externer und interner Standardisierung unterschieden.

#### Externe Standardisierung

Die Kalibratoren sind in reinem Lösungsmittel eingewogen.
Vorteil ist eine leichte Verfügbarkeit/Herstellung der Kalibrationslösungen.
Nachteile:
- eventuell eine fehlerbehaftete Standardeinwaage (ungetrockneter Analyt, verunreinigter Analyt)
- eventuell ein Matrix-Unterschied zwischen Probe und Standardlösung (Aufschlusslösung ↔ $H_2O$, Zellhomogenisat ↔ Puffer)
- Reproduzierbarkeitsprobleme (z. B. Injektion in der Gaschromatographie)

#### Interner Standard

Eine analytverwandte Substanz (Interner Standard, IS) wird mit definierter Konzentration zur Probe zugegeben. Ist die Empfindlichkeit bei Analyt bzw. Internem Standard bekannt (z. B. aus Kalibrationsmessung mit bekannten Konzentrationen), folgt aus dem Vergleich der Signale die Konzentration des Analyten (z. B. nach chromatographischer Trennung). Es gilt[16]:
- Signalverhältnis bei Kalibration mit definierten Konzentrationen

$$\mathrm{RF_A} = \frac{S_{\mathrm{IS}}^{\mathrm{K}}}{S_{\mathrm{A}}^{\mathrm{K}}} \frac{c_{\mathrm{IS}}^{\mathrm{K}}}{c_{\mathrm{A}}^{\mathrm{K}}} \tag{4.25}$$

- Analyt-Konzentration bei Probemessung (Umstellung Gleichung (4.25))

$$c_{\mathrm{A}}^{\mathrm{P}} = \mathrm{RF_A} \frac{S_{\mathrm{A}}^{\mathrm{P}}}{S_{\mathrm{IS}}^{\mathrm{P}}} c_{\mathrm{IS}}^{\mathrm{P}} \tag{4.26}$$

  mit RF: Responsefaktor; A, IS: Analyt, Interner Standard; K, P: Kalibrations-, Probemessung; $S$: Signal (z. B. Peakfläche); $c$: Konzentration.

Vorteile sind:
- Kompensation von Reproduzierbarkeitsproblemen (gehen z. B. bei der Probenvorbereitung 20 % verloren betrifft dies Analyt und IS gleichermaßen, das Verhältnis beider ändert sich nicht),
- keine Matrixunterschiede (d. h. z. B. vergleichbare Wiederfindung).

16 Implizit zugrunde liegt hier eine Gerade durch den Nullpunkt als Kalibrationsmodell.

Nachteile:
- schwierige Differenzierung Analyt und IS z. B. in der Chromatographie,
- eventuell Signalüberlappung durch Fremdsubstanz bei Analyt und IS,
- eventuell fehlerhafte Einwaage des IS.

Voraussetzung ist, dass Interner Standard und Analyt sehr ähnliche Eigenschaften haben. Für die Auswertung in der Massenspektrometrie kann z. B. ein $^{13}C$-isotopenmarkierter Analyt als Interner Standard eingesetzt werden.

Exemplarisch soll dies anhand der chromatographischen Cortisol-Messung in Serum verdeutlicht werden.

**Bsp. 4.4:** Kalibration von Cortisol (A) in Humanserum mit deuteriertem Cortisol als Internem Standard (IS).

Die Empfindlichkeit von Cortisol sei halb so hoch wie die von $^{2}H$-Cortisol, d. h. gleiche Konzentration A bzw. IS ergibt halbe Peakhöhe A im Chromatogramm. Das heißt $S_A^K = 0,5 \cdot S_{IS}^K$ bei $c_A^K = c_{IS}^K$.

$$\Rightarrow \text{Responsefaktor } RF_A = 0,5 \quad \text{(Gleichung (4.25))}.$$

Zu Beginn erfolgt eine Zugabe von 1,0 ng Interner Standard zur Probe. Im Probechromatogramm resultieren zwei Peaks, der Cortisol-Peak habe im Vergleich zum internen Standard die gleiche Signalhöhe, $S_A^P = S_{IS}^P$.

$$\Rightarrow c_A^P = 2 \text{ ng Cortisol in der Serumprobe (Gleichung (4.26))}.$$

### 4.3.3 $\delta$-Kalibration (Standard-Addition)

Der Analyt wird wiederholt zur gleichen Probe zugesetzt und diese erneut analysiert. Mit jeder Zugabe steigt der Messwert, die Auswertung ist in Abbildung 4.11. skizziert. Die $\delta$-Kalibration wird häufig in der Element-Spurenanalytik eingesetzt, wenn die Messung durch die Matrix stark beeinflusst wird.

Vorteil ist:
- Es gibt keinen Matrixunterschied zwischen Standard und Probe.

Nachteile:
- eventuell fehlerbehaftete Standardeinwaage,
- eventuelle Reproduzierbarkeitsprobleme bleiben.

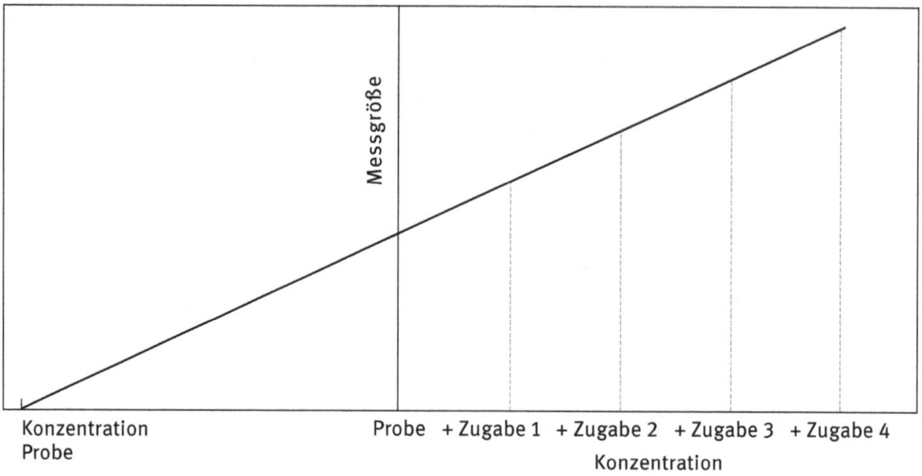


Abb. 4.11: Graph einer δ-Kalibration.

## 4.4 Literatur

[1] DIN ISO 8466-2: Kalibrierung und Auswertung analytischer Verfahren und Beurteilung von Verfahrenskenndaten, September 2000

[2] Otto, M., Chemometrics, Wiley-VCH-Verlag, Weinheim, 2007

[3] Funk, W., Dammann, V. und Donnevert, G.: Qualitätssicherung in der Analytischen Chemie, VCH, 1992

[4] DIN 32645: Nachweis-, Erfassungs- und Bestimmungsgrenze, Mai 1994

[5] Doerffel, K., Statistik in der Analytischen Chemie, Deutscher Verlag für Grundstoffindustrie, 1990

## 4.5 Übungen

4.1. Erkläre das Prinzip der σ-Kalibration mit externer Standardisierung bei der Gaschromatograpie von 1,2-Dimethylbenzol und gib die Nachteile bei dieser Anwendung an. Welches ist die bessere Alternative?

4.2. Ein Gemisch aus 60 nM m-Dichlorbenzol (Analyt A) und 40 nM p-Dichlorbenzol (IS) ergab ein relatives Detektorsignal (Peakfläche von A)/(Peakfläche von IS) = 0,6. Eine Probe einer unbekannten Menge A und 50 nM IS ergab ein relatives Detektorsignal (Peakfläche A)/(Peakfläche IS) von 1,1. Bestimmen Sie die Probekonzentration von A.

4.3. Untenstehende Tabelle listet $x$-, $y$-Variablen und Modellwerte $\hat{y}$ nach einer Geradenregression auf. Berechnen Sie daraus mit Hilfe einer Tabellenkalkulation die Residuen, die Varianzen $s_R^2$, $s_{rep}^2$, $s_{lof}^2$ und die relative Standardabweichung $s_{rel}$. Bewerten Sie die Adäquatheit der Geraden mit Hilfe der Varianzanalyse.

| $x$ | $y$ | $\hat{y}$ |
|---|---|---|
| 0 | 1 | 2,25 |
| 0 | 3 | 2,25 |
| 1 | 16 | 18,25 |
| 1 | 21 | 18,25 |
| 2 | 33 | 34,25 |
| 2 | 36 | 34,25 |
| 3 | 45 | 50,25 |
| 3 | 55 | 50,25 |

4.4. Berechnen Sie Modellkoeffizien der Geradenregression der $x$- und $y$-Variablen von Übung 4.3 entsprechend Gleichung (4.2) mit Hilfe der Matrixfunktionen einer Tabellenkalkulation.

4.5. Prüfen Sie die Linearität anhand folgender Kalibrationsmessungen.

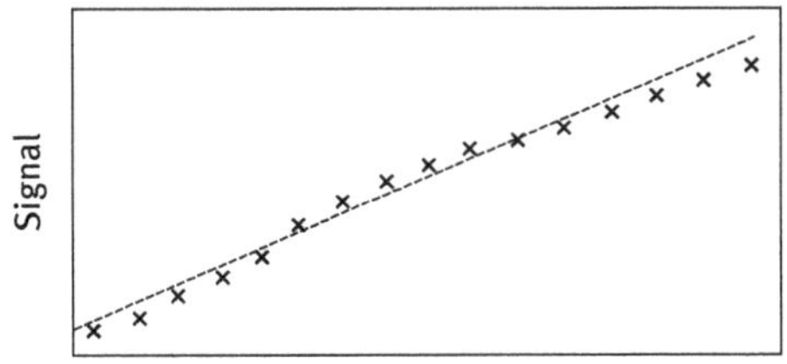


4.6. Weisen Sie für folgende Kalibration und die beigefügten Daten nach, ob der berechnete Ordinatenabschnitt von 5 mV signifikant von 0 verschieden ist.

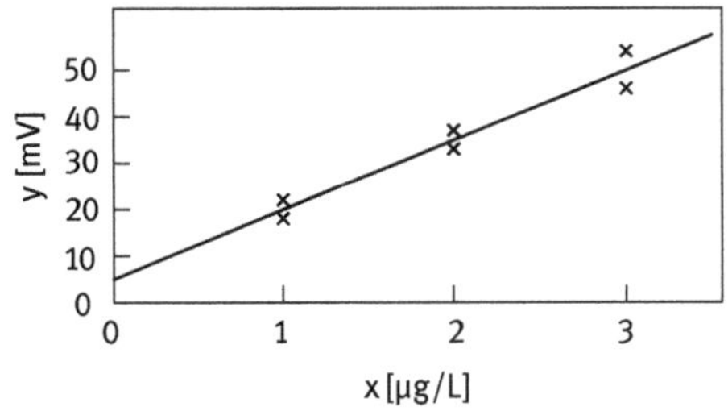


| $x$ [µg/mL] | $y$ [mV] | $\hat{y}$ [mV] |
|---|---|---|
| 0 | | 5 |
| 1 | 18 | 20 |
| 1 | 22 | 20 |
| 2 | 33 | 35 |
| 2 | 37 | 35 |
| 3 | 46 | 50 |
| 3 | 54 | 50 |

## 4.6 Softwareanwendung

Die Auflistung der diversen Softwarepakete erhebt keinen Anspruch auf Vollständigkeit, es sind etablierte Vertreter bzw. für die Aufgabe speziell konzipierte Lösungen angegeben.

Etablierte Statistikpakete wie STATISTICA® (www.statsoft.de), SPSS® (SPSS.com) oder Statgraphics® (www.statgraphics.com) haben sowohl Methoden für univariate lineare Regression als auch nichtlineare Regression implementiert. Auch gewichtete und robuste Regression sind vorhanden. Insbesondere die Modellprüfung/Varianzanalyse ist sehr gut realisiert. Eine besondere Rolle nimmt hier das Statistikpaket RStudio/R (http://r-project.org) ein, da es modular aufgebaut und als freie Software auf nahezu allen Betriebssystemen zur Verfügung steht.
Weniger gut geeignet sind die Statistikpakete in den chemischen Anwendungsbereichen z. B. der Analystischen Chemie, wie dem Einsatz diverser Kalibrations-Methoden (z. B. $\delta$-Kalibration) oder der integrierten Behandlung von Messwerten mit der Modellfunktion.

Eine besondere Stellung haben die dedizierten Programme Calib (www.chemometrie.info) für die lineare Regression und Kalibration bzw. SimFit (www.chemometrie.info) für die nichtlineare Regression mittels Simplex-Algorithmus. Sie zeichnen sich durch eine spezielle Ausrichtung auf die entsprechende Aufgabenstellung aus und decken die beschriebenen Aspekte ab. Robuste bzw. gewichtete Regression sind hier nicht implementiert.

Der Einsatz von Calib, SimFit bzw. die Umsetzung in RStudio/R soll die Anwendung der beschriebenen Theorie exemplarisch aufzeigen.

## 4.6.1 Einsatz Calib, SimFit

### 4.6.1.1 Calib

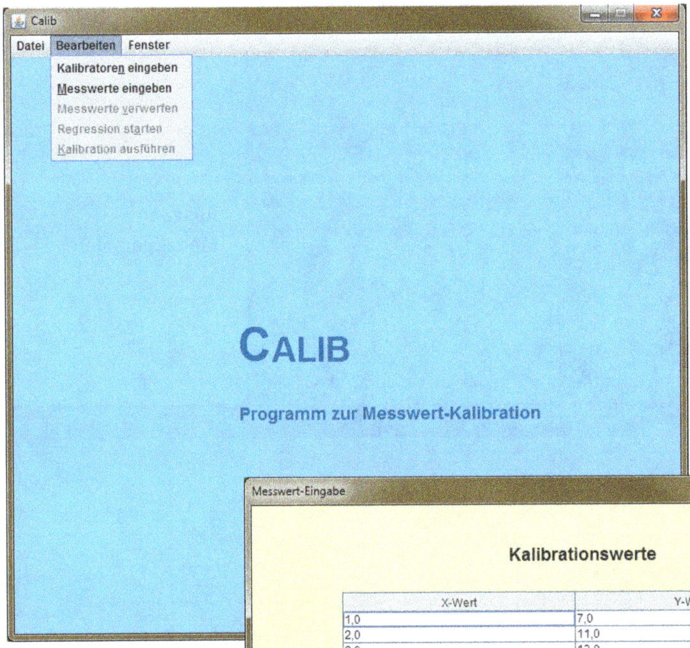


Programmstart

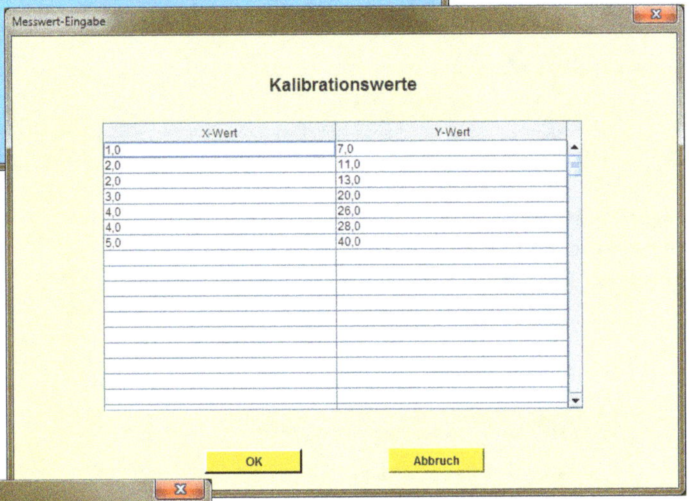


Kalibratoreneingabe

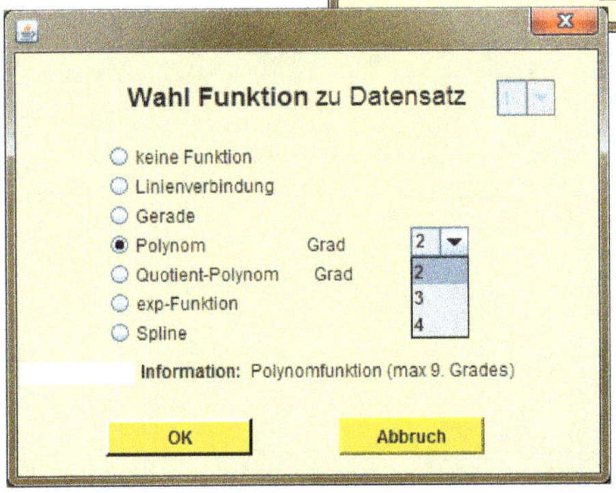


Modellwahl

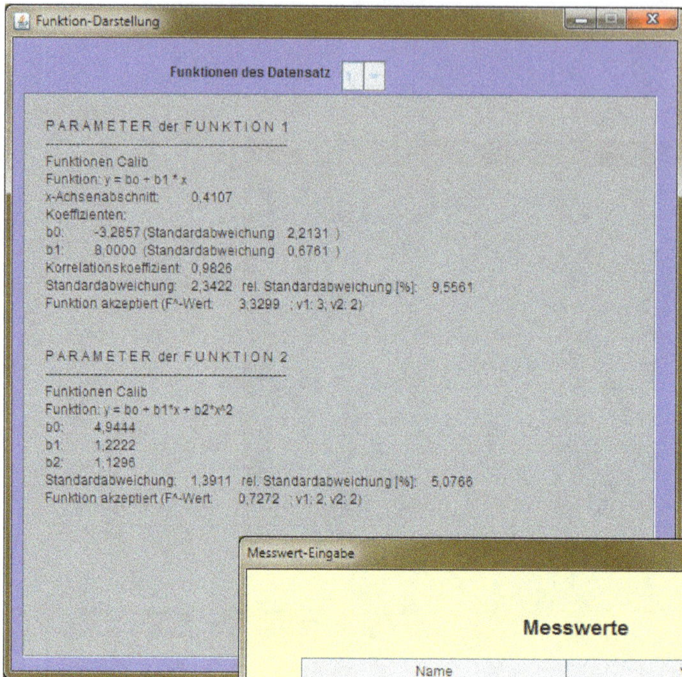


Ausgabe Modellparameter

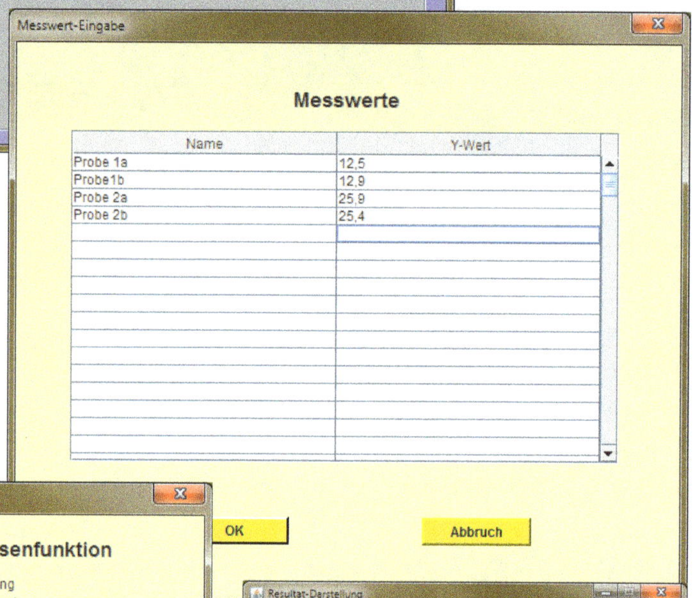


Eingabe Messwerte zur Kalibration

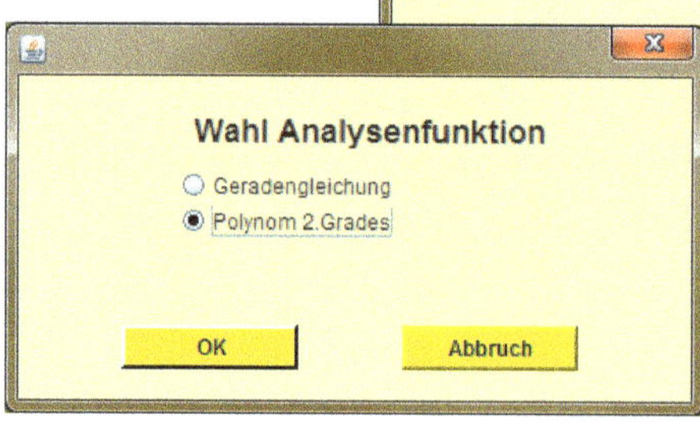


Wahl Modell zur Kalibration

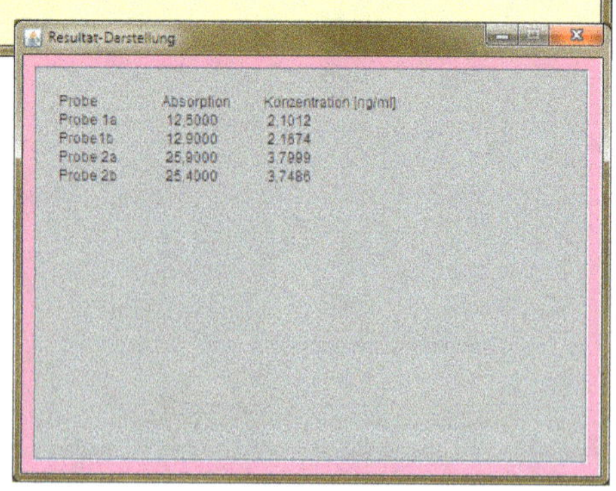


Resultate der Kalibration

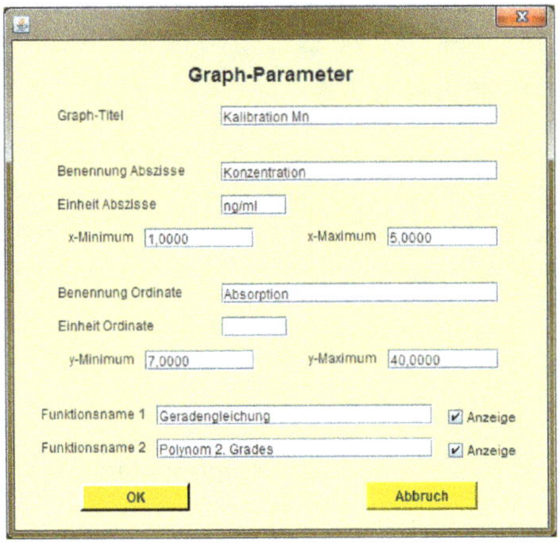


Graphikparameter

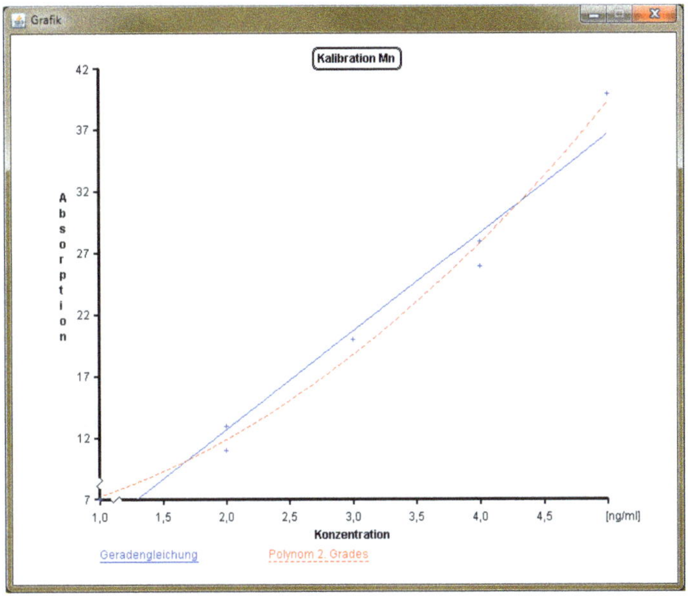


Modellgraph

### 4.6.1.2 SimFit

Programmstart

Wahl anzupassende Funktion

Vorgabe der Modellparameter

Erste Schätzung der Parameter

Finale Schätzung der Parameter

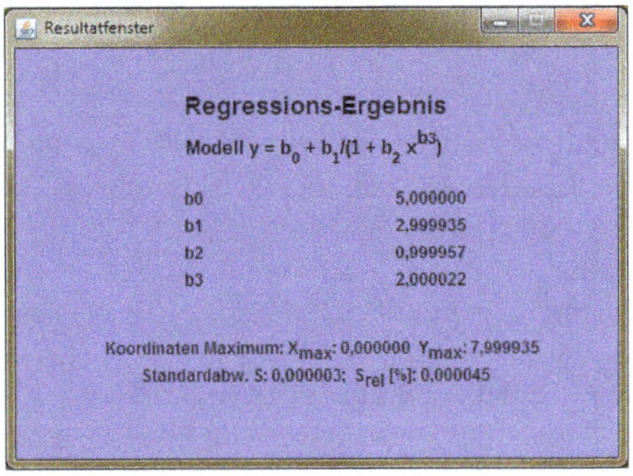


Resultat nichtlineare Regression

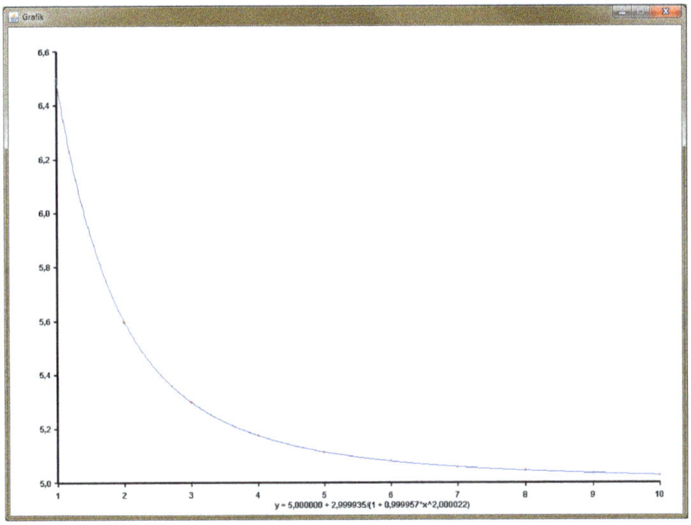


Modellgraph nichtlineare Regression (Rodbard-Funktion)

### 4.6.2 Umsetzung in RStudio/R

Es ist nicht Aufgabe dieses Buches, eine Einführung in R zu geben oder die Syntax von R-Funktionen zu beschreiben, hierzu steht eine Reihe guter Lehrbücher zur Verfügung [1, 2, Kapitel 8]. Auch ist es nicht Intention, ein R-Skript zu präsentieren, dass alle Themen dieses Kapitels vollständig abdeckt.

Im Folgenden werden exemplarisch Funktionen vorgestellt, mit denen eine Geradenregression und wichtige Varianzen in R umgesetzt und graphisch dargestellt werden können.

Lineare Geradenregression (vgl. Beispiel 4.1).

```
# Einlesen mit Header (x y)17
xyDat <- read.delim2("/media/reh/RDaten/xyDaten1.txt", header=TRUE)
# linearmodel-Funktion führt Regressions y auf x aus und schreibt
    Resultate in Liste xyFit
xyFit <- lm(y ~ x, data=xyDat)
# Koeffizienten der Liste (unter coefficients) in Koeffizientenvektor B
    übertragen
B <- cbind(xyFit$coefficients)
# Übersicht Resultate lineare Regression (u. a. s_R, s_bi , R^2, F)
summary(xyFit)
# Berechnung Konfidenzintervalle (Delta b_i)
confint(xyFit, level=0.95)
# Graph mit Datenpunkten zeichnen
plot(y ~ x, data=xyDat)
# Regressionsgerade einzeichnen
abline(xyFit, col="red")
```

Nichtlineare Regression (vgl. Kapitel 4.2.3).

```
# Einlesen mit Header (x y)
xyData <- read.delim2("/media/reh/RDaten/nonLinDaten.txt", header=TRUE)
# x-Werte als Datenvektor festlegen
x <- xyData[,1]
# x-Werte als Datenvektor festlegen
y <- xyData[,2]
# Nichtlineare Regression fuer y = b0*x/(b1+x) mit b0=1, b1=1 als
    Startwerte
linFit <- nls(y ~ b0*x/(b1+x), start=list(b0=1, b1=1))
# Koeffizienten der Liste (unter coefficients) in Koeffizientenvektor B
    übertragen
B <- coef(linFit)
# Ausgabe Regressionsparameter
summary(linFit)
# theoretische x-Werte im Bereich 0 bis 1, Intervall 0,1 fuer den Plot
xT <- seq(0, 1, 0.01)
# Vorhersage y-Werte fuer Plot
yT <- predict(linFit, list(x=xT))
# Regressionsgraph
plot(x, y, main="nichtlineare Regression", xlab="x", ylab="y")
# Modellgraph einzeichnen
lines(xT,yT,col=2)
```

17 Kommentare werden in R mit # eingeleitet.

Robuste Regression (vgl. Kapitel 4.2.4, Beispiel 4.2).

```
# Einlesen mit Header (x y)
xyDat <- read.delim2("/media/reh/RDaten/robRegDaten.txt")
# Steigungen berechnen
B1 <- rbind( (xyDat$y[2] -xyDat$y[1])/(xyDat$x[2] -xyDat$x[1]) )
B1 <- rbind(B1, (xyDat$y[3] -xyDat$y[1])/(xyDat$x[3] -xyDat$x[1]) )
B1 <- rbind(B1, (xyDat$y[4] -xyDat$y[1])/(xyDat$x[4] -xyDat$x[1]) )
B1 <- rbind(B1, (xyDat$y[5] -xyDat$y[1])/(xyDat$x[5] -xyDat$x[1]) )
B1 <- rbind(B1, (xyDat$y[6] -xyDat$y[1])/(xyDat$x[6] -xyDat$x[1]) )
B1 <- rbind(B1, (xyDat$y[3] -xyDat$y[2])/(xyDat$x[3] -xyDat$x[2]) )
B1 <- rbind(B1, (xyDat$y[4] -xyDat$y[2])/(xyDat$x[4] -xyDat$x[2]) )
B1 <- rbind(B1, (xyDat$y[5] -xyDat$y[2])/(xyDat$x[5] -xyDat$x[2]) )
B1 <- rbind(B1, (xyDat$y[6] -xyDat$y[2])/(xyDat$x[6] -xyDat$x[2]) )
B1 <- rbind(B1, (xyDat$y[4] -xyDat$y[3])/(xyDat$x[4] -xyDat$x[3]) )
B1 <- rbind(B1, (xyDat$y[5] -xyDat$y[3])/(xyDat$x[5] -xyDat$x[3]) )
B1 <- rbind(B1, (xyDat$y[6] -xyDat$y[3])/(xyDat$x[6] -xyDat$x[3]) )
B1 <- rbind(B1, (xyDat$y[5] -xyDat$y[4])/(xyDat$x[5] -xyDat$x[4]) )
B1 <- rbind(B1, (xyDat$y[6] -xyDat$y[4])/(xyDat$x[6] -xyDat$x[4]) )
B1 <- rbind(B1, (xyDat$y[6] -xyDat$y[5])/(xyDat$x[6] -xyDat$x[5]) )
# Median der Steigungen
b1Med <- median(B1)
# Achsenabschnitte berechnen
B0 <- rbind( (xyDat$y[1] - b1Med*xyDat$x[1]) )
B0 <- rbind(B0, (xyDat$y[2] - b1Med*xyDat$x[2]) )
B0 <- rbind(B0, (xyDat$y[3] - b1Med*xyDat$x[3]) )
B0 <- rbind(B0, (xyDat$y[4] - b1Med*xyDat$x[4]) )
B0 <- rbind(B0, (xyDat$y[5] - b1Med*xyDat$x[5]) )
B0 <- rbind(B0, (xyDat$y[6] - b1Med*xyDat$x[6]) )
# Median der Achsenabschnitte
b0Med <- median(B0)
# Vektor mit x-Werten
x <- cbind(xyDat$x)
# Vektor mit y-Werten
y <- cbind(xyDat$y)
# Graph mit Datenpunkten zeichnen
plot(x, y, main="robuste Regression", xlab="x", ylab="y")
# Gerade einzeichnen
abline(a=b0Med, b=b1Med, col="red")
```

# 5 Analyse von Messreihen

## 5.1 Digitales Filtern, Glätten

### 5.1.1 Grundlagen

Die Hauptaufgabe digitaler Filter ist die Reduktion des Rauschens in Messdaten[1] (Glättung), sodass eine bessere Auswertung und Interpretation ermöglicht wird. Während vor der weiten Verbreitung des PC durch spezielle elektronische Schaltungen ein Rauschsignal kompensiert wurde, geschieht dies aktuell durch den Einsatz von Glättungsalgorithmen, da die Messwerte oft bereits digital gespeichert vorliegen. Grundsätzlich ist aber festzuhalten, dass durch den Einsatz gleich welcher Algorithmen, die Messdaten verändert, d. h. verfälscht werden und keine neuen Informationen generiert werden. Inwieweit dies toleriert werden kann, muss im Einzelfall entschieden werden. Generell ist es daher von Vorteil, bereits bei der Messwertaufnahme alle Optionen zu nutzen, um das Rauschen zu minimieren.

Da die unten aufgeführten Methoden weder von Hand noch mittels Tabellenkalkulation angewandt werden können, sind in manchen Messsystemen einfache Algorithmen wie z. B. die Savitzky-Golay-Glättung bereits implementiert. Anspruchsvollere Auswertungen wie die Autokorrelation benötigen hingegen spezielle Softwarelösungen (z. B. DTrans).

### 5.1.2 Savitzky-Golay-Glättung

Ein einfacher Ansatz ist, an Stelle eines Messwertes $y_i$ den Mittelwert der Messwerte über $n$ Werte rechts bis zu $n$ Werten links von $y_i$ als gleitenden Durchschnitt einzusetzen. Für $n = 2$ berechnet sich der geglättete Wert $y_i^g$ aus $(y_{i-2} + y_{i-1} + y_i + y_{i+1} + y_{i+2})/5$. Allgemein gilt für die Boxcar-Glättung (gleitender Durchschnittsfilter)

$$y_i^g = \frac{1}{2n+1} \sum_{j=-n}^{j=+n} 1 \cdot y_{i+j} \,. \tag{5.1}$$

Die Boxcar-Glättung verwendet alle $n$ Werte rechts und links neben $y_i$ mit gleicher Gewichtung 1, daraus resultiert aber eine große Verzerrung der Originaldaten. Dieser Glättungsansatz ist daher nicht empfehlenswert.

1 Hier behandelte Messwertreihen hängen nur von einer Dimension ab z. B. $y = f(t)$, d. h. univariate Daten. Der Rauschanteil in einer univariaten Messwertreihe wird als stochastischer Anteil, die relevante Information (z. B. Periodizität) als deterministischer Teil bezeichnet.

DOI 10.1515/9783110451030-006

Wesentlich besser ist es, weiter von $y_i$ entfernt liegende Messwerte mit geringerem Gewicht zu versehen. Es hat sich als günstig erwiesen, Gewichtungsfaktoren $g_j$ einzusetzen, die aus der Anpassung der Daten durch ein Polynom 2. oder 3. Grades folgen. Dies ist beim Savitzky-Golay-Filter realisiert [1]. Es resultiert folgender, geglätteter Wert:

$$y_i^g = \frac{1}{G_i} \sum_{j=-n}^{j=+n} g_j y_{i+j} \quad \text{mit } G_i = \sum_j g_j \tag{5.2}$$

Zu den Gewichtungen $g_i$ für verschiedene Filterbreiten ($2n + 1$ Punkte) siehe Tabelle A.7.

Die in die Glättung einbezogenen Messpunkte sind in der Filterbreite $n$ festgelegt. Es kann gezeigt werden, dass bei größeren Filterbreiten der Glättungseffekt stärker wird, gleichzeitig nimmt aber auch die Verzerrung der Ausgangsdaten zu (vgl. Abbildung 5.2). Als erster Anhaltspunkt hat sich bewährt, die Filterbreite entsprechend der halben Signalbreite (Peak/Bande) zu wählen.

Exemplarisch erfolgt die Savitzky-Golay-Glättung anhand eines UV-Spektrums.

**Bsp. 5.1:** Savitzky-Golay-Glättung eines rauschbehafteten UV-Spektrums (Histidin, 1 µg/ml).

| Nr. | $\lambda$ [nm] | Abs. | Abs. (geglätt.) |
|---|---|---|---|
| 1 | 190 | 0,0407 | *0,0407* |
| 2 | 195 | 0,0334 | *0,0334* |
| 3 | 200 | 0,0284 | 0,0274 |
| 4 | 205 | 0,0243 | 0,0277 |
| 5 | 210 | 0,0314 | 0,0268 |
| 6 | 215 | 0,0203 | 0,0228 |
| 7 | 220 | 0,0150 | 0,0150 |
| 8 | 225 | 0,0104 | 0,0088 |
| 9 | 230 | 0,0013 | 0,0032 |
| 10 | 235 | 0,0010 | -0,0001 |
| 11 | 240 | 0,0001 | 0,0008 |
| 12 | 245 | 0,0015 | *0,0015* |
| 13 | 250 | 0,0001 | *0,0001* |

- Savitzky-Golay-Gewicht: −3; 12; 17; 12; −3
- Filterbreite $2n + 1$: 5
- $G_i$: 35

$$y_3^g = \tfrac{1}{35} \cdot (-3 \cdot 0{,}0407 + 12 \cdot 0{,}0334 + 17 \cdot 0{,}0284 + 12 \cdot 0{,}0243 - 3 \cdot 0{,}0314) \simeq 0{,}0274$$
$$y_4^g = \tfrac{1}{35} \cdot (-3 \cdot 0{,}0334 + 12 \cdot 0{,}0284 + 17 \cdot 0{,}0243 + 12 \cdot 0{,}0314 - 3 \cdot 0{,}0203) \simeq 0{,}0277$$
$$y_5^g = \tfrac{1}{35} \cdot (-3 \cdot 0{,}0284 + 12 \cdot 0{,}0243 + 17 \cdot 0{,}0314 + 12 \cdot 0{,}0203 - 3 \cdot 0{,}0150) \simeq 0{,}0268$$
$$y_6^g = \tfrac{1}{35} \cdot (-3 \cdot 0{,}0243 + 12 \cdot 0{,}0314 + 17 \cdot 0{,}0203 + 12 \cdot 0{,}0150 - 3 \cdot 0{,}0104) \simeq 0{,}0228$$
$$y_7^g = \tfrac{1}{35} \cdot (-3 \cdot 0{,}0314 + 12 \cdot 0{,}0203 + 17 \cdot 0{,}0150 + 12 \cdot 0{,}0104 - 3 \cdot 0{,}0013) \simeq 0{,}0150$$
$$y_8^g = \tfrac{1}{35} \cdot (-3 \cdot 0{,}0203 + 12 \cdot 0{,}0150 + 17 \cdot 0{,}0104 + 12 \cdot 0{,}0013 - 3 \cdot 0{,}0010) \simeq 0{,}0088$$
$$y_9^g = \tfrac{1}{35} \cdot (-3 \cdot 0{,}0150 + 12 \cdot 0{,}0104 + 17 \cdot 0{,}0013 + 12 \cdot 0{,}0010 - 3 \cdot 0{,}0001) \simeq 0{,}0032$$
$$y_{10}^g = \tfrac{1}{35} \cdot (-3 \cdot 0{,}0104 + 12 \cdot 0{,}0013 + 17 \cdot 0{,}0010 + 12 \cdot 0{,}0001 - 3 \cdot 0{,}0015) \simeq -0{,}0001$$
$$y_{11}^g = \tfrac{1}{35} \cdot (-3 \cdot 0{,}0013 + 12 \cdot 0{,}0010 + 17 \cdot 0{,}0001 + 12 \cdot 0{,}0015 - 3 \cdot 0{,}0001) \simeq 0{,}0008$$

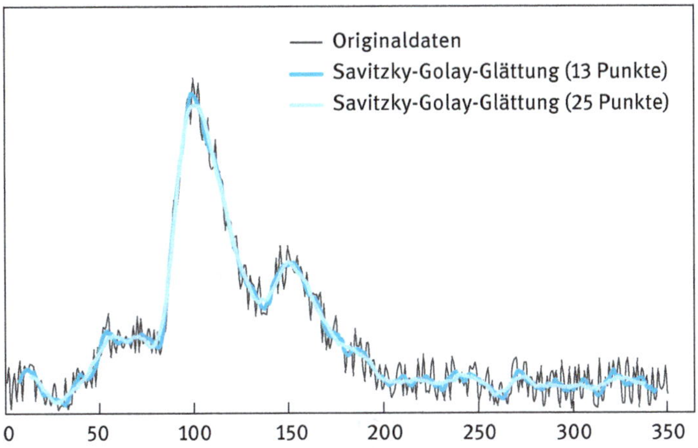


Abb. 5.1: Savitzky-Golay-Glättung mit diversen Filterbreiten (Punkte).

Abbildung 5.1 zeigt den Einfluss der Savitzky-Golay-Glättung auf ein Signal mit Rauschen.

Allgemein kann für die Anwendung der Savitzky-Golay-Glättung festgehalten werden:

- eine Mehrfachanwendung ist nicht sinnvoll, besser ist eine größere Filterbreite,
- die Verzerrung wirkt sich bei diversen Signalformen unterschiedlich aus (Gauss-, Lorentz-, asymmetrische FSuzuki-Funktion),
- diverse Signalparameter (Höhe, Fläche, ...) werden unterschiedlich stark beeinflusst.

Abbildung 5.2 zeigt die Veränderung von Höhe, Fläche und Position bei Lorentz-, Gauss- und asymmetrischen Signalen abhängig von der Filterbreite der Savitzky-Golay-Glättung.

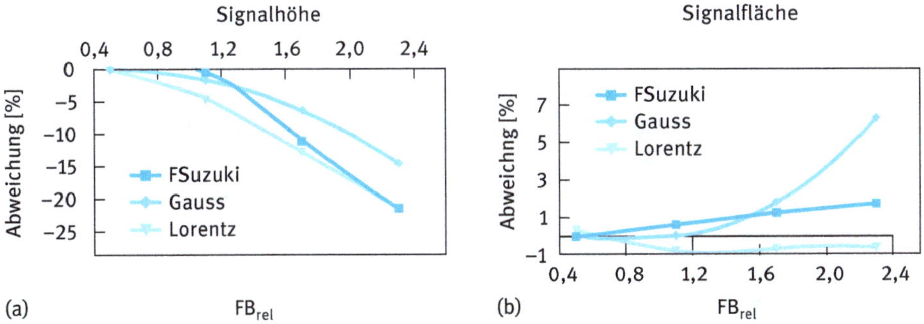


Abb. 5.2: Verzerrung der Signalparameter bei diversen Signalen in Abhängigkeit der relativen Filterbreite; (a) Höhe, (b) Fläche ($FB_{rel}$: Filterbreite/Signalbreite in ½ Höhe).

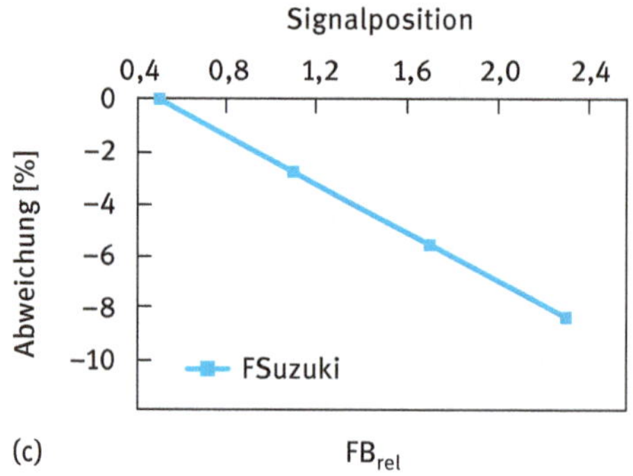


Abb. 5.2: (c) Verschiebung Signalposition bei asymmetrischen Signalen in Abhängigkeit der relativen Filterbreite (relat. Filterbreite $FB_{rel}$ = Filterbreite/Signalbreite in ½ Höhe).

Es wird deutlich, dass mit höherer Savitzky-Golay-Filterbreite die Signalhöhen generell gravierend kleiner werden (Abbildung 5.2 (a)). Demgegenüber werden die Signalflächen des asymmetrischen FSuzuki- bzw. Lorentz-Signals nicht so stark verzerrt, anders als beim Gauss-Signal (Abbildung 5.2 (b)). Eine Besonderheit ist die deutliche Verschiebung des Signalmaximums mit der Savitzky-Golay-Glättung bei asymmetrischen Signalen (Abbildung 5.2 (c)). Diese Verschiebung tritt bei den symmetrischen Gauss- bzw. Lorentz-Signalen nicht auf.

### 5.1.3 Kalman-Filter

Historisch bedingt diente der Kalman-Filter als Echtzeitfilter während der Messwert-Aufnahme, z. B. zur Glättung von rauschüberlagerten Signalen in der Elektrotechnik [2, 3, 5]. Das Prinzip beruht auf einer Näherung des Messwerts an der Stelle $i$ aus der vorherigen Registrierung $i-1$, bevor der Messwert $y_i$ registriert wird. Nach der Messung von $y_i$ wird die Näherung mit Hilfe des Kalman-Faktors $K_i$ korrigiert, wodurch ein verbesserter Wert $y_{i|i}$ an der Stelle $i$ erhalten wird. Dieser korrigierte (geglättete) Wert dient dann zur Bestimmung des folgenden Messwerts und der Zyklus beginnt erneut. Der Kalman-Filter weist gegenüber der Savitzky-Golay-Glättung den Vorteil auf, dass ein funktionaler Zusammenhang (z. B. exponentieller Abfall) integriert werden kann. Es wird unterschieden:
$y_{i|i-1}$: Näherungswert vor der Messung; $y_{i|i}$: geglätteter Wert nach Registrierung von $y_i$; $y_i$: registrierter Messwert an der Stelle $i$,
$s^2_{i|i-1}$: Näherung der Varianz vor der Messung; $s^2_{i|i}$: korrigierte Varianz nach Registrierung $y_i$ an der Stelle $i$.

Liegt ein bekannter funktionaler Zusammenhang ($f(i, i-1)$) zwischen den Folgewerten vor, berechnen sich die Näherungswerte wie folgt:

$$y_{i|i-1} = f(i, i-1)\,y_{i-1|i-1} \tag{5.3}$$

mit $y_{i-1|i-1}$: vorheriger, korrigierter Wert bezogen auf die Stelle $i-1$,

$$s^2_{i|i-1} = f(i, i-1)^2 s^2_{i-1|i-1} \tag{5.4}$$

mit $s^2_{i-1|i-1}$: vorherige, korrigierte Varianz bezogen auf die Stelle $i - 1$.

Ist kein funktionaler Zusammenhang gegeben oder bekannt, wird $f(i, i-1) = 1$ gesetzt. Die korrigierten Näherungswerte folgen aus

$$y_{i|i} = y_{i|i-1} + K_i(y_i - y_{i|i-1}) \tag{5.5}$$

bzw.

$$s^2_{i|i} = (1 - K_i)s^2_{i|i-1} \tag{5.6}$$

mit $K_i$: Kalman-Faktor.

Der Kalman-Faktor berechnet sich aus den jeweiligen, vorläufigen Varianzen und einem mittleren, quadratischen Gerätefehler $r^2$ (z. B. Systemrauschen):

$$K_i = \frac{s^2_{i|i-1}}{s^2_{i|i-1} + r^2}\,. \tag{5.7}$$

Die vorläufige Varianz und damit auch der Kalman-Faktor werden mit fortschreitendem Prozess kleiner und strebt einem Grenzwert zu, da mit jedem neuen Messwert mehr zum System bekannt wird. Zu Beginn müssen die ersten Näherungswerte für $y_{1|0}$ und $s^2_{1|0}$ erfahrungsgemäß festgesetzt und ein realistischer Wert für $r$ definiert werden.

Als Beispiel sei der exponentielle Abfall von rauschüberlagerten Messwerten behandelt, mit einer Abklingrate $f(i, i-1)$ von $e^{-0,2i}$ und einem mittleren Systemrauschen $r$ zu 0,1.

**Bsp. 5.2:** Kalman-Filterung exponentiell abfallender Messwerte mit Rauschen.

**Vorgaben:**

- funkt. Zusammenhang $e^{-0,2}$: 0,8187
- System-Rauschen $r^2$: 0,01
- 1. Schätzwert $y_{1|0}$: 1,0
- 1. Schätzwert $s_{1|0}$: 0,20

| $i$ | $y_i$ | $y_{i\|i-1}$ | $s^2_{i\|i-1}$ | $K_i$ | $s^2_{i\|i}$ | $y_{i\|i}$ |
|---|---|---|---|---|---|---|
| 1 | 1,12 | ***1,00*** | ***0,0400*** | 0,8000 | 0,0080 | 1,10 |
| 2 | 0,58 | 0,90 | 0,0054 | 0,3491 | 0,0035 | 0,79 |
| 3 | 0,88 | 0,64 | 0,0023 | 0,1896 | 0,0019 | 0,69 |
| 4 | 0,66 | 0,56 | 0,0013 | 0,1128 | 0,0011 | 0,57 |
| 5 | 0,65 | 0,47 | 0,0008 | 0,0703 | 0,0007 | 0,48 |
| 6 | 0,12 | 0,40 | 0,0005 | 0,0450 | 0,0004 | 0,38 |
| 7 | 0,31 | 0,31 | 0,0003 | 0,0293 | 0,0003 | 0,31 |
| 8 | 0,35 | 0,26 | 0,0002 | 0,0192 | 0,0002 | 0,26 |
| 9 | 0,21 | 0,21 | 0,0001 | 0,0127 | 0,0001 | 0,21 |
| 10 | 0,11 | 0,17 | 0,0001 | 0,0085 | 0,0001 | 0,17 |

Messwert: $y_i$
geglätteter Wert: $y_{i|i}$

$y_{1|0} = 1{,}00$
$s^2_{1|0} = 0{,}04$
$K_1 = 0{,}04/(0{,}04 + 0{,}01) = 0{,}80$
$s^2_{1|1} = (1 - 0{,}8) \cdot 0{,}04 = 0{,}008$
$y_{1|1} = 1{,}0 + 0{,}8 \cdot (1{,}12 - 1{,}0) \simeq 1{,}1$

$y_{2|1} = 0{,}8187 \cdot 1{,}10 \simeq 0{,}90$
$s^2_{2|1} = 0{,}8187 \cdot 0{,}8187 \cdot 0{,}0080 \simeq 0{,}0054$
$K_2 = 0{,}0054/(0{,}0054 + 0{,}01) \simeq 0{,}35$
$s^2_{2|2} = (1 - 0{,}3491) \cdot 0{,}0054 \simeq 0{,}0035$
$y_{2|2} = 0{,}9 + 0{,}3491 \cdot (0{,}58 - 0{,}90) \simeq 0{,}79$ usw.

Abbildung 5.3 stellt die registrierten und geglätteten Werte des Beispiels graphisch dar.

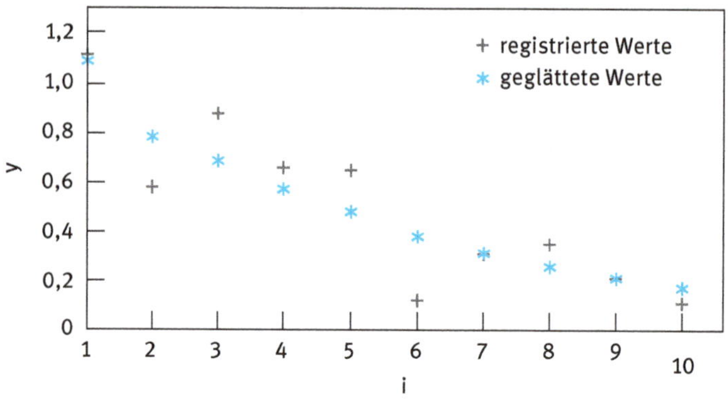


Abb. 5.3: Kalman-Filterung exponentiell fallender Signale (+ registrierte, * geglättete Werte; Daten von Brereton, G. B., Universität Bristol).

## 5.2 Ableitung

Ableitungen von Messreihen werden unter anderem eingesetzt, um Signalpositionen und -breiten besser zu bestimmen oder die Auflösung visuell zu verbessern. Bei der ersten Ableitung liegen die Extrema an der Position der Wendepunkte der Originaldaten. Das Signalmaximum wird durch das Minimum der zweiten Ableitung dargestellt, wie in Abbildung 5.4 verdeutlicht. Die deutlich geringere Signalbreite der zweiten Ableitung ermöglicht eine verbesserte Differenzierung von überlappenden Signalen. Abbildung 5.5 zeigt dies anhand von zwei überlappenden Gauss-Peaks. So wird durch den Einsatz in der Infrarot-Spektroskopie die Berechnung der prozentualen Anteile stark überlappender Banden ermöglicht.

Gravierender Nachteil der Ableitungsbildung ist die große Verstärkung des Rauschens, so dass der nachfolgende Einsatz z. B. einer Savitzky-Golay-Glättung (vgl. Kapitel 5.1.2) sehr sinnvoll ist.

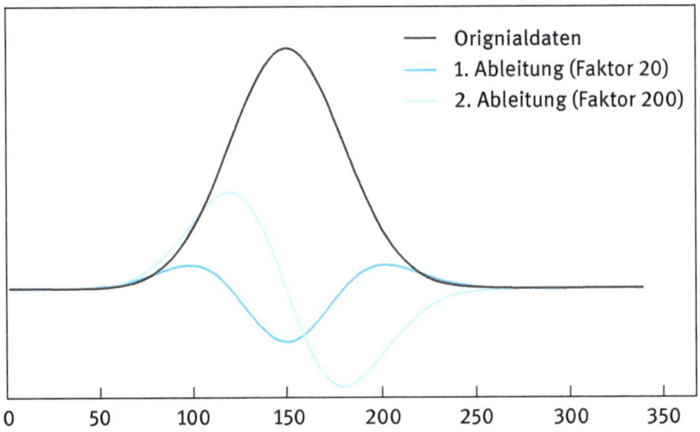


Abb. 5.4: Erste und zweite Ableitung eines Gauss-Signals.

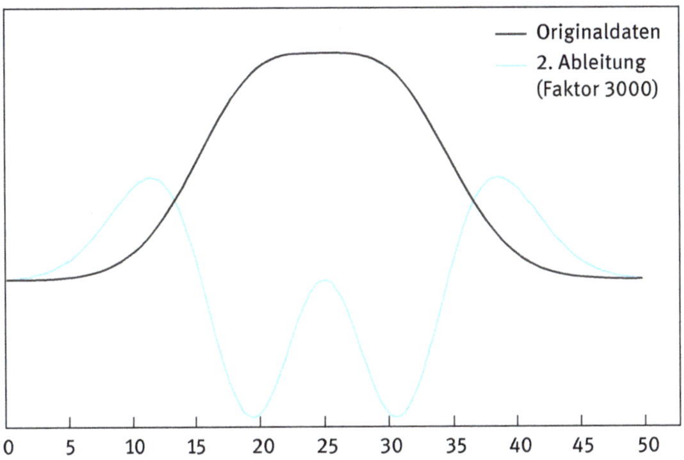


Abb. 5.5: Zweite Ableitung von zwei gleichen Gauss-Signalen im $2\sigma$-Abstand.

## 5.3 Autokorrelation

### 5.3.1 Grundlagen

Messreihen z. B. als zeitliche Folge von Messwerten $y_i$, sollen häufig z. B. hinsichtlich einer Periodizität oder eines Drifts untersucht werden.
Beispiel seien die Wasserstände eines Flusses in zeitlicher Folge in Tabelle 5.1.
Eine Korreliertheit von Messwerten lässt sich visuell dadurch beurteilen, dass die Messwerte $y_i$ unterschiedlich gegeneinander aufgetragen werden. Bei der Auftragung $y_i$ gegen $y_i$ liegen alle Messpunkte auf der Geraden mit der Steigung 1 durch den

Tab. 5.1: Messwertreihe diverser Wasserstände [m].

| **Nr.** | 1 | 2 | 3 | 4 | 5 | 6 | 7 | 8 | 9 | 10 | 11 | 12 |
|---|---|---|---|---|---|---|---|---|---|---|---|---|
| **Wert** | 3,00 | 2,84 | 3,14 | 4,67 | 4,94 | 4,04 | 4,03 | 2,49 | 4,91 | 3,74 | 4,56 | 4,91 |
| **Nr.** | 13 | 14 | 15 | 16 | 17 | 18 | 19 | 20 | 21 | 22 | 23 | 24 |
| **Wert** | 4,20 | 3,70 | 3,51 | 3,01 | 3,00 | 3,02 | 2,92 | 2,44 | 3,70 | 0,67 | 1,88 | 0,17 |
| **Nr.** | 25 | 26 | 27 | 28 | 29 | 30 | 31 | 32 | 33 | 34 | 35 | 36 |
| **Wert** | 3,98 | 0,85 | 1,51 | 2,55 | 1,74 | 3,35 | 2,82 | 3,02 | 2,93 | 3,63 | 2,89 | 2,43 |
| **Nr.** | 37 | 38 | 39 | 40 | 41 | 42 | 43 | 44 | 45 | 46 | 47 | 48 |
| **Wert** | 3,21 | 4,69 | 2,62 | 2,16 | 2,64 | 5,18 | 5,16 | 4,77 | 3,39 | 3,44 | 2,88 | 3,04 |
| **Nr.** | 49 | 50 | 51 | 52 | 53 | 54 | 55 | 56 | 57 | 58 | 59 | 60 |
| **Wert** | 2,65 | 2,77 | 3,24 | 1,55 | 2,74 | 1,39 | 1,12 | 2,67 | 2,04 | 2,45 | 1,42 | 3,01 |

Ursprung (Abbildung 5.6 (a)). Bei der Auftragung von $y_i$ gegen die gleiche Messreihe mit einem Versatz um eine Position, $y_{i+1}$, streuen die Werte naturgemäß stark (Abbildung 5.6 (b)), die Korrelation ist sehr gering. Entsprechend können des Weiteren die Werte $y_i$ mit $y_{i+2}$ bzw. allgemein $y_{i+v}$ korreliert werden. Der Versatz $v$ der Messreihen wird auch als Zeitverschiebung (englisch: *lag*) bezeichnet.

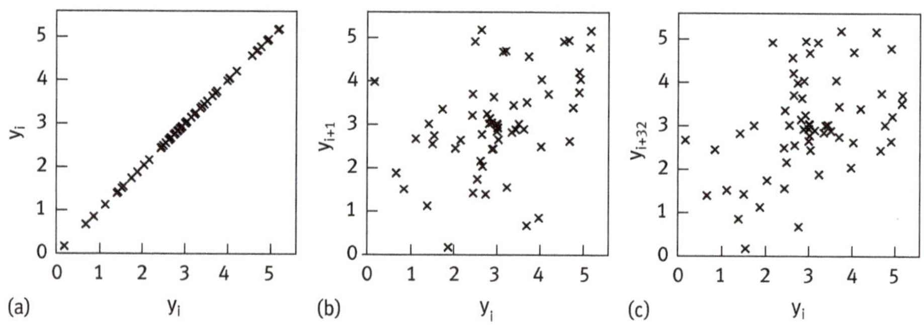


Abb. 5.6: Korrelation (a) $y_i \leftrightarrow y_i$, (b) $y_i \leftrightarrow y_{i+1}$, (c) $y_i \leftrightarrow y_{i+32}$.

Die Korrelationen verschlechtern sich üblicherweise sehr schnell mit $v$, bei periodischen Prozessen kommt es wieder zu einem Anstieg der Korreliertheit im vorliegenden Fall bei $v = 32$ (vgl. Abbildung 5.6 (c)). Für jede dieser Auftragungen kann die Korrelation berechnet werden. Gleichung (5.8) gibt die Berechnung der Korrelation als Autokorrelation $r(v)$ an:

$$r(v) = \frac{\sum_{i=1}^{n-v}(y_i - \bar{y})(y_{i+v} - \bar{y})}{\sum_{i=1}^{n}(y_i - \bar{y})^2} \tag{5.8}$$

mit $y_i$ : $i$-ter Messwert; $\bar{y}$ : Mittelwert der Messwerte; $n$: Anzahl der Messwerte.

Der Zähler entspricht der Autokovarianz zum Versatz $v$, der Nenner ist ein Maß der Varianz der Messwerte. Mittelwert und Varianz werden als konstant (zeitinvariant) angenommen.

Exemplarisch erfolgt die Berechnung der Autokorrelation der Daten aus Tabelle 5.1. für $v = 1$.

**Bsp. 5.3:** Berechnung der Autokorrelation $r(v)$ für $v = 1$ nach Gleichung (5.8)
$\bar{y} \simeq 3{,}024$.

| | | | | | | | | | | |
|---|---|---|---|---|---|---|---|---|---|---|
| $y_i$ | 3,00 | 2,84 | 3,14 | 4,67 | 4,94 | 4,04 | 4,03 | 2,49 | 4,91 | 3,74 |
| $y_{i+1}$ | 2,84 | 3,14 | 4,67 | 4,94 | 4,04 | 4,03 | 2,49 | 4,91 | 3,74 | 4,56 |
| $y_i - \bar{y}$ | −0,024 | −0,184 | 0,116 | 1,646 | 1,916 | 1,016 | 1,006 | −0,534 | 1,886 | 0,716 |
| $y_{i+1} - \bar{y}$ | −0,184 | 0,116 | 1,646 | 1,916 | 1,016 | 1,006 | −0,534 | 1,886 | 0,716 | 1,536 |
| $(y_i - \bar{y})(y_{i+1} - \bar{y})$ | 0,004 | −0,021 | 0,192 | 3,155 | 1,948 | 1,023 | −0,537 | −1,007 | 1,351 | 1,101 |
| $(y_i - \bar{y})^2$ | 0,001 | 0,034 | 0,014 | 2,710 | 3,672 | 1,033 | 1,013 | 0,285 | 3,558 | 0,513 |
| $y_i$ | 4,56 | 4,91 | 4,20 | 3,70 | 3,51 | 3,01 | 3,00 | 3,02 | 2,92 | 2,44 |
| $y_{i+1}$ | 4,91 | 4,20 | 3,70 | 3,51 | 3,01 | 3,00 | 3,02 | 2,92 | 2,44 | 3,70 |
| $y_i - \bar{y}$ | 1,536 | 1,886 | 1,176 | 0,676 | 0,486 | −0,014 | −0,024 | −0,004 | −0,104 | −0,584 |
| $y_{i+1} - \bar{y}$ | 1,886 | 1,176 | 0,676 | 0,486 | −0,014 | −0,024 | −0,004 | −0,104 | −0,584 | 0,676 |
| $(y_i - \bar{y})(y_{i+1} - \bar{y})$ | 2,898 | 2,219 | 0,796 | 0,329 | −0,007 | 0,000 | 0,000 | 0,000 | 0,061 | −0,395 |
| $(y_i - \bar{y})^2$ | 2,360 | 3,558 | 1,384 | 0,457 | 0,237 | 0,000 | 0,001 | 0,000 | 0,011 | 0,341 |
| $y_i$ | 3,70 | 0,67 | 1,88 | 0,17 | 3,98 | 0,85 | 1,51 | 2,55 | 1,74 | 3,35 |
| $y_{i+1}$ | 0,67 | 1,88 | 0,17 | 3,98 | 0,85 | 1,51 | 2,55 | 1,74 | 3,35 | 2,82 |
| $y_i - \bar{y}$ | 0,676 | −2,354 | −1,144 | −2,854 | 0,956 | −2,174 | −1,514 | −0,474 | −1,284 | 0,326 |
| $y_{i+1} - \bar{y}$ | −2,354 | −1,144 | −2,854 | 0,956 | −2,174 | −1,514 | −0,474 | −1,284 | 0,326 | −0,204 |
| $(y_i - \bar{y})(y_{i+1} - \bar{y})$ | −1,592 | 2,692 | 3,264 | −2,729 | −2,079 | 3,290 | 0,717 | 0,608 | −0,419 | −0,066 |
| $(y_i - \bar{y})^2$ | 0,457 | 5,540 | 1,308 | 8,143 | 0,915 | 4,725 | 2,291 | 0,224 | 1,648 | 0,106 |
| $y_i$ | 2,82 | 3,02 | 2,93 | 3,63 | 2,89 | 2,43 | 3,21 | 4,69 | 2,62 | 2,16 |
| $y_{i+1}$ | 3,02 | 2,93 | 3,63 | 2,89 | 2,43 | 3,21 | 4,69 | 2,62 | 2,16 | 2,64 |
| $y_i - \bar{y}$ | −0,204 | −0,004 | −0,094 | 0,606 | −0,134 | −0,594 | 0,186 | 1,666 | −0,404 | −0,864 |
| $y_{i+1} - \bar{y}$ | −0,004 | −0,094 | 0,606 | −0,134 | −0,594 | 0,186 | 1,666 | −0,404 | −0,864 | −0,384 |
| $(y_i - \bar{y})(y_{i+1} - \bar{y})$ | 0,001 | 0,000 | −0,057 | −0,081 | 0,079 | −0,111 | 0,310 | −0,673 | 0,349 | 0,331 |
| $(y_i - \bar{y})^2$ | 0,041 | 0,000 | 0,009 | 0,368 | 0,018 | 0,352 | 0,035 | 2,777 | 0,163 | 0,746 |
| $y_i$ | 2,64 | 5,18 | 5,16 | 4,77 | 3,39 | 3,44 | 2,88 | 3,04 | 2,65 | 2,77 |
| $y_{i+1}$ | 5,18 | 5,16 | 4,77 | 3,39 | 3,44 | 2,88 | 3,04 | 2,65 | 2,77 | 3,24 |
| $y_i - \bar{y}$ | −0,384 | 2,156 | 2,136 | 1,746 | 0,366 | 0,416 | −0,144 | 0,016 | −0,374 | −0,254 |
| $y_{i+1} - \bar{y}$ | 2,156 | 2,136 | 1,746 | 0,366 | 0,416 | −0,144 | 0,016 | −0,374 | −0,254 | 0,216 |
| $(y_i - \bar{y})(y_{i+1} - \bar{y})$ | −0,827 | 4,607 | 3,731 | 0,640 | 0,153 | −0,060 | −0,002 | −0,006 | 0,095 | −0,055 |
| $(y_i - \bar{y})^2$ | 0,147 | 4,650 | 4,564 | 3,050 | 0,134 | 0,173 | 0,021 | 0,000 | 0,140 | 0,064 |
| $y_i$ | 3,24 | 1,55 | 2,74 | 1,39 | 1,12 | 2,67 | 2,04 | 2,45 | 1,42 | 3,01 |
| $y_{i+1}$ | 1,55 | 2,74 | 1,39 | 1,12 | 2,67 | 2,04 | 2,45 | 1,42 | 3,01 | |
| $y_i - \bar{y}$ | 0,216 | −1,474 | −0,284 | −1,634 | −1,904 | −0,354 | −0,984 | −0,574 | −1,604 | |
| $y_{i+1} - \bar{y}$ | −1,474 | −0,284 | −1,634 | −1,904 | −0,354 | −0,984 | −0,574 | −1,604 | −0,014 | |
| $(y_i - \bar{y})(y_{i+1} - \bar{y})$ | −0,319 | 0,418 | 0,463 | 3,110 | 0,673 | 0,348 | 0,564 | 0,920 | 0,022 | |
| $(y_i - \bar{y})^2$ | 0,047 | 2,172 | 0,080 | 2,669 | 3,624 | 0,125 | 0,968 | 0,329 | 2,572 | |

$$\sum(y_i - \bar{y})(y_{i+1} - \bar{y}) \simeq 31{,}419 \quad \sum(y_i - \bar{y})^2 \simeq 76{,}575 \quad \Rightarrow r(1) \simeq 0{,}410$$

Nach Berechnung aller Autokorrelationen ($v = 1, \ldots, n - 1$, für $n$ Messwerte), können diese gegen den Versatz als Korrelogramm bzw. Autokorrelationsfunktion aufgetragen werden. Dies ist für die Daten aus Tabelle 5.1 in Abbildung 5.7 wiedergegeben.

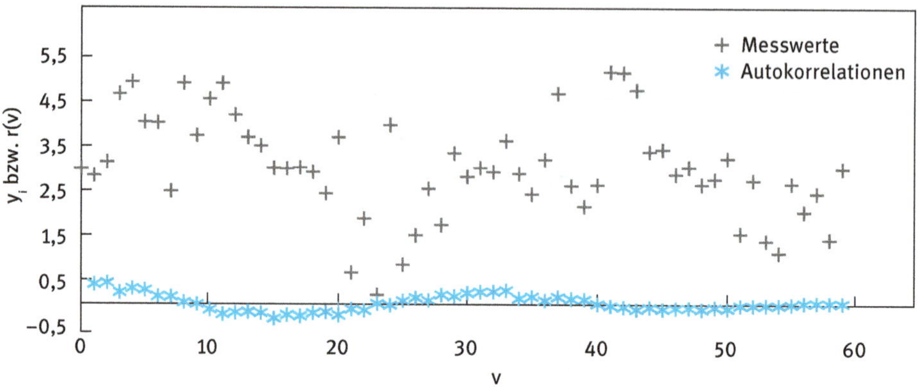


Abb. 5.7: Messwerte aus Tabelle 5.1 (+) und Autokorrelationen (*) mit periodischem Verlauf.

Aus der Autokorrelationsfunktion $r(v)$ können Unkorreliertheit, Periodizität, Abfall und Drift abgeleitet werden.[2]

### 5.3.2 Unkorreliertheit

Unkorrelierte Daten zeigen keinen „Gang“ im Korrelogramm und zeichnen sich dadurch aus, dass die Autokorrelationen sehr schnell fallen und dann mit kleinen Werten um den Nullwert zufällig schwanken. Abbildung 5.8 zeigt dies beispielhaft.

### 5.3.3 Periodizität

Periodische Ereignisse zeigen einen signifikanten Anstieg der Autokorrelationen nach festen Intervallen, wie dies in Abbildung 5.7 anhand der Daten der Tabelle 5.1 gezeigt ist. Die Periodizität entspricht dieser Intervallgröße (hier 32,5).

2 Eine Erweiterung der Autokorrelation liegt bei der Kreuzkorrelation vor, bei der zwei Messreihen $y_i$ und $x_i$ in vergleichbarer Weise korreliert werden.

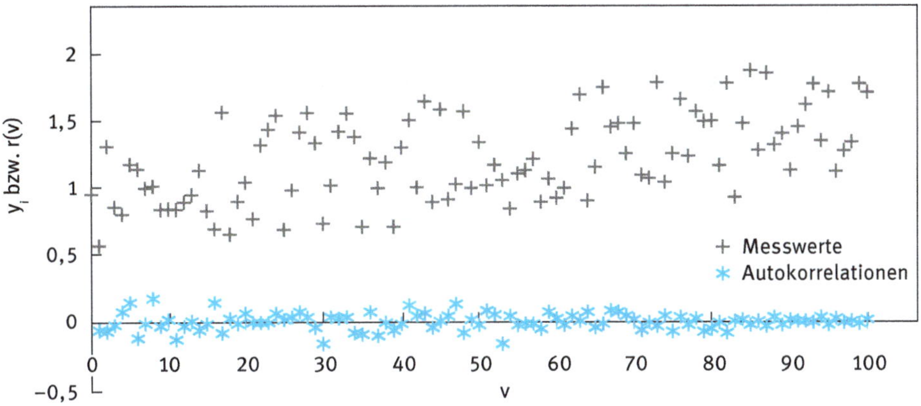


Abb. 5.8: Messwerte (+) und Autokorrelationen (*) von unkorrelierten Werten.

## 5.3.4 Abfall

Viele Prozesse unterliegen einem Abfall der Messwerte mit definierter Abklingkonstante (Zeitkonstante). Die Autokorrelationsfunktion gibt dies entsprechend dem Modell wieder:

$$r(v) = e^{(-v/T)} \,. \tag{5.9}$$

Die Abklingkonstante $T$ kann auf zweierlei Weise aus dem Korrelogramm ermittelt werden,

(a) für $T = v$ bei $r(v) = 0{,}37$, da hier gilt $r(T) = e^{(-1)} = 0{,}37$;
(b) für $v = 1$ aus $\ln(r(1))$, da hier gilt $r(1) = e^{(-1/T)}$ bzw. $T = -1/\ln(r(1))$.

Abbildung 5.9 zeigt ein solch exponentiell fallendes Verhalten.

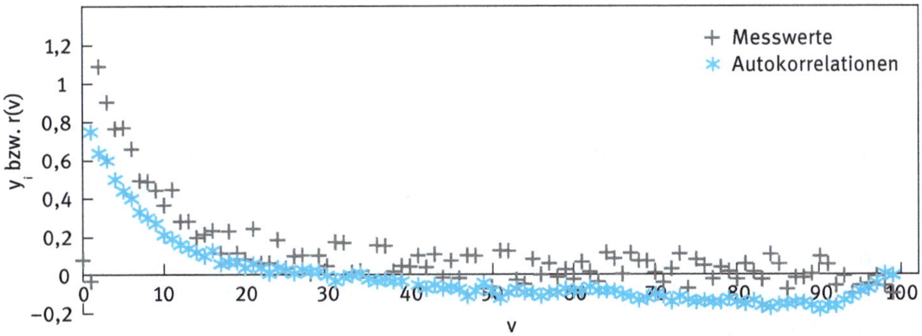


Abb. 5.9: Messwerte (+) und Autokorrelationen (*) von zeitlich fallenden Werten.

### 5.3.5 Drift

Ein Drift in der Messreihe zeigt sich im Korrelogramm dadurch, dass die Autokorrelationen langsam fallen und für einen längeren Verlauf positive Werte annehmen, verdeutlicht in Abbildung 5.10.

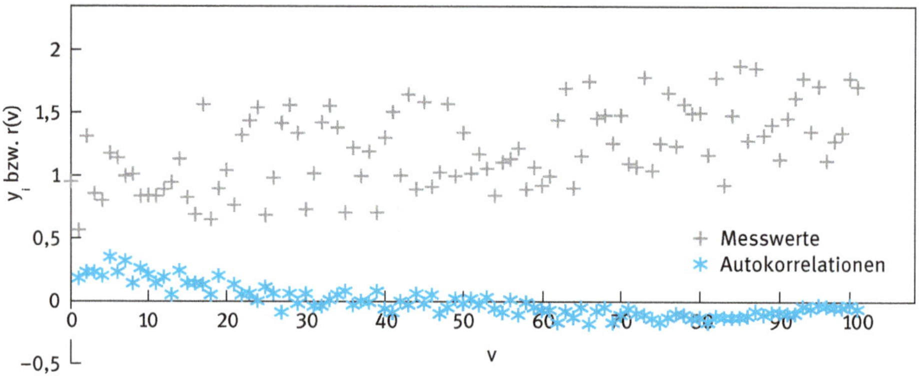


Abb. 5.10: Messwerte (+) und Autokorrelationen (*) von Driftwerten.

## 5.4 Fourier-Transformation

### 5.4.1 Aufgabenstellung

Die Fourier-Transformation (FT) führt eine Transformation von Originalmesswerten der Realdomäne in frequenzbasierte Daten der Frequenzdomäne aus. Dies ist naheliegend, wenn z. B. Originalwerte als Kombination periodischer Funktionen dargestellt werden können. Beispielhaft wird dies in Abbildung 5.11 anhand der periodischen Funktion $f(t)$ aus den Originalwerten (Abbildung 5.11 (b)) demonstriert, die als Summe von zwei Sinusfunktionen (Abbildung 5.11 (a)) aufgefasst werden kann. Mittels FT erfolgt eine Überführung der Originalwerte in die Frequenzdomäne mit resultierenden Frequenzen der beiden Sinusfunktionen.

Ein weiteres Beispiel ist die Transformation des Interferogramms in der FT-IR-Spektroskopie (oder des *free induction decay*, FID, in der NMR-Spektroskopie) wie in Abbildung 5.12 gezeigt. Aus der maximalen Intensität der Originalwerte (Zeitdomäne) folgt die Signalfläche der transformierten Daten, aus der Oszillationsfrequenz die Signalposition und aus dem exponentiellen Abfall die Signalbreite bei den transformierten Daten (Frequenzdomäne).
In umgekehrter Richtung können aus frequenzbasierten Daten auch mittels inverser Fourier-Transformation (IFT) die entsprechenden Realwerte erhalten werden.

Eine Zielsetzung ist, nach Fourier-Transformation in der transformierten Domäne durch einfache numerische Operationen gewünschte Resultate zu erhalten, die mit

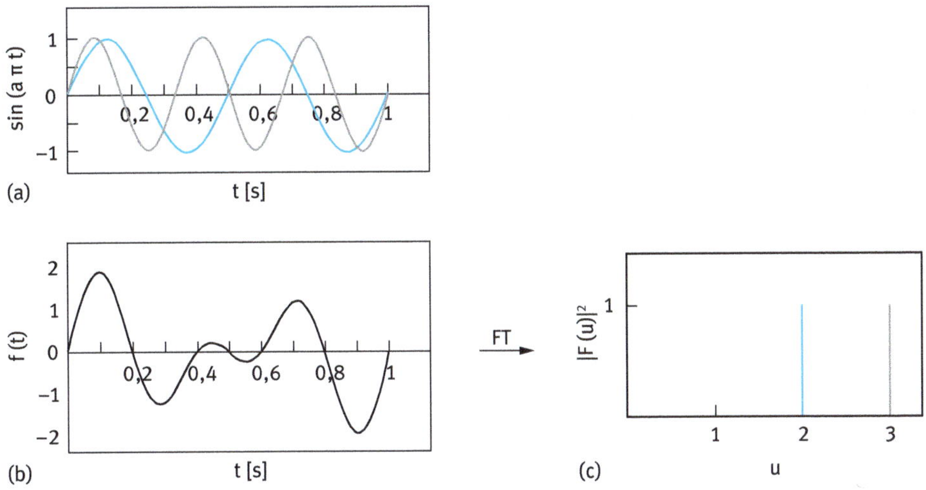


Abb. 5.11: FT einer peridioschen Funktion (b), aus Summe zweier Sinusfunktionen (a) und resultierende FT-Amplitude in der Frequenzdömane (c) (in Anlehnung an [2] Kap. 7.6).

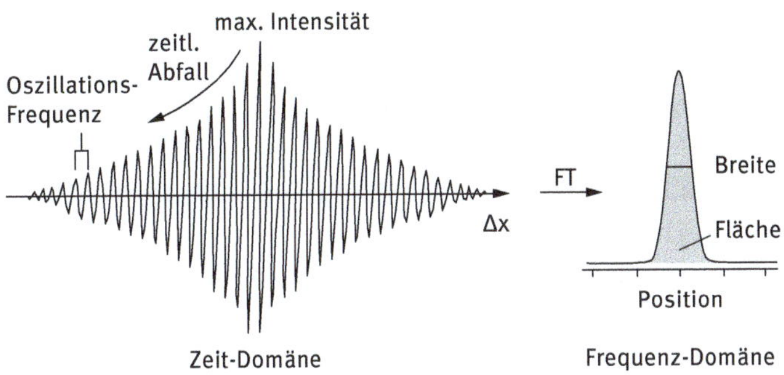


Abb. 5.12: Fourier-Transformation aus der Zeitdomäne und resultierender Peak mit Position, Breite und Fläche in der Frequenzdomäne ( in Anlehnung an [5]).

den ursprünglichen Werten so nicht oder nur durch komplizierte Operationen zu erreichen sind. So kann z. B. nach inverser Fourier-Transformation in die Realdomäne durch Multiplikation mit einer Exponentialfunktion eine Verringerung der Signalbreiten oder des Rauschens in der Frequenzdomäne erzielt werden. In vielen Fällen stellen die Werte der Realdomäne eine zeitliche Messwertfolge (Zeitdomäne) dar, wie das Interferogramm der FT-IR- oder das FID-Signal bei der NMR-Spektroskopie. Das Prinzip ist bei vielen anderen Messwertreihen analog anwendbar. Bei UV-Spektren entspricht z. B. die Wellenlängenregistrierung der Realdomäne, die mittels FT in die Frequenzdomäne überführt wird.

### 5.4.2 Numerische Grundlagen

Für eine *kontinuierliche, nicht begrenzte Funktion* $h(x)$ der Realdomäne erfolgt die Transformation in die Frequenzdomäne zu $H(\omega)$ mit Hilfe des Fourier-Integrals (Gleichung (5.10)) bzw. die Rücktransformation mittels inversem Fourier-Integral (Gleichung (5.11))

$$H(\omega) = \int_{t=-\infty}^{\infty} h(x) \exp(-\mathrm{i}\, 2\pi\, \omega)\, \mathrm{d}x \tag{5.10}$$

$$h(x) = \int_{\omega=-\infty}^{\infty} H(\omega) \exp(\mathrm{i}\, 2\pi\, \omega)\, \mathrm{d}\omega \tag{5.11}$$

mit $\mathrm{i} = \sqrt{-1}$.

Es liegen komplexe Exponentialfunktionen zugrunde, d. h. bei der FT muss immer auch ein Imaginärteil berücksichtigt werden[3].

In der chemischen Praxis werden häufig *diskrete, äquidistante Messwerte* registriert. Die folgenden Ausführungen sollen daher ausschließlich auf die diskrete FT bezogen werden. Analog Gleichung (5.10) gilt für die Transformation diskreter Werte $f(x)$ in frequenzbasierte Daten $F(u)$:

$$F(u) = \frac{1}{m} \sum_{x=0}^{m-1} f(x)\, \mathrm{e}^{-\mathrm{i}(2\pi\, ux/m)} \tag{5.12}$$

mit $m$: Anzahl diskrete, äquidistante Werte in Realdomäne; $x$: Index Werte in Realdomäne; $u$: Index transformierter Daten in der Frequenzdomäne.

Durch die Euler-Beziehung wird die Exponentialfunktion durch eine Kosinus- und Sinusfunktion substituiert:[4]

$$F(u) = \frac{1}{m} \sum_{x=0}^{m-1} f(x) \cos(2\pi\, ux/m) - \mathrm{i}\frac{1}{m} \sum_{x=0}^{m-1} f(x) \sin(2\pi\, ux/m) = R(u) + \mathrm{i}\, I(u)\,. \tag{5.13}$$

Der Kosinusterm entspricht dem Realteil $R(u)$, der Sinusterm dem Imaginärteil $I(u)$.

Für die inverse FT zur Transformation aus der Frequenzdomäne in die Realdomäne gilt:

$$f(x) = \sum_{x=0}^{m-1} F(u)\, \mathrm{e}^{\mathrm{i}(2\pi\, ux/m)} = \sum_{x=0}^{m-1} F(u) \cos(2\pi\, xu/m) + \mathrm{i} \sum_{x=0}^{m-1} F(u) \sin(2\pi\, xu/m)\,. \tag{5.14}$$

---

3 Alternativ zur Fourier-Transformation wird die Hadamard-Transformation eingesetzt. Basis sind hier nicht Kosinus- und Sinusfunktionen sondern Stufen- oder Walsh-Funktionen (z. B. ⊓ oder ⊓⊔). Vorteilhaft sind die einfacheren Operationen und damit eine schnellere Transformation, zudem fehlt hier ein Imaginärteil. Die Hadamard-Transformation wird vorteilhaft eingesetzt bei flachen, linearen Messdatenbereichen.

4 Soll die Darstellung nicht in Radian erfolgen, entfällt der $2\pi$-Term, bei Darstellung in Grad erfolgt stattdessen die Division durch 360°.

Oft werden Real- und Imaginärteil zu Fourier-Magnitude bzw. Fourier-Spektrum zusammengefasst:[5]

$$|F(u)| = \sqrt{R(u)^2 + I(u)^2}\ . \tag{5.15}$$

Die Einheit der transformierten Daten wird z. B. als Frequenzangabe ($s^{-1}$, Hz), oft auch als Zyklen/s (cps) angegeben. Aus der Intervallbreite in der Zeitdomäne $\delta x$ folgt die Datenintervallbreite in der Frequenzdomäne $\delta u = 1/(m\,\delta x)$ Zyklen/s.

Aus der Aufnahme von $m = 1000$ Messpunkten mit einer Datenrate von 0,1 s resultieren in der Frequenzdomäne 1000 Daten in einem Intervall von $1/1000 \cdot 0{,}1 = 0{,}01$ Zyklen/s (Hz).

Abbildung 5.13 zeigt Real- und Imaginärteil ($R(u)$, $I(u)$) nach FT einer Dreiecksfunktion $f(x)$.

Aus der FT resultieren wichtige mathematische Eigenschaften:

- Beim 1. FT-Term $F(0)$ ist der Imaginärteil $I(0) = 0$, seine Höhe entspricht dem Mittelwert der Werte der Realdomäne $f(x)$.
- Die Beträge von Real- und Imaginärteil sind spiegelbild-symmetrisch, d. h. $R(1) = R(m-1)$ usw. (vgl. Abbildung 5.13).[6]

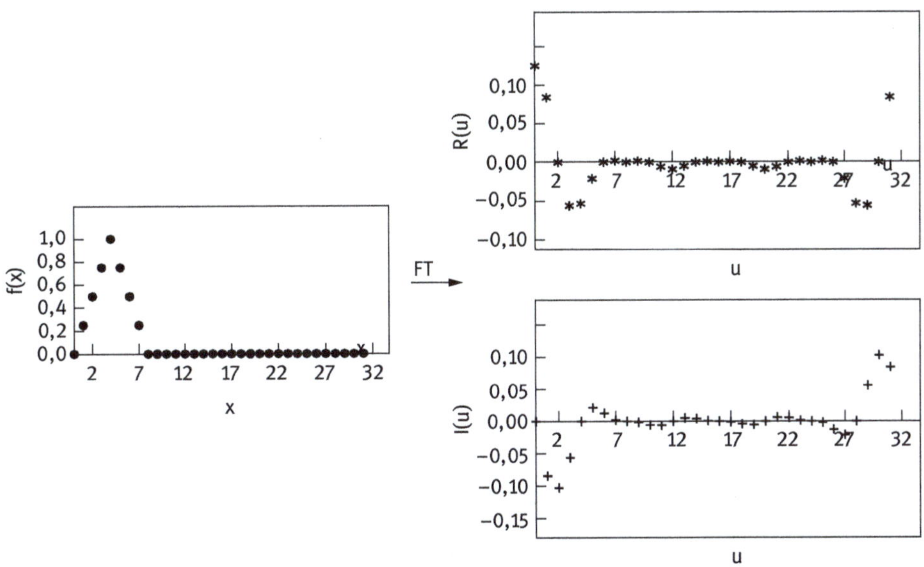


Abb. 5.13: FT einer Dreiecksmesswertreihe mit resultierendem Real- und Imaginärteil.

---

5 Das Quadrat $|F(u)|^2$ wird auch als Fourier-Energie, Fourier-Amplitude oder Powerspektrum bezeichnet.

6 Manche Softwarerealisierung gibt nur die ersten $\frac{m}{2} + 1$-Terme aus, diese müssen z. B. vor der inversen FT ergänzt werden.

- Sind die Messwerte symmetrisch um den Nullpunkt angeordnet ($f(x) = f(-x)$) ist der Sinusterm und damit alle Imaginärterme 0, die Informationen enthält dann ausschließlich der Realteil $R(u)$.
- Die Summe der Funktionen ($f(x) + g(x)$) in der Realdomäne ist zu den Funktionen der Frequenzdomäne $F(u)$ und $G(u)$ distributiv, d. h. $[f(x) + g(x)] \Rightarrow H(u) = F(u) + G(u)$.
- Multiplikation in der Realdomäne bewirkt eine Stauchung ($k < 0$) bzw. Streckung ($k > 0$) der transformierten Werte: $f(kx) \Rightarrow \frac{1}{|k|}F(u/k)$.
- Wird ein Signal in der Realdomäne mit einer Exponentialfunktion multipliziert entspricht dem eine Verschiebung in der transformierten Frequenzdomäne: $f(x)e^{(iux_0)} \Rightarrow F(u - u_0)$, analoges gilt auch im umgekehrten Fall.
- Der Wechselwirkung zweier Datensätze in der Realdomäne (Faltung $\otimes$) entspricht eine skalare Multiplikation in der transformierten Frequenzdomäne: $f(x) \otimes g(x) \Rightarrow F(u)G(u)$.

Exemplarisch soll die FT an einer Dreiecksmesswertreihe durchgeführt werden.

**Bsp. 5.4:** FT einer Dreiecksmesswertreihe (nach Gleichung (5.13)).

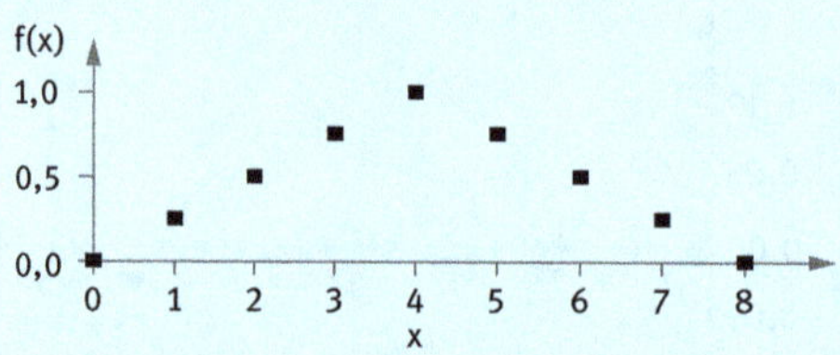


| $x$ | 0 | 1 | 2 | 3 | 4 | 5 | 6 | 7 | 8 | ($m = 9$) | | | |
|---|---|---|---|---|---|---|---|---|---|---|---|---|---|
| $f(x)$ | 0,00 | 0,25 | 0,50 | 0,75 | 1,00 | 0,75 | 0,50 | 0,25 | 0,00 | | | | |
| | $u = 0$ | | | | | | | | | | | | |
| $a_x = 2ux/m$ | 0,00 | 0,00 | 0,00 | 0,00 | 0,00 | 0,00 | 0,00 | 0,00 | 0,00 | | | | |
| $\cos(a_x\pi)$ | 1,00 | 1,00 | 1,00 | 1,00 | 1,00 | 1,00 | 1,00 | 1,00 | 1,00 | | | | |
| $\sin(a_x\pi)$ | 0,00 | 0,00 | 0,00 | 0,00 | 0,00 | 0,00 | 0,00 | 0,00 | 0,00 | | | | |
| $g(x) = f(x)\cos(a_x\pi)$ | 0,00 | 0,25 | 0,50 | 0,75 | 1,00 | 0,75 | 0,50 | 0,25 | 0,00 | $\sum g(x)$ | 4,00 | $R(u)$ | 0,444 |
| $h(x) = f(x)\sin(a_x\pi)$ | 0,00 | 0,00 | 0,00 | 0,00 | 0,00 | 0,00 | 0,00 | 0,00 | 0,00 | $\sum h(x)$ | 0,00 | $I(u)$ | 0,000 |
| | $u = 1$ | | | | | | | | | | | | |
| $a_x = 2ux/m$ | 0,00 | 0,22 | 0,44 | 0,67 | 0,89 | 1,11 | 1,33 | 1,56 | 1,78 | | | | |
| $\cos(a_x\pi)$ | 1,00 | 0,77 | 0,17 | −0,50 | −0,94 | −0,94 | −0,50 | 0,17 | 0,77 | | | | |
| $\sin(a_x\pi)$ | 0,00 | 0,64 | 0,98 | 0,87 | 0,34 | −0,34 | −0,87 | −0,98 | −0,64 | | | | |
| $g(x) = f(x)\cos(a_x\pi)$ | 0,00 | 0,19 | 0,09 | −0,38 | −0,94 | −0,70 | −0,25 | 0,04 | 0,00 | $\sum g(x)$ | −1,95 | $R(u)$ | −0,216 |
| $h(x) = f(x)\sin(a_x\pi)$ | 0,00 | 0,16 | 0,49 | 0,65 | 0,34 | −0,26 | −0,43 | −0,25 | 0,00 | $\sum h(x)$ | 0,71 | $I(u)$ | −0,079 |

| | $u = 2$ | | | | | | | | | | | | |
|---|---|---|---|---|---|---|---|---|---|---|---|---|---|
| $a_x = 2ux/m$ | 0,00 | 0,44 | 0,89 | 1,33 | 1,78 | 2,22 | 2,67 | 3,11 | 3,56 | | | | |
| $\cos(a_x\pi)$ | 1,00 | 0,17 | −0,94 | −0,50 | 0,77 | 0,77 | −0,50 | −0,94 | 0,17 | | | | |
| $\sin(a_x\pi)$ | 0,00 | 0,98 | 0,34 | −0,87 | −0,64 | 0,64 | 0,87 | −0,34 | −0,98 | | | | |
| $g(x) = f(x)\cos(a_x\pi)$ | 0,00 | 0,04 | −0,47 | −0,38 | 0,77 | 0,57 | −0,25 | −0,23 | 0,00 | $\sum g(x)$ | 0,05 | $R(u)$ | 0,006 |
| $h(x) = f(x)\sin(a_x\pi)$ | 0,00 | 0,25 | 0,17 | −0,65 | −0,64 | 0,48 | 0,43 | −0,09 | 0,00 | $\sum h(x)$ | −0,05 | $I(u)$ | 0,005 |
| | $u = 3$ | | | | | | | | | | | | |
| $a_x = 2ux/m$ | 0,00 | 0,67 | 1,33 | 2,00 | 2,67 | 3,33 | 4,00 | 4,67 | 5,33 | | | | |
| $\cos(a_x\pi)$ | 1,00 | −0,50 | −0,50 | 1,00 | −0,50 | −0,50 | 1,00 | −0,50 | −0,50 | | | | |
| $\sin(a_x\pi)$ | 0,00 | 0,87 | −0,87 | 0,00 | 0,87 | −0,87 | 0,00 | 0,87 | −0,87 | | | | |
| $g(x) = f(x)\cos(a_x\pi)$ | 0,00 | −0,13 | −0,25 | 0,75 | −0,50 | −0,38 | 0,50 | −0,13 | 0,00 | $\sum g(x)$ | −0,12 | $R(u)$ | −0,014 |
| $h(x) = f(x)\sin(a_x\pi)$ | 0,00 | 0,22 | −0,43 | 0,00 | 0,87 | −0,65 | 0,00 | 0,22 | 0,00 | $\sum h(x)$ | 0,22 | $I(u)$ | −0,024 |
| | $u = 4$ | | | | | | | | | | | | |
| $a_x = 2ux/m$ | 0,00 | 0,89 | 1,78 | 2,67 | 3,56 | 4,44 | 5,33 | 6,22 | 7,11 | | | | |
| $\cos(a_x\pi)$ | 1,00 | −0,94 | 0,77 | −0,50 | 0,17 | 0,17 | −0,50 | 0,77 | −0,94 | | | | |
| $\sin(a_x\pi)$ | 0,00 | 0,34 | −0,64 | 0,87 | −0,98 | 0,98 | −0,87 | 0,64 | −0,34 | | | | |
| $g(x) = f(x)\cos(a_x\pi)$ | 0,00 | −0,23 | 0,38 | −0,37 | 0,17 | 0,13 | −0,25 | 0,19 | 0,00 | $\sum g(x)$ | 0,02 | $R(u)$ | 0,002 |
| $h(x) = f(x)\sin(a_x\pi)$ | 0,00 | 0,09 | −0,32 | 0,65 | −0,98 | 0,74 | −0,43 | 0,16 | 0,00 | $\sum h(x)$ | −0,10 | $I(u)$ | 0,012 |
| | $u = 5$ | | | | | | | | | | | | |
| $a_x = 2ux/m$ | 0,00 | 1,11 | 2,22 | 3,33 | 4,44 | 5,56 | 6,67 | 7,78 | 8,89 | | | | |
| $\cos(a_x\pi)$ | 1,00 | −0,94 | 0,77 | −0,50 | 0,17 | 0,17 | −0,50 | 0,77 | −0,94 | | | | |
| $\sin(a_x\pi)$ | 0,00 | −0,34 | 0,64 | −0,87 | 0,98 | −0,98 | 0,87 | −0,64 | 0,34 | | | | |
| $g(x) = f(x)\cos(a_x\pi)$ | 0,00 | −0,23 | 0,38 | −0,38 | 0,17 | 0,13 | −0,25 | 0,19 | 0,00 | $\sum g(x)$ | 0,02 | $R(u)$ | 0,002 |
| $h(x) = f(x)\sin(a_x\pi)$ | 0,00 | −0,09 | 0,32 | −0,65 | 0,98 | −0,74 | 0,43 | −0,16 | 0,00 | $\sum h(x)$ | 0,10 | $I(u)$ | −0,012 |
| | $u = 6$ | | | | | | | | | | | | |
| $a_x = 2ux/m$ | 0,00 | 1,33 | 2,67 | 4,00 | 5,33 | 6,67 | 8,00 | 9,33 | 10,67 | | | | |
| $\cos(a_x\pi)$ | 1,00 | −0,50 | −0,50 | 1,00 | −0,50 | −0,50 | 1,00 | −0,50 | −0,50 | | | | |
| $\sin(a_x\pi)$ | 0,00 | −0,87 | 0,87 | 0,00 | −0,87 | 0,87 | 0,00 | −0,87 | 0,87 | | | | |
| $g(x) = f(x)\cos(a_x\pi)$ | 0,00 | −0,13 | −0,25 | 0,75 | −0,50 | −0,38 | 0,50 | −0,13 | 0,00 | $\sum g(x)$ | −0,13 | $R(u)$ | −0,014 |
| $h(x) = f(x)\sin(a_x\pi)$ | 0,00 | −0,22 | 0,43 | 0,00 | −0,87 | 0,65 | 0,00 | −0,22 | 0,00 | $\sum h(x)$ | −0,22 | $I(u)$ | 0,024 |
| | $u = 7$ | | | | | | | | | | | | |
| $a_x = 2ux/m$ | 0,00 | 1,56 | 3,11 | 4,67 | 6,22 | 7,78 | 9,33 | 10,89 | 12,44 | | | | |
| $\cos(a_x\pi)$ | 1,00 | 0,17 | −0,94 | −0,50 | 0,77 | 0,77 | −0,50 | −0,94 | 0,17 | | | | |
| $\sin(a_x\pi)$ | 0,00 | −0,98 | −0,34 | 0,87 | 0,64 | −0,64 | −0,87 | 0,34 | 0,98 | | | | |
| $g(x) = f(x)\cos(a_x\pi)$ | 0,00 | 0,04 | −0,47 | −0,38 | 0,77 | 0,57 | −0,25 | −0,23 | 0,00 | $\sum g(x)$ | 0,05 | $R(u)$ | 0,006 |
| $h(x) = f(x)\sin(a_x\pi)$ | 0,00 | −0,25 | −0,17 | 0,65 | 0,64 | −0,48 | −0,43 | 0,09 | 0,00 | $\sum h(x)$ | 0,05 | $I(u)$ | −0,005 |
| | $u = 8$ | | | | | | | | | | | | |
| $a_x = 2ux/m$ | 0,00 | 1,78 | 3,56 | 5,33 | 7,11 | 8,89 | 10,67 | 12,44 | 14,22 | | | | |
| $\cos(a_x\pi)$ | 1,00 | 0,77 | 0,17 | −0,50 | −0,94 | −0,94 | −0,50 | 0,17 | 0,77 | | | | |
| $\sin(a_x\pi)$ | 0,00 | −0,64 | −0,98 | −0,87 | −0,34 | 0,34 | 0,87 | 0,98 | 0,64 | | | | |
| $g(x) = f(x)\cos(a_x\pi)$ | 0,00 | 0,19 | 0,09 | −0,38 | −0,94 | −0,70 | −0,25 | 0,04 | 0,00 | $\sum g(x)$ | −1,95 | $R(u)$ | −0,216 |
| $h(x) = f(x)\sin(a_x\pi)$ | 0,00 | −0,16 | −0,49 | −0,65 | −0,34 | 0,26 | 0,43 | 0,25 | 0,00 | $\sum h(x)$ | −0,71 | $I(u)$ | 0,079 |

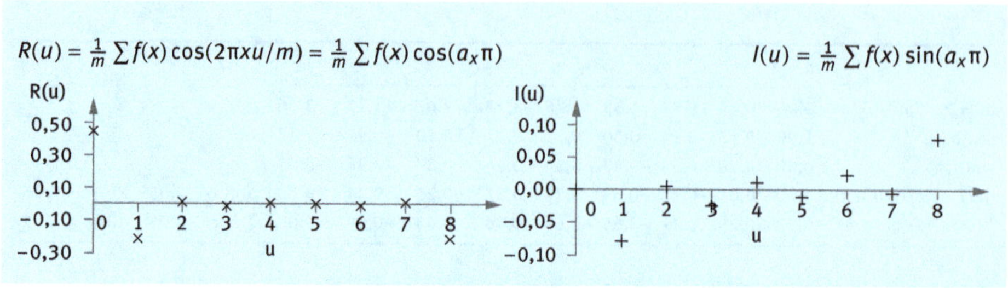


## 5.4.3 Signal-Filterung

Unter Fourier-Filter versteht man numerische Datenmanipulationen im Zusammenhang mit der FT sowohl in der Real- als auch der Frequenzdomäne. Ein einfaches Beispiel aus der IR-Spektroskopie ist die Ergänzung der Messwerte der Zeitdomäne durch 0-Werte (Zerofilling des Interferogramms) woraus nach FT Zwischenpunkte in Frequenzdomäne resultieren. Wichtige Anwendungen sind die Rauschunterdrückung und Signalformverbesserung.

### Rauschbehandlung

Einen allgemein angewandten Ansatz zur Rauschunterdrückung bietet der Einsatz eines Exponentialfilters in der Zeitdomäne z. B. eines FT-IR-Interferogramms oder eines FID-Signals der NMR-Messung. In beiden Fällen liegt den Messwerten ein zeitlich exponentieller Abfall der Form $f(t) = A\cos(\omega t)\,e^{-\lambda t}$ zugrunde (vgl. Abbildung 5.12). Als Filterfunktion zur Rauschunterdrückung wird eine Exponentialfunktion $g(t)$ verwendet mit

$$g(t) = e^{\alpha t^2} , \tag{5.16}$$

d. h.

$$f'(t) = f(t)g(t) = A\cos(\omega t)\,e^{-\lambda t}\,e^{\alpha t^2} \tag{5.17}$$

mit $f'(t)$: rauschreduzierte Messwerte in der Zeitdomäne vor FT; $\alpha$: Rauschkorrekturterm (zumeist interaktiv anzupassen).

Die Rauschbehandlung kann auch in der Frequenzdomäne erfolgen. Dazu werden die Messwerte mittels FT in die Frequenzdomäne überführt, $f(x) \Rightarrow F(u)$, mit einem entsprechenden Tief- oder Hochpassfilter $H(u)$ multipliziert, $F(u)H(u)$ und danach durch inverse FT in die Realdomäne zurück transformiert: $F(u)H(u) \Rightarrow f'(x)$. Liegt die relevante Information im Bereich der mittleren Frequenzen und das Rauschsignal bei hohen Frequenzen in der Frequenzdomäne wird ein Tiefpassfilter verwendet (z. B. Reckteckfunktion, vgl. Abbildung 5.14 (a). Bei einer Verringerung des Rauschens mit der Frequenz ($1/f$-Rauschen) kommt ein Hochpassfilter (z. B. Stufenfunktion, vgl. Abbildung 5.14 (b)) zum Einsatz.

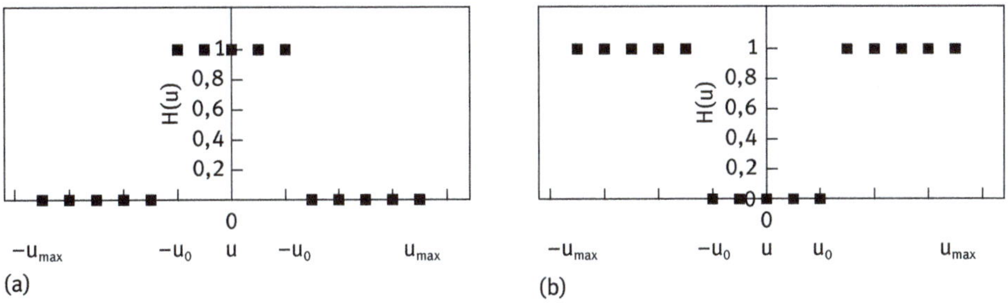


Abb. 5.14: Tiefpass- (a) und Hochpassfilter (b).

### Fourier-Dekonvolution

Die FT-Dekonvolution (Signalrestauration) hat zum Ziel, ungestörte oder besser aufgelöste Signale zu erhalten. Durch inverse FT resultieren die Messwerte in der Realdomäne, z. B. bei einer IR-Bande das Interferogramm in der Zeitdomäne. Hier erfolgt eine skalare Multiplikation mit einem Exponentialfilter als Konvolutionsfunktion $g(t)$:

$$g(t) = e^{\beta t} , \tag{5.18}$$

d. h.

$$f'(t) = f(t)g(t) = A\cos(\omega t)\, e^{-\lambda t}\, e^{\beta t} \tag{5.19}$$

mit $f'(t)$: gefilterte Messwerte in der Zeitdomäne nach inverser FT; $\beta$: Signalkorrekturterm.

Abschließend folgt die FT zurück in die Frequenzdomäne. Auf diese Weise wird der exponentielle Abfall des Interferogramms $e^{-\lambda t}$ reduziert, nach FT in die Frequenzdomäne $f'(t) \Rightarrow F'(\nu)$ resultiert eine schmalere Bande. Besonders in der IR-Spektroskopie kommt die Fourier-Dekonvolution häufig zum Einsatz, da bei der FT-IR-Messung das urprüngliche Interferogramm bereits gespeichert wurde. Es werden schmalere IR-Banden erhalten, sodass überlappende Bandengruppen besser aufgelöst werden. Die Thematik wird in Kapitel 5.3 ausführlich behandelt.

## 5.4.4 Faltung

Die Faltung (engl. *convolution*) beschreibt allgemein die Wechselwirkung/Überlagerung von zwei Funktionen. Dies kann die Überlagerung von zwei Gauss-Funktionen oder die Überlagerung einer spektralen Bande mit der Spaltfunktion eines Monochromators sein (im einfachen Fall beide als Dreiecksfunktion approximiert), die zur Signalverbreiterung und Signalverkleinerung führen. Ein weiteres Beispiel ist auch die Savitzky-Golay-Glättung mit den Messwerten $y(i)$ überlagert mit den Koeffizienten $g(i)$ in Gleichung (5.2).

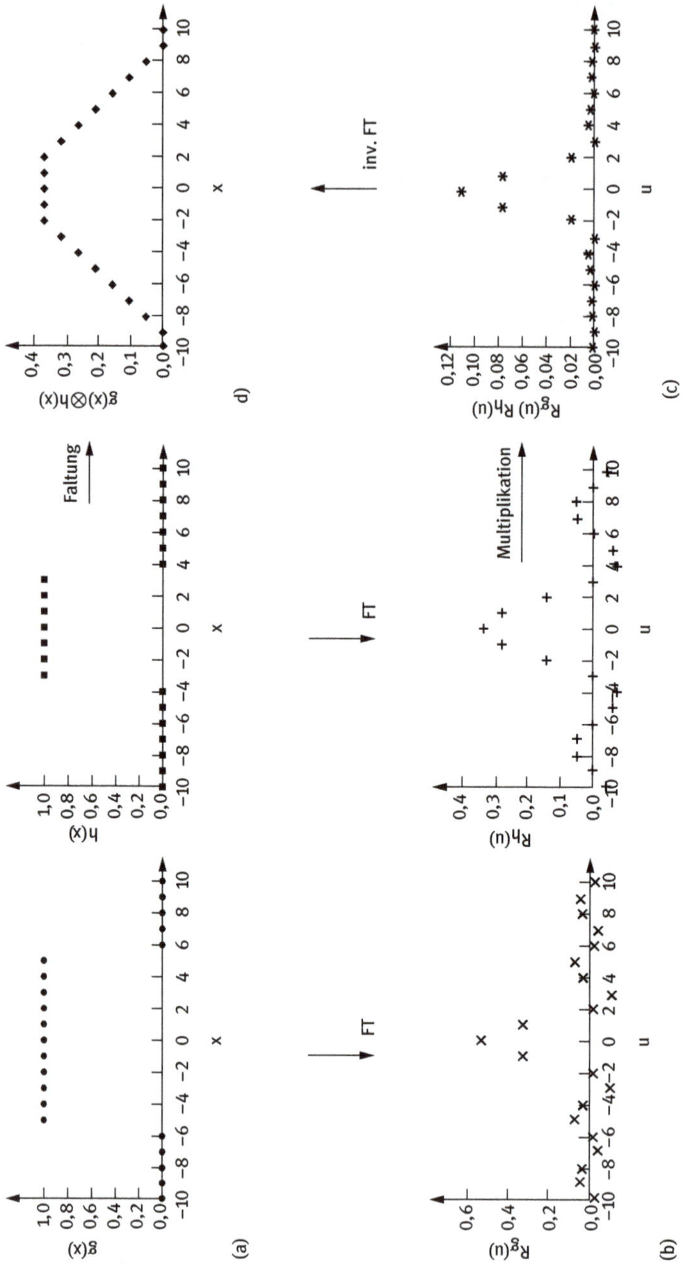


Abb. 5.15: Faltung der Rechteckwertereihen $g(x)$ und $h(x)$ zum Resultat (d) bzw. alternativ Multiplikation in der Frequenzdomäne nach FT (b) mit folgender inverser FT.

Es wird jeweils jeder Messwert der einen Funktion mit allen Messwerten der zweiten Funktion überlagert. Die Faltung der Funktionen $f(x)$ und $g(x)$ wird allgemein formuliert mit $h(x) = f(x) \otimes g(x)$, die Berechnung erfolgt bei diskreten Messwerten zu

$$h(x) = \sum_{j=0}^{j=p} f(x)g(x(j) - x) \tag{5.20}$$

mit $p + 1$ Punkten der Funktion $g(x)$.

Abhängig von den überlagerten Funktionen kann die Faltung numerisch aufwendig zu berechnen sein. In diesem Fall greift das Faltungstheorem. Dies bedeutet, die Faltung in der Realdomäne ($f(x) \otimes g(x)$) kann durch ein Skalarprodukt in der Frequenzdomäne ($(F(u)G(u)$) nach Fourier-Transformation ersetzt werden. Aus $f(x)$ wird $F(u)$ bzw. $g(x)$ wird zu $G(u)$ durch FT, gefolgt von einer Multiplikation $F(u)G(u) = H(u)$, den Abschluss bildet die inverse FT zu $h(x)$.

Abbildung 5.15 verdeutlicht dies an der Faltung zweier Rechteckfunktionen, die zum einen durch direkte Faltung, (a) → (d), alternativ nach FT durch Multiplikation in der Frequenzdomäne, (b) → (c) und inverse FT, (c) → (d) erhalten werden. Letzteres ist oft bei numerisch aufwendigeren Faltungsprozeduren der einfachere Weg.
Das Faltungstheorem gilt auch bei Tausch von Real- und Frequenzdomäne. Der umgekehrte Vorgang, die Separierung zweier überlagerter Funktionen wird Entfaltung (*deconvolution*) genannt.

## 5.5 Literatur

[1] Savitzky, A., Golay, M. J. E., Anal. Chem., 36, 1627, 1964
[2] Brown, D., Analytica Chimica Acta, 181, 1, 1986
[3] Rutan, S. C., Chemometrics Int. Lab. Systems, 6, 191, 1989
[4] Betty, K. R., Horlick, G., Anal. Chem., 48, 1899, 1976
[5] Brereton, R. G., Chemometrics, Data Analysis for Laboratory and Chemical Plant, Wiley, Chinchester, 2006

## 5.6 Übungen

5.1. Führen Sie mit Hilfe einer Tabellenkalkulation und den spektralen Daten von Beispiel 5.1 die Boxcar-Glättung aus ($n = 2$) und vergleichen diese mit den Resultaten der Sawitzky-Golay-Glättung.

5.2. Führen Sie mit Hilfe einer Tabellenkalkulation den Kalman-Fiterprozess an folgender Messreihe aus (48 / 44 / 30 / 32 / 21 / 11 / 14 / 10 / 8 / 11 / 4 / 5 / 0 / 3 / 1). Als Vorgaben gelten: $y_{0|1} = 50$ (1. Schätzwert für $y_i$), $s^2_{0|1} = 1$ (1. Schätzwert der Varianz), $r^2 = 1$ (Systemrauschen) und $f(i, i - 1) = 1$ (funktionaler Zusammenhang). Variieren Sie insbesondere den funktionalen Zusammenhang und bewerten dessen Effekt.

5.3. Berechnen Sie mit einer Tabellenkalkulation die Autokorrelationen $r(v)$ für $v = 1$, $v = 2$ und $v = 3$ basierend auf den Daten von Aufgabe Übung 5.2. und ermitteln die Abklingkonstante $T$.

## 5.7 Softwareanwendung

Die Auflistung der diversen Softwarepakete erhebt keinen Anspruch auf Vollständigkeit, es sind etablierte Vertreter bzw. für die Aufgabe speziell konzipierte Lösungen angegeben.

Etablierte Statistikpakete wie STATISTICA® (www.statsoft.de), SPSS® (SPSS.com) oder Statgraphics® (www.statgraphics.com) haben einige der beschriebenen Methoden implementiert. In vielen Fällen sind sie jedoch aufgrund ihres Leistungsumfangs schwierig anzuwenden und für einen Laboreinsatz z. B. auch aus Kostengründen oftmals nicht geeignet. Eine besondere Rolle nimmt hier das Statistikpaket RStudio/R (http://r-project.org) ein, da es modular aufgebaut und als freie Software auf nahezu allen Betriebssystemen zur Verfügung steht.

Eine besondere Stellung hat das dedizierte Programme DTrans (www.chemometrie.info). Es zeichnet sich durch seine spezielle Ausrichtung auf die entsprechende Aufgabenstellung aus und deckt die beschriebenen Aspekte ab.
Der Einsatz von DTrans bzw. die Umsetzung in RStudio/R soll die Anwendung der beschriebenen Theorie exemplarisch aufzeigen.

### 5.7.1 Einsatz DTrans

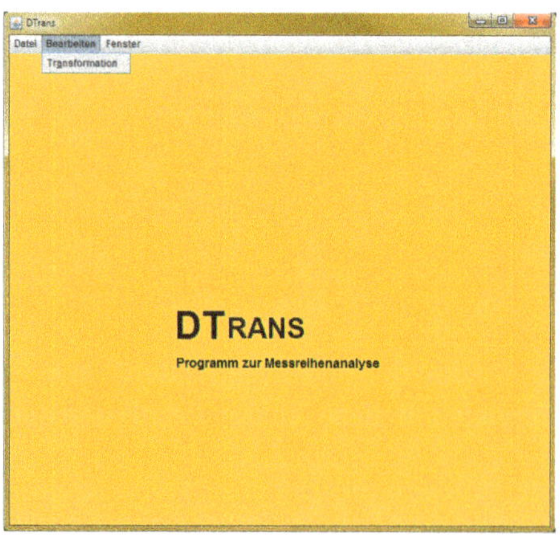


Programmstart

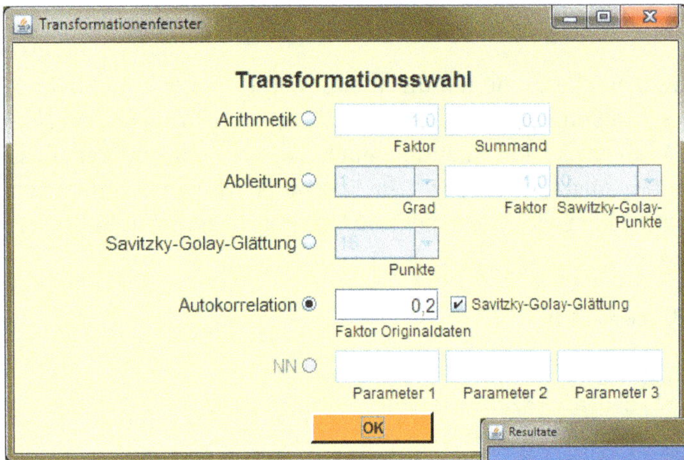


Wahl Transformationsoptionen

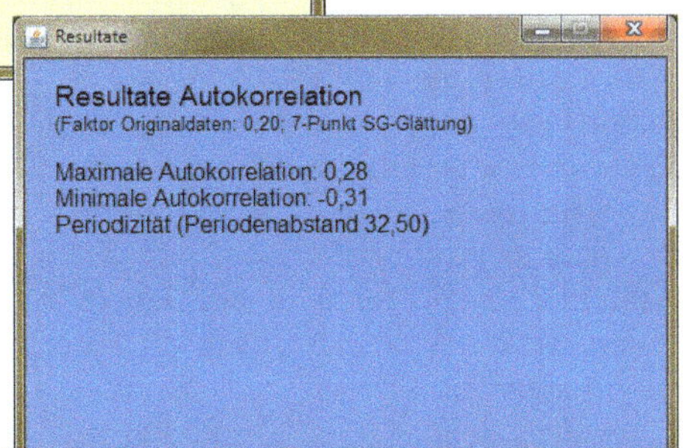


Resultat Autokorrelation

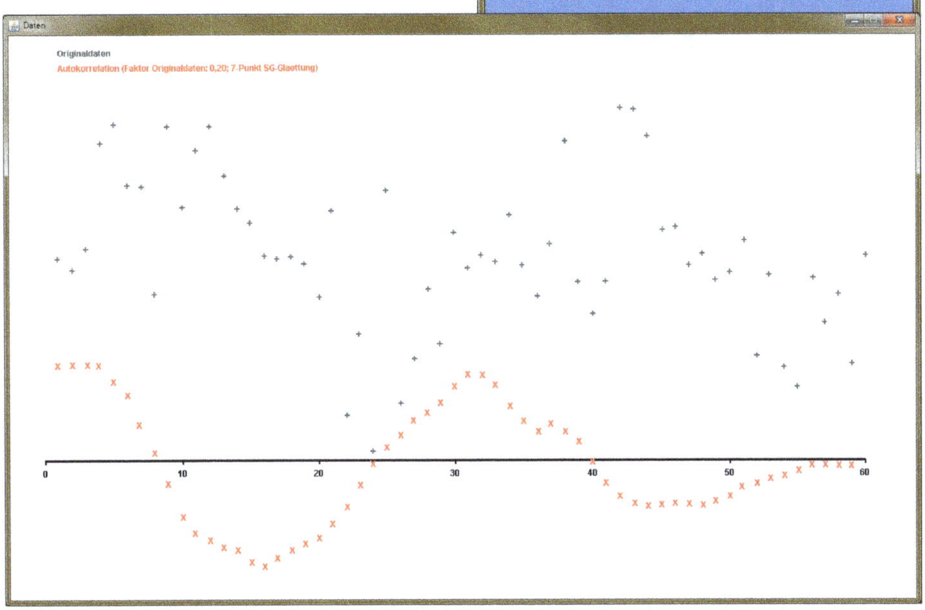


Graph Autokorrelation

### 5.7.2 Umsetzung in RStudio/R

Es ist nicht Aufgabe dieses Buches, eine Einführung in R zu geben oder die Syntax von R-Funktionen zu beschreiben, hierzu steht eine Reihe guter Lehrbücher zur Verfügung [1, 2, Kapitel 8]. Auch ist es nicht Intention, ein R-Skript zu präsentieren, dass alle Themen dieses Kapitels vollständig abdeckt. Im Folgenden werden exemplarisch Funktionen vorgestellt, mit denen wichtige Aspekte in R umgesetzt und graphisch dargestellt werden können.

**Savitzky-Golay-Glättung (vgl. Beispiel 5.1).**

```
# Daten einlesen (in Spalte, ohne Header)7
xRead <- read.delim2("/media/reh/RDaten/sgDaten.txt", header=FALSE)
# xRead zum Datenvektor X konvertieren
X <- cbind(xRead$V1)
# Savitzky-Goly-Gewichte eintragen
sgG <- cbind(c(-3,12,17,12,-3))
# G-Wert eintragen
g <- 35
# Matrix erstellen aus Zeilen (5 Elemente) mit x[i], x[i-1], x[i-2] ...
# bzw. x[i-1], x[i-2], x[i-3] ... usw.
Xe <- embed(X,5)
# Produkt Xe-Zeile mit sgG-Vektor und Summation
# (Produkt Xe-Matrix mit sgG-Spaltenvektor)
Xg <- Xe %*% sgG
# geglättete x-Werte nach Division durch G-Wert
Xg <- Xg / g
# Auffüllen 1. und 2. Wert bzw. vorletzter und letzter Wert mit NA
# (keine Glättung für diese Werte)
Xg <- rbind(NA, NA, Xg, NA, NA)
```

**1. Ableitung.**

```
# Daten einlesen (in Spalte, ohne Header)
xRead <- read.delim("/media/reh/RDaten/devDaten.txt", header=FALSE)
# xRead zum Datenvektor X1 konvertieren
X1 <- cbind(xRead$V1)
# NA als letzte Zeile anfügen
X1 <- rbind(X1, NA)
# xRead zum Daten-Vektor X2 konvertieren
X2 <- cbind(xRead$V1)
# NA als erste Zeile zufügen
X2 <- rbind(NA, X2)
# Ableitung aus Differenz
Xdev <- X1-X2
```

7 Kommentare werden in R mit # eingeleitet.

Autokorrelation (vgl. Beispiel 5.3).

```
# Daten einlesen (in Spalte, ohne Header)
xRead <- read.delim2("/media/reh/RDaten/akDaten.txt", header=FALSE)
# Liste mit Autokorrelations-Elementen anlegen (inklusive Plot)
aKorr <- acf(xRead, plot=TRUE)
# Übertragen Autokorrelationen in Spaltenvektor (einschließlich r(0))
Rv <- aKorr$acf
```

# 6 Signaldekonvolution

## 6.1 Einführung

Während durch die Messreihenanalyse die relevante Information in rauschbehafteten Signalen besser visualisiert wird, soll mittels Dekonvolution die Information überlappender Komponenten differenziert werden. In vielen Fällen ist die Unterscheidung aller Komponenten einer Messreihe und deren einzelne Auswertung systembedingt nicht möglich. So ist es z. B. bei der HPLC-Trennung einer Peptidmischung nach Spaltung eines Proteingemisches (Peptidmapping) unmöglich, mehrere hundert Peptidkomponenten voneinander zu trennen und auszuwerten. Auch die Infrarotspektroskopie erlaubt nicht die vollständige Differenzierung aller C-Gerüst-Banden im Fingerprint-Bereich, lediglich Schultern lassen oft erahnen, dass weitere unaufgelöste Schwingungen vorliegen. In diesen Fällen kann auch durch messtechnische Verbesserungen keine ausreichende Auflösung erreicht werden und alternative Techniken (z. B. Gaschromatographie oder NMR-Spektroskopie) können nicht die gewünschten Aussagen bieten. Unter solchen Umständen kann eine numerische Behandlung der nicht aufgelösten Peak- bzw. Bandenstruktur eine Verbesserung der Auflösung oder sogar vollständige Differenzierung bewirken, quasi ein „Herauswickeln einzelner Komponenten aus den umhüllenden Messwerten", d. h. eine Komponenten-Dekonvolution.

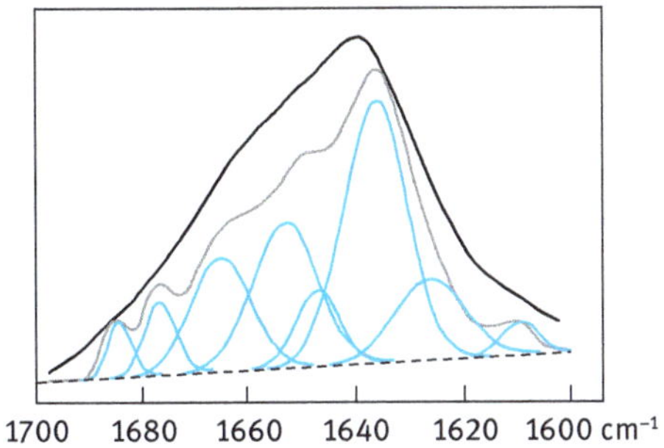


Abb. 6.1: Behandlung eines Infrarotspektrums (schwarz) mit Fourier-Dekonvolution (grau) und nachfolgender Bandenformanalyse (blau).

Abbildung 6.1 zeigt exemplarisch die Berechnung der Einzelkomponenten aus überlappenden Infrarotbanden.

Hierzu gehören die Peakform-Analyse z. B. in der Chromatographie, die Fourier-Dekonvolution bei Infrarotspektren oder Maximum-Entropie-Methoden z. B. in der Massenspektrometrie. Das Resultat solcher Algorithmen mutet teilweise überraschend, manchmal magisch an.

DOI 10.1515/9783110451030-007

Generell muss aber festgehalten werden, dass keine numerische Behandlung Informationen generieren kann, die in den Messwerten nicht explizit enthalten waren. Dabei ist für die Beurteilung der Möglichkeiten und insbesondere Grenzen essentiell, die Grundlagen des implementierten Algorithmus zu kennen. Darüber hinaus sollte den Resultaten aller dieser Techniken mit Zurückhaltung begegnet und diese soweit als möglich überprüft/validiert werden.

## 6.2 Peakform-Analyse

Die ersten Ansätze zur Bandendekonvolution stammen aus der Infrarotspektroskopie, da hier bereits früh Rechner für die Datenaufnahme und Auswertung eingesetzt wurden und auch die Bandenformen sehr reproduzierbar und einfach sind. Erst deutlich später wurden Dekonvolutionsalgorithmen in der Chromatographie eingesetzt (insbesondere der HPLC). Hier sind die Aspekte jedoch aufgrund der asymmetrischen Peakform deutlich komplexer.

### 6.2.1 Wahl des Modells

Spektroskopische Banden (z. B. Infrarotbanden) sind nahezu immer symmetrisch, weshalb sie durch einfache 3-Parameter-Modelle beschrieben werden können. Bei den anzupassenden Größen handelt es sich um Signalposition, -höhe und -breite. Hierzu zählen die Lorentz- oder Gauss-Funktion (vgl. Abbildung 2.2, Kapitel 2.2.1) der Form:

- Lorentz-Funktion

$$L(t) = H\frac{1}{1 + 4\dfrac{(t - t_0)^2}{w^2}}\,, \tag{6.1}$$

- Gauss-Funktion

$$G(t) = H\exp\left(-\frac{(t - t_0)^2}{2w^2}\right) \tag{6.2}$$

mit $H$: Höhe; $t_0$: Signalposition; $w$: Signalbreitenparameter.

Die 4-Parameter-Modelle für chromatographische Peaks sind deutlich komplexer, da zusätzlich ein Asymmetrieparameter ermittelt werden muss. Darüber hinaus kann nicht nur ein Peak-Tailing sondern auch ein Leading[1] vorliegen. Hierzu sind die exponentiell modifizierte Gauss-Funktion [1], die Fraser-Suzuki-Funktion [2] und die pPoisson-Funktion [3] geeignet.

1 Der größere Peakanteil liegt bei kürzerer Retentionszeit bezogen aufs Lot durch das Maximum.

– exponentiell modifizierte Gauss-Funktion

$$E(t) = \frac{A}{\tau} \exp\left(0{,}5\left(\frac{w}{\tau}\right)^2 - \frac{t - t_0}{\tau}\right) \int_{-\infty}^{z/\sqrt{2}} e^{-z^2}\, dz\,, \tag{6.3}$$

– Fraser-Suzuki-Funktion

$$F(t) = H \exp\left(-\frac{\ln 2}{\beta^2}\left[\ln\left(1 + 2\beta\,\frac{t - t_0}{w}\right)\right]^2\right), \tag{6.4}$$

– pPoisson-Funktion

$$P(t) = H\frac{e^{\mu}}{\mu^{\mu}}\left(\frac{t - t_0}{w} + \mu\right)^{\mu} \exp\left(-\left(\frac{t - t_0}{w} + \mu\right)\right) \tag{6.5}$$

mit $A$: Fläche; $\tau, \mu, \beta$: Asymmetrieparameter; $z = \frac{(t-t_0)}{w} - \frac{w}{\tau}$.

Die exponentiell modifizierte Gauss-Funktion ist nicht geschlossen lösbar und muss durch Näherungen substituiert werden [4]. Eine Variation der Asymmetrie ändert auch Höhe und Position. Leading ist nicht darstellbar.
Bei der pPoisson-Funktion kann die Asymmetrie nur ganzzahlig (140 bis 1) erhöht werden, was insbesondere bei sehr unsymmetrischen Peaks nicht ausreichend sein kann. Eine Veränderung der Asymmetrie beeinflusst jedoch nicht Peakhöhe und -position. Ein Leading kann mit diesem Modell ebenfalls nicht angepasst (gefittet) werden.
Lediglich die Fraser-Suzuki-Funktion erlaubt die Behandlung von Peak-Tailing und Leading, alle Peakparameter sind voneinander unabhängig. Untersuchungen unterschiedlichster chromatographischer Einzelpeaks zeigen, dass in den meisten Fällen die Fraser-Suzuki-Funktion die beste Anpassung ergibt [5].

Da die chromatographische Elution auf unterschiedlichen physikalischen Prozessen basiert (Sorption an einer Oberfläche, Verteilung zwischen zwei Phasen, Diffusionseffekte), kann aber nicht generell ein Modell favorisiert werden. Die verwendete Software sollte für die Chromatographie unterschiedliche Modelle implementieren.

### 6.2.2 Wahl des Algorithmus

In der Literatur sind zwei Algorithmen zur Signalformanalyse vorgestellt. Der erste basiert auf der nichtlinearen Regression (NLR) nach Levenberg-Marquardt [6], alternativ wurde eine iterative, lineare Anpassung publiziert [3].

Die Levenberg-Marquardt-Regression basiert zum Einen auf einem faktoriellen Versuchsplan mit den Residuen (Differenz zwischen angepassten und gemessenen Daten) als Zielgröße und zum Anderen einer Linearisierung durch Näherung der Modellfunktion mit einer Taylor-Reihe. Dieses System wird mittels linearer Regression gelöst und die Modellkoeffizienten bestimmt (vgl. Kapitel 4.2.3). Wie bei jeder nichtlinearen Regression kommt der Vorgabe der ersten Schätzwerte (für Position, Höhe,

Breite, Asymmetrie) eine sehr große Bedeutung zu. Ohne Schätzwerte kann die NLR nicht gestartet werden, mit ungünstigen Schätzwerten können falsche Resultate erhalten werden. Ebenso ungünstig ist, dass die NLR nach Start der Anpassung die Vorgaben verwirft, erwartete Bereiche für das Resultat oder Limitierungen können nicht integriert werden. Darüber hinaus ist Modell und Peakanzahl zu Beginn invariant festzulegen. Eine kommerzielle Implementierung ist z. B. PeakFit® (Systatsoftware).

Der Algorithmus der iterativen linearen Approximation ILA wurde bislang nicht offen gelegt. ILA basiert auf der Anpassung der Spitze der Messreihe durch ein inverses Polynom 3. Grades. Aus dem Polynommaximum wird für den ersten Peak Position und Höhe abgeleitet, Asymmetrie und Breite werden aus dem Vergleich von rechtem bzw. linken Abfall, bestimmt aus den Polynomkoeffizienten, geschätzt. Der erste ermittelte Peak wird von der Messreihe subtrahiert und mit den verbliebenen Werten die nächst größere Peakspitze angepasst. Der Prozess wird iterativ wiederholt bis die Residuen einen vorgegeben Grenzwert unterschreiten. Vorteil dieser Implementierung ist, dass die Anpassung auch ohne Vorgaben gute Resultate erbringen kann. Wichtig ist aber, dass für alle Parameter Vorgaben und Bereiche definiert werden können, die bei der Anpassung eingehalten werden. Dies ist dann sinnvoll, wenn Schätzwerte wie Peakbreite oder Asymmetrie aus Voruntersuchungen bekannt sind und eingehalten werden müssen. Damit kann die Sicherheit der Resultate wesentlich verbessert werden. Dieser Ansatz ist in PeakCalc implementiert.

### 6.2.3 Evaluierung

Zur Validierung wurden sowohl die NLR- als auch ILA-Dekonvolution bei Peakgruppen eingesetzt, die aus bekannten, kumulierten Einzelkomponenten erhalten wurden [7].

#### 6.2.3.1 Vergleich der Algorithmen

Die prozentuale Abweichung der Summe der dekonvoluierten Peakflächen (gegenüber der Gesamtfläche der Ausgangsdaten) ist ein gutes Maß für die Qualität des Algorithmus bzw. seiner Implementierung. Beide Implementierungen zeigen eine robuste Dekonvolution bei drei überlagerten Gauss-Signalen mit signifikantem Rauschsignal. Bei der Anpassung dreier überlappender, asymmetrischer exponentiell modifizierter Gauss-Peaks sind die NLR-Abweichungen etwas größer, mit ILA sind die Fehler generell kleiner 16 % (bei der kleinsten Komponente mit < 5 % Gesamtfläche ist die Abweichung von der theoretischen Peakfläche 15,7 %). Der gravierende Nachteil des NLR-Algorithmus zeigt sich bei der Anpassung von drei überlagerten, asymmetrischen pPoisson-Peaks. Bei der geschätzten Fläche der kleinsten Komponente resultieren mit NLR Abweichungen größer 500 %. Wie bei jeder Optimierungsroutine besteht auch hier die Gefahr, dass ein Nebenoptimum erreicht wird. NLR erlaubt keine Vorgaben, die in der Anpassung eingehalten werden müssen, daher stoppt die Anpassung nicht am globalen Optimum.

#### 6.2.3.2 Vergleich mit konventioneller Auswertung

Es wurde auch eine Bewertung der ILA-Anpassung im Vergleich zu konventionellen, chromatographischen Methoden (Lotfällung, Tal/Tal-Integration)[2] durchgeführt [5]. Dabei wurden verschiedene, simulierte Peakgruppen mit drei asymmetrischen Peaks eingesetzt, bei denen die korrekten Peakparameter bekannt waren. Bei den vier Gruppierungen lag der Hauptpeak einmal auf der linken, dann auf der rechten Seite oder in der Mitte (vgl. Abbildung 6.2), bzw. im vierten Fall mit jeweils gleicher Peakköhe der drei Komponenten und zusätzlich 10 % Rauschsignal. Auf Grund einer moderaten Überlappung, konnte auch die konventionelle Lotfällung bzw. Tal/Tal-Integration eingesetzt werden. Die resultierenden Fehler (prozentuale Abweichungen von dem theoretischen Parameter gemittelt über alle vier Anpassungen) sind in Abbildung 6.3 gezeigt.

Es können folgende Schlussfolgerungen gezogen werden:
- bei der ILA-Anpassung sind die Resultate mit dem Frazer-Suzuki-Modell am besten,
- die ILA-Anpassung ist etwas besser als die Lotfällung, mit Vorgaben deutlich besser (mittlerer Fehler der Peakhöhen: ILA mit Fraser-Suzuki-Modell 1,3 %, Lotfällung 6,9 %),
- die Tal/Tal-Basislinie zeigt sehr schlechte Resultate,
- die Schätzung der Höhe ist zumeist deutlich besser als der Fläche.

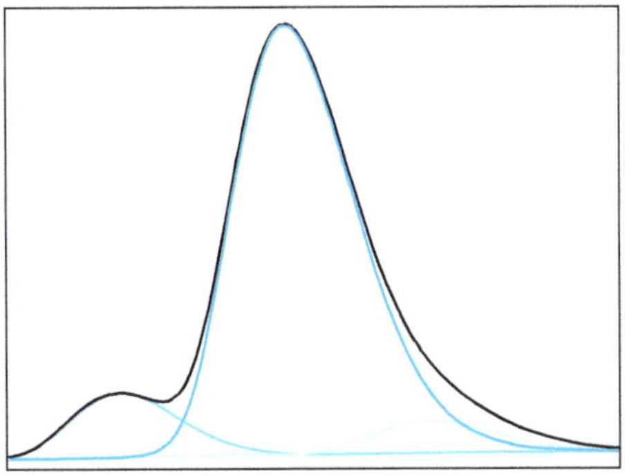

Abb. 6.2: Simulierte Peakgruppe exemplarisch mit größter Komponente in der Mitte.

2 Lotfällung: zwei benachbarte, nicht getrennte Peaks werden durch das Lot im Minimum differenziert, Tal/Tal-Integration: bei mehreren, ungetrennten Peaks zwischen denen jeweils ein Minimum vorliegt, werden durch eine Gerade zwischen den jeweiligen Minima differenziert.

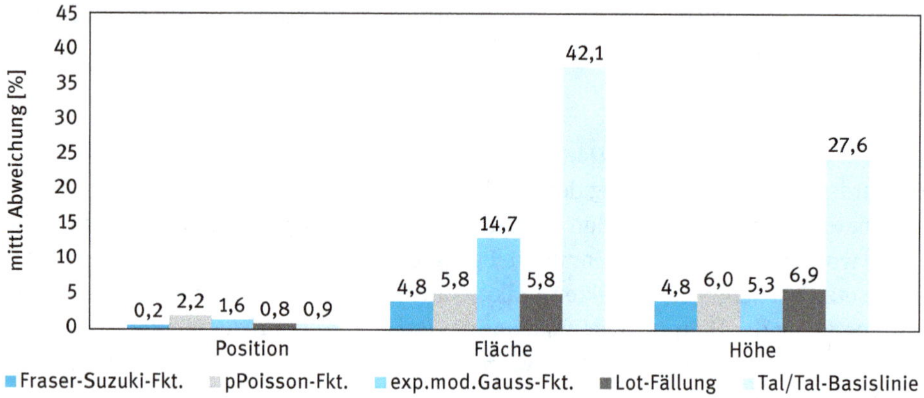


Abb. 6.3: Mittlere Abweichungen der diversen Peakparameter (Position, Fläche, Höhe) bei der ILA-Anpassung mit unterschiedlichem Modellen (ohne Vorgaben).

Abbildung 6.4 zeigt die Peakform-Analyse bei einem Gelpermeationschromatogramm.

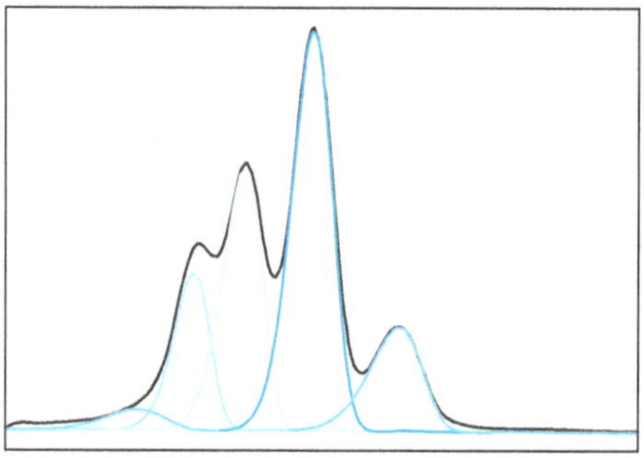

Abb. 6.4: ILA-Peakform-Analyse eines Gelpermeationschromatogramms von Proteinen.

Trotz teilweise überzeugender Resultate bietet die Peakform-Analyse keine generelle Lösung für ungetrennte Peaks/Banden. Durch Vorgaben in der Anpassung (z. B. für Peakbreite oder -asymmetrie), basierend auf bekannten physikochemischer Parametern oder aus Voruntersuchungen mit Standards, kann die Anpassung wesentlich valider erfolgen. Darüber hinaus ändert sich die Signalform durch die numerische Behandlung nicht. Damit ist eine uneingeschränkte, quantitative Auswertung der geschätzten Signale möglich.

## 6.3 Fourier-Dekonvolution

### 6.3.1 Grundlagen

Prinzip der Fourier-Dekonvolution (Signalrestauration) ist, eine Messreihe aus der Betrachtungsdarstellung (z. B. IR-Spektrum in der Frequenzdomäne) mittels inverser Fourier-Transformation (FT) umzuwandeln (z. B. IR-Interferogramm in der Zeitdomäne), um in dieser Darstellung eine numerische Operation durchzuführen (z. B. Multiplikation mit einer Dreiecksfunktion, Apodisationsfunktion). Die resultierenden, modifizierten Werte werden dann mittels FT wieder in die ursprüngliche Darstellung (Frequenzdomäne) zurück transformiert sodass ungestörte oder besser aufgelöste Signale erhalten werden [8, 9].

Der Vorteil dieses „Umwegs" über die Transformationen liegt in der einfachen numerischen Behandlung in der Zeitdomäne (vgl. Kapitel 5.4). An Stelle einer komplexen, numerischen Berechnung in der Frequenzdomäne (vgl. Gleichung (6.8)) findet nach inverser Fourier-Transformation eine einfache skalare Multiplikation z. B. mit einer Exponentialfunktion statt (vgl. Gleichung (6.9)).
Die Fourier-Transformation für diskrete Daten ist definiert zu

$$F(u) = \frac{1}{m} \sum_{x=0}^{m-1} f(x)\, e^{-i(2\pi ux/m)} \,. \tag{6.6}$$

Für die inverse Fourier-Transformation gilt

$$f(x) = \sum_{x=0}^{m-1} F(u)\, e^{i(2\pi ux/m)} \tag{6.7}$$

mit $m$: Anzahl diskrete, äquidistante Werte in Realdomäne; $x$: Index der Werte in der Realdomäne; $u$: Index der Daten in der transformierten Domäne.

Für eine direkte Konvolution (Faltung) in der Frequenzdomäne gilt:

$$F'(u) = \int_{-\infty}^{\infty} F(u)K(u(j) - u)\, du = F(u) \otimes K(u) \tag{6.8}$$

mit $F(u)$: Messwerte; $F'(u)$: Werte nach Konvolution; $K(u)$: Konvolutionsfunktion; $j$: Laufindex; $\otimes$: Konvolutionsoperator.

Nach inverser Fourier-Transformation resultieren die transformierten Daten $f(x)$: $F(u) \Rightarrow f(x)$. Die Konvolution erfolgt durch Multiplikation der transformierten Daten mit der Funktion $k(x)$:

$$f'(x) = f(x)k(x) \tag{6.9}$$

mit $f(x)$: Daten nach inverser FT; $f'(x)$: Daten nach Multiplikation in der transformierten Domäne; $k(x)$: Exponentialfunktion in Domäne der FT-transformierten Daten.

Durch die inverse Fourier-Transformation der Messwerte eines HPLC-Peaks oder einer IR-Bande resultieren oszillierende, exponentiell fallende, transformierte Daten

(Abbildung 6.5 (b)). Aus deren Startintensität folgt die Signalfläche der Messwerte, aus der Oszillationsfrequenz die Signalposition und aus dem exponentiellen Abfall die Signalbreite der ursprünglichen Messwerte (z. B. IR-Bande). Gelingt es nach inverser Fourier-Transformation den exponentiellen Abfall der transformierten Werte zu verringern (Abbildung 6.5 (c)), resultierte daraus ein schmaleres Signal nach FT zurück in die Frequenzdomäne, d. h. schmalere Banden im IR-Spektrum (Abbildung 6.5 (d)). Numerisch wird dies erreicht durch Multiplikation mit einer Exponentialfunktion $k(x)$ (Filter) in der Domäne der transformierten Daten mit

$$k(x) = e^{2\pi w_{1/2} x} \tag{6.10}$$

mit $w_{1/2}$: optimale Signalbreite in halber Höhe.

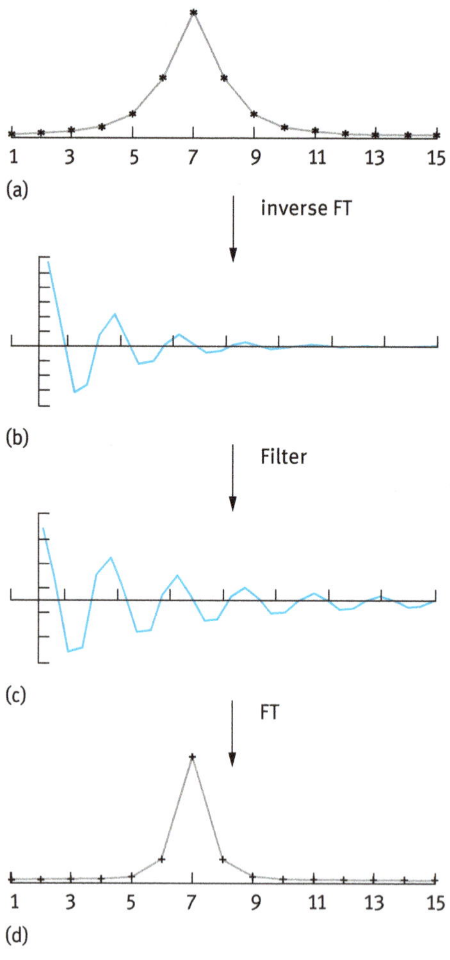


Abb. 6.5: Schritte der Fourier-Dekonvolution bei einer Lorentz-Bande (Frequenzdomäne: (a), (d); Zeitdomäne: (b), (c)) (in Anlehnung an [12]).

Abbildung 6.5 verdeutlicht das Vorgehen anhand eines Lorentz-Signals (Abbildung 6.5 (a)), daraus resultieren nach inverser FT exponentiell fallende, oszillierende Werte (Abbildung 6.5 (b)), durch die Exponentialfunktion eine Abschwächung des Abfall (Abbildung 6.5 (c)) und nach Fourier-Transformation eine schmalere Lorentz-Bande (Abbildung 6.5 (d)).
Das Vorgehen hat zwei Nachteile:

- in der Regel wird gleichzeitig das Rauschsignal wesentlich erhöht,
- aus starker Konvolution ($w_{1/2}$ groß) resultieren Satellitenbanden[3] in der Frequenzdomäne.

Das Verstärken des Rauschen kann kompensiert werden, indem ein weiterer Exponentialterm mit quadratischen Zeitverlauf hinzugenommen wird zu

$$k(x) = \mathrm{e}^{2\pi\, w_{1/2}x - \tau x^2} \,. \tag{6.11}$$

Damit werden im Wesentlichen die Daten im mittleren Bereich der Zeitdomäne verstärkt, weniger an den Randbereichen und so das Rauschens unterdrückt.

Die Optimierung einer Fourier-Dekonvolution fußt auf einer interaktiven Erprobung der günstigsten Parameter $w_{1/2}$ und $\tau$, um geringste Signalbreiten bei wenig Rauschen und minimalen Satellitenbanden zu erhalten (vgl. Abbildung 6.6 (d)).

Die Fourier-Dekonvolution zeigt oft keine vollständige Auflösung der überlagerten Signale, zudem hängen die Resultate ab von den interaktiven, subjektiven Einstellungen für $w_{1/2}$ und $\tau$ (vgl. Abbildung 6.6). Anders als bei der Peakform-Analyse bewirkt die Fourier-Dekonvolution eine Veränderung der Signalform. Bei unterschiedlichen Signalbreiten werden die Signalflächenverhältnisse verzerrt, wodurch eine quantitative Auswertung eingeschränkt werden kann.

Prinzipiell kann die Fourier-Dekonvolution bei allen univariaten Messreihen eingesetzt werden. Ihr kommt eine große Bedeutung z. B. in der IR-Spektroskopie zu, sie kann aber auch bei ungetrennten chromatographischen Peaks eingesetzt werden. Dabei muss bedacht werden, dass durch ihre Anwendung eine Änderung des Signals (Peak-, Bandenform) folgt, d. h. dekonvoluierte Peaks entsprechen nicht mehr der realen Peakform des ursprünglichen Chromatogramms. In vielen Fällen wird die Fourier-Dekonvolution komplettiert durch eine anschließende Signalformanalyse.

### 6.3.2 Anwendung in der IR-Spektroskopie

Dekonvolierte IR-Banden geben die ungestörten Bandenformen besser wieder [10]. Bekannte Anwendung ist z. B. die Untersuchung der Amid-1-Bande von Proteinen, woraus auf die Konformation (Helix-, Faltblattanteil etc.) geschlossen werden kann. Abbil-

3 Satellitenbanden sind zusätzliche Minima/Maxima vor bzw. nach der Hauptbande.

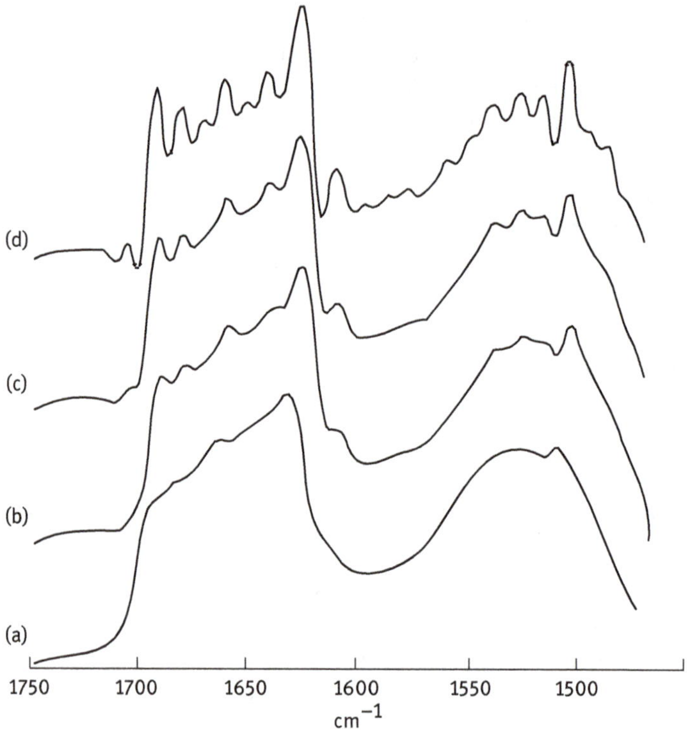


Abb. 6.6: FT-Dekonvolution IR-Amid-1-Bande des Proteins ß-Lactoglobulin ((a) $w_{1/2} = 5{,}5\,\mathrm{cm}^{-1}$; (b) $w_{1/2} = 7{,}5\,\mathrm{cm}^{-1}$; (c) $w_{1/2} = 8{,}5\,\mathrm{cm}^{-1}$; (d) $w_{1/2} = 10{,}5\,\mathrm{cm}^{-1}$; in Anlehnung an [11]).

dung 6.6 zeigt die dekonvoluierten Banden des IR-Spektrums abhängig von verschiedenen Bandebreitenparametern $w_{1/2}$. Mit zunehmendem Parameter $w_{1/2}$ steigt die Zahl der unterscheidbaren Maxima.
Die Konformationsanteile werden dann aus dem dekonvolierten Spektrum mittels Bandenformanalyse erhalten (vgl. Abbildung 6.1).

## 6.4 Maximum-Entropie-Dekonvolution

### 6.4.1 Grundlagen

Für unterschiedlichste Aufgaben (Astrophysik, Bildanalyse, Rauschminimierung etc.) wurden bislang verschiedene Maximum-Entropie-Varianten in der Literatur beschrieben.
Maximum-Entropie-Methoden (MaxEnt) basieren auf der Wahrscheinlichkeitslehre. Experimentelle Messwerte unterliegen messtechnisch oder physikalisch bedingt einer

Unschärfe, aus welcher verbreiterte Signale folgen. Die Messwerte können als ungestörte Daten, versehen mit einer Signalfunktion und Rauschen aufgefasst werden, mathematisch formuliert als

$$f'(\nu) = f(\nu) \otimes g(\nu) + r \tag{6.12}$$

mit $f(\nu)$: störungsfreie Daten; $f'(\nu)$: unscharfe, experimentelle Messwerte; $g(\nu)$: Signalformmodell als Konvolutionsfunktion; $\otimes$: Konvolutionsoperator; $r$: Rauschfunktion

Als Lösung der Konvolutionsgleichung 6.12 können a priori viele störungsfreie Werte gelten. Auswahlkriterium bei MaxEnt ist die höchste Wahrscheinlichkeit der Messwerte, d. h. der Zustand mit maximaler Entropie. Die Entropie eines Systems $S$ wird aus der Wahrscheinlichkeit seiner Einzelzustände $M$ berechnet, es gilt allgemein[4]:

$$S = -\sum_{n=1}^{n=M} p_n \log_2(p_n) \tag{6.13}$$

mit $p_n$: Wahrscheinlichkeit des $n$-ten Zustands.

Das Prinzip soll anhand der geworfenen Augen eines Würfels verdeutlicht werden. Bei einem normalen Würfel ist die Wahrscheinlichkeit $p$ für eine bestimmte Augenzahl für alle Augen $\frac{1}{6}$. Die Entropie $S$ für dieses System ist daher 2,58, der Mittelwert $\mu$ aller geworfenen Augen ist 3,5[5]. Aufgabe sei nun, die Verteilung der geworfenen Augen bei einem „modifizierten" Würfel mit einem Mittelwert $\mu = 4{,}5$ zu ermitteln. Es kommen eine Reihe von Verteilungen in Frage, die alle zu diesem Mittelwert führen. Drei davon sind in Abbildung 6.7 exemplarisch dargestellt.

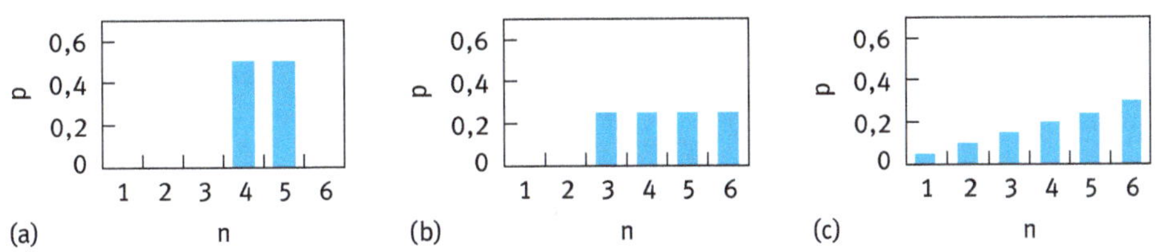


Abb. 6.7: Mögliche Verteilungen der Augenzahlen eines „modifizierten" Würfels (in Anlehnung an Brereton, G. B., Universität Bristol).

Während bei Abbildung 6.7 (a) nur die Augen 4 und 5, bei Abbildung 6.7 (b) die Augen 3, 4, 5 und 6 mit gleicher Häufigkeit fallen, treten im Fall 6.7 (c) alle Zahlen mit unterschiedlichen Häufigkeiten auf. Intuitiv wird man die letzte Verteilung bevorzugen, was auch durch die Berechnung der Entropien gestützt wird. Für die erste Verteilung ist $S = 1{,}0$, für die zweite $2{,}0$ und für die dritte $2{,}3$, d. h. die Verteilung in

---

4 Definition nach Shannon aus der Informationstheorie.

5 Mittelwert $\mu = \sum_{n=1}^{n=M} np_n$.

Abbildung 6.7 (c) ist die wahrscheinlichste und damit die durch MaxEnt favorisierte Lösung. Least-Square-Anpassungen führen häufig zu anderen Lösungen als MaxEnt-Verfahren. Ein sinnvoller Weg, die MaxEnt-Resultate in die Modellanpassung einzusetzen ist, bei mehreren Anpassungen mit gleicher Anpassungsgüte (z. B. Summe der Residuenquadrate) die zu wählen, die die höchste Entropie hat.

Ein Spektrum kann als eine Wahrscheinlichkeitsdichtefunktion betrachtet werden. Als einfaches Beispiel dient die Verbesserung der Signalauflösung der in Abbildung 6.8 (a) dargestellten Messwerte (z. B. UV-Spektrum). Die Daten sind in Tabelle 6.1 wiedergegeben.

Tab. 6.1: Messwerte und Daten aus der Dekonvolution.

| *n* | **Messwerte** | **dekonv. Daten 1** | **dekonv. Daten 2** |
|---|---|---|---|
| 1 | 1,5 | 1,0 | 1,0 |
| 2 | 1,5 | 2,0 | 1,5 |
| 3 | 1,5 | 1,0 | 2,5 |
| 4 | 1,5 | 1,0 | 1,5 |
| 5 | 1,5 | 2,0 | 1,5 |
| 6 | 0,5 | 1,0 | 0,0 |

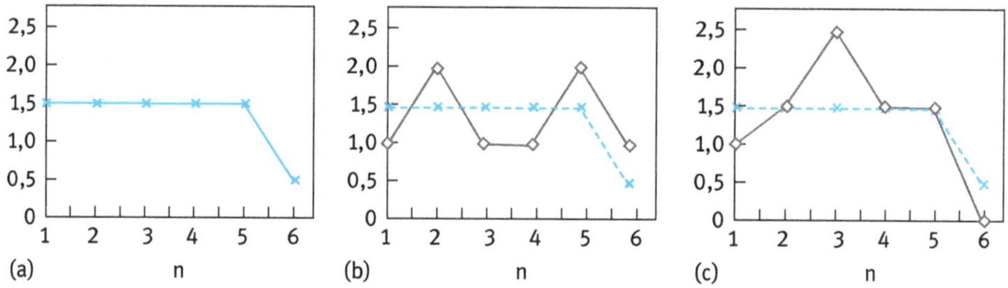


Abb. 6.8: (a) Messwerte zur Dekonvolution, (b) Resultate der Dekonvolution 1, (c) Resultate der Dekonvolution 2.

Mittels Dekonvolution werden zwei Lösungen ermittelt (Abbildung 6.8 (b) und (c)). Für beide Anpassungen ist die Summe der Residuenquadrate identisch

$$\sum_i (x_i^{\text{Dekonv}} - x_i^{\text{Messwert}})^2 = 1{,}5\ ,$$

weshalb diese Anpassungsgüte hier kein aussagefähiges Kriterium darstellt. Gemäß MaxEnt ist aber die Lösung mit zwei symmetrischen Dreieckssignalen zu bevorzugen, da hier die Entropie mit $S = 2{,}50$ größer ist als im Fall der Abbildung 6.8 (c) mit $S = 2{,}26$.

Bei MaxEnt-Dekonvolutionen wird zumeist folgender Zyklus iterativ wiederholt [12]:
- Schätzung einer Abbildung der experimentellen Daten in der Frequenzdomäne,
- inverse Fourier-Transformation der geschätzten Abbildung in die Zeitdomäne,
- Vergleich Modell und Rohdaten in der Zeitdomäne durch Berechnung z. B. der Residuen,
- Reduzierung der Residuenquadratsumme um bestimmtes Inkrement,
- Suche nach Modellen in der Frequenzdomäne, die die gewünschte Residuenquadratsumme beim Vergleich mit den Rohdaten aufweisen,
- Auswahl des Modells in der Frequenzdomäne mit der höchsten Entropie,
- inverse Fourier-Transformation dieses Modells in die Zeitdomäne und erneuter Vergleich mit den experimentellen Daten.

Bei der MaxEnt-Berechnung ist es auch möglich, Systemvorkenntnisse einzubringen, etwa durch Einsatz von Gewichtungsfaktoren $m_n$, d. h.

$$S = -\sum_{n=1}^{n=M} p_n \log_2(p_n/m_n)\,. \tag{6.14}$$

Vorkenntnisse können definierte Signalform (z. B. Lorentz-Bande), bekannte Bandenbreite oder eine Gauss-Verteilung des Rauschens sein. Im Fall des „modifizierten" Würfels (Abbildung 6.8) könnte als weitere Lösung eine Verteilung der Augen (Messpunkte) impliziert werden mit der Signalform entsprechend zweier gewichteter Binominalkoeffizienten, Abbildung 6.9 zeigt die entsprechende Verteilung der Augen.

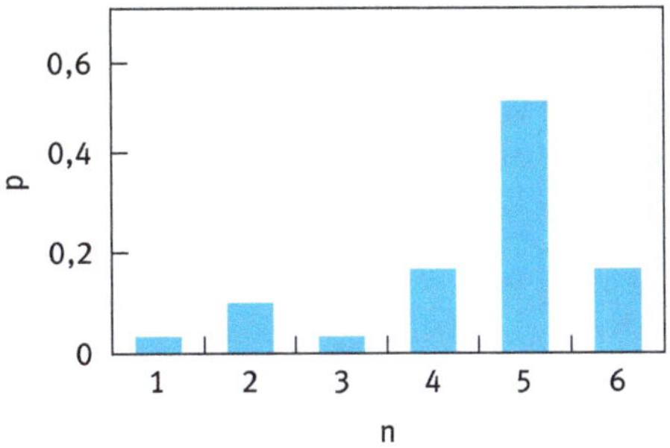


Abb. 6.9: Verteilungen eines „modifizierten" Würfels mit zweifacher Binomimalgewichtung (1 : 3 : 1) ($S$ = 2,02).

Die Implementierung solcher Vorkenntnisse in Maximum-Entropie-Methoden ist aufwendig, aber deren Einsatz ist z. B. in Chromatographie oder Spektroskopie essentiell. MaxEnt-Verfahren begünstigen generell gleichverteilte Lösungen, die Integration anwendungsspezifischer Vorkenntnisse ist daher wichtig. Je mehr solcher Vorgaben der Anwender in den Prozess eingeben kann, umso sicherer ist die MaxEnt-Lösung.

### 6.4.2 Anwendung in der Spektroskopie

Die MaxEnt-Dekonvolution wird sowohl in der Massenspektrometrie als auch der NMR-Spektroskopie oft eingesetzt. Abbildung 6.10 zeigt eine Anwendung in der NMR-Spektroskopie im Vergleich zur Fourier-Dekonvolution.

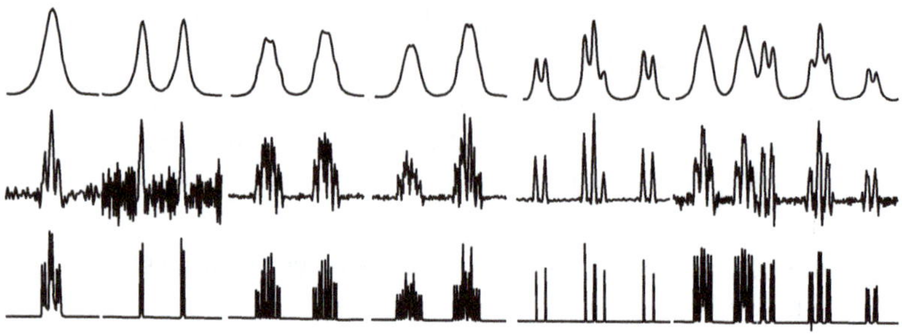


Abb. 6.10: Vergleich (b) Fourier- und (c) MaxEnt-Dekonvolution bei NMR-Banden (a).

Generell zeigt die MaxEnt-Dekonvolution wesentlich geringeres Rauschen als die Fourier-Dekonvolution bei gleicher Auflösungsverbesserung. Die Rechenzeit bei Maximum-Entropie-Methoden kann aber deutlich größer sein. Grundsätzlich sollte bedacht werden, dass die MaxEnt-Lösung zwar die höchste Wahrscheinlichkeit hat, die Realität aber trotzdem nicht repräsentieren muss. Insbesondere eine Implementierung ohne Input physikalischer oder chemischer Vorgaben sollten mit alternativen Methoden (z. B. Fourier-Dekonvolution) validiert werden. Wie bei der Fourier-Dekonvolution wird bei MaxEnt-Methoden die Signalform verändert, so dass die Resultate für quantitative Aussagen nur bedingt verwendet werden können.

## 6.5 Literatur

[1] Kalambet, Y., Kozmin, Y., Mikhailova, K., Nagaev, I., Tikhonov, P. J., Chemometrics, 25/7, 352, 2011
[2] Fraser, R. D. B., Suzuki, E., Anal. Chem., 41, 37ff., 1969
[3] Reh, E., Trends in Analytical Chemistry, 12/5, 192–194, 1993
[4] Youn, D. Y., Yun, S. J., Jung, K. H., J.Chromatogr., 591, 19ff., 1991
[5] Reh, E., Vetter, A., GIT, 2, 72–77, 1997
[6] Marquardt, D., SIAM J. Appl. Math. 11, 431–441, 1963
[7] Reh, E., Trends in Analytical Chemistry, 14/1, 1–5, 1995
[8] Kauppinen, J. K., Moffat, D. J., Mantach, H. H., Cameron, D. G., Anal. Chem. 53, 145ff., 1981
[9] Kauppinen, J. K., Moffat, D. J., Mantach, H. H., Cameron, D. G., Appl. Spectrosc. 35, 271ff., 1981
[10] Yang, W-J, Griffith, P. R., Comp. Enh. Spectrosc., 1/3, 157–165, 1983
[11] Yang, W-J, Griffith, P. R., Byler, D. M., Susi, H., Appl. Spectr. 39/2, 282–287, 1984
[12] Brereton, R. G., Chemometrics, Data Analysis for Laboratory and Chemical Plant, Wiley, Chinchester, 2006

## 6.6 Übungen

6.1. Bestimmen Sie für den „modifizierten“ Würfel in Abbildung 6.9 mit der Vorgabe einer Verteilung entsprechend zweier Binominalkoeffizienten (1 : 3 : 1) die resultierenden Wahrscheinlichkeiten.

6.2. Berechnen Sie (mittels Tabellenkalkulation) zu den ursprünglichen Messwerten in Tabelle 6.1 die entsprechenden Wahrscheinlichkeiten und die Entropie $S$. Was folgt daraus?

6.3. Wie könnten die Signalflächen nach Fourier- oder MaxEnt-Dekonvolution in einer quantitativen Auswertung verwendet werden?

## 6.7 Softwareanwendung

Die Themen Peakform-Analyse bzw. Fourier-, Maximum-Entropie-Dekonvolution sind mittels RStudio/R nicht angemessen zu behandeln. Hier sind dedizierte Softwarelösungen die adäquate Wahl. Dazu gehören die Programme PeakFit® (www.systatsoftware.com/products/peakfit) bzw. PeakCalc (www.chemometrie.info) für die Peakform-Analyse. Der Fourier- bzw. Maximum-Entropie-Dekonvolution liegen anspruchsvolle Algorithmen zugrunde und sind zumeist als separate Module in der Auswertesoftware von IR-, NMR- oder MS-Spektroskopie integriert.

### 6.7.1 Einsatz PeakCalc

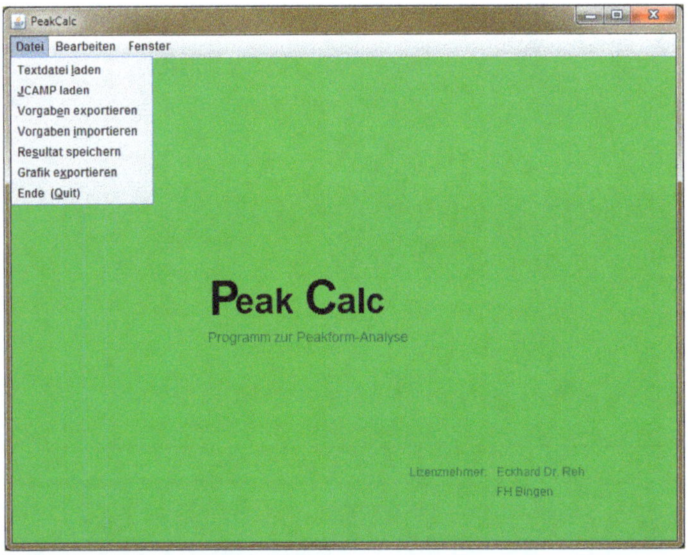


Programmstart

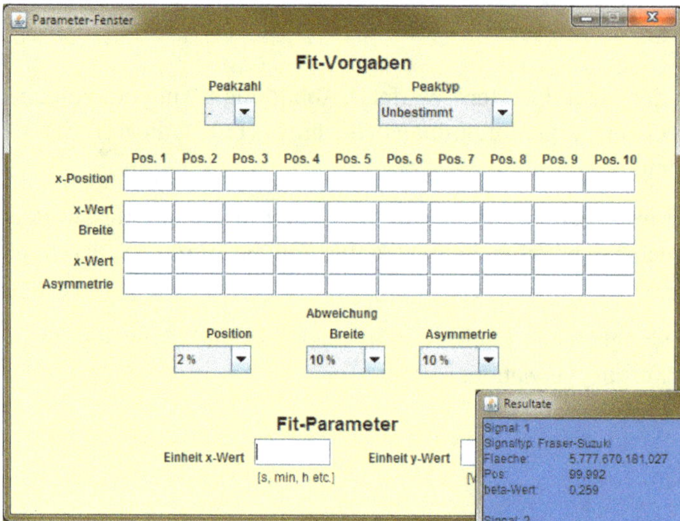


Wahl Fit-Parameter

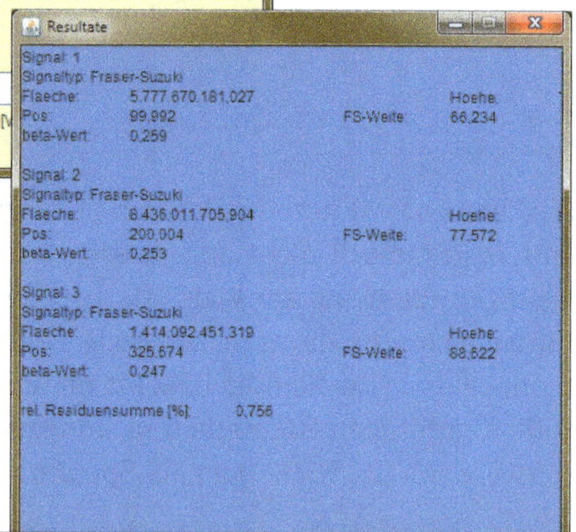


Resultate Peak-Fit

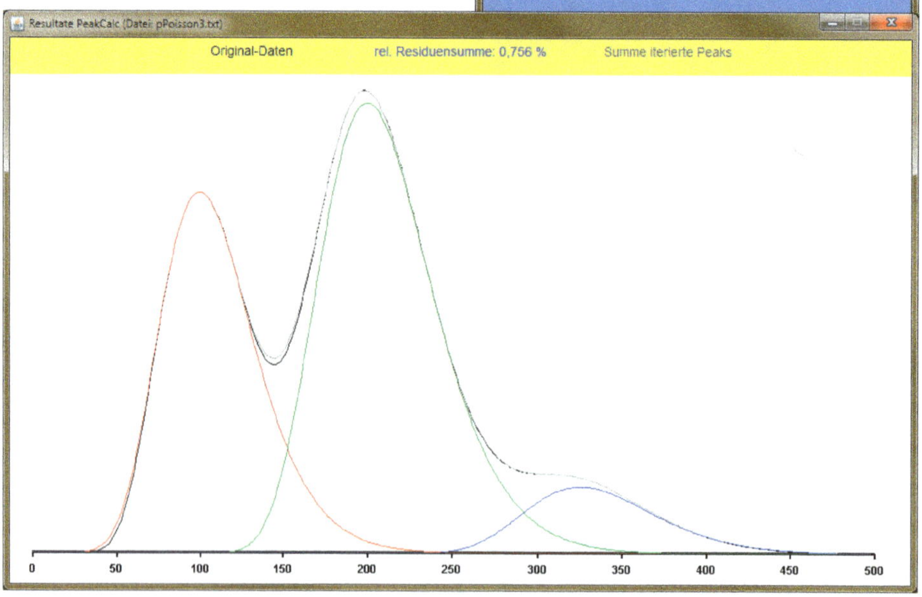


Graph Peak-Fit

# 7 Mustererkennung, Clusteranalyse

## 7.1 Einführung

Der Anwendungsbereich der Mustererkennung, Clusteranalyse (englisch *pattern recogition*) ist sehr breit gestreut. Diese Form der Datenanalyse geht zurück auf die Auswertung von Studien aus Soziologie und Psychologie für die Aufdeckung von Verhaltensmustern. Aktuell findet die Thematik wieder vielseitige Anwendung (*predictive analytics*) in der Nutzung der immensen Informationen des Internet (*big data*). Die Aufklärung von Zusammenhängen oder die Einordnung neuer Daten in laufende Untersuchungsreihen ist natürlich z. B. auch für die Werkstoff-, Umweltforschung oder Lebensmitteluntersuchung relevant. Allgemein werden wichtige Zusammenhänge in der chemischen Analyse für die Interpretation multivariater Datensätze geliefert. Es ist offenkundig, dass die numerische Behandlung derartiger Datensätze nicht mittels Tabellenkalkulation erfolgen kann. Hier muss spezielle Software z. B. in großen Statistikprogrammen oder dedizierte Anwendungen z. B. Cluster eingesetzt werden.

Bei univariaten Daten liegt für ein Objekt eine Abhängigkeit einer Variablen vor, z. B. der Ethanolgehalt (Merkmal) eines Getränks (Objekt). Bei der Clusteranalyse mit multivariaten Datensätzen werden Objekte (z. B. Obst) aufgrund mehrerer Eigenschaften, Merkmale (z. B. Inhaltsstoffe wie Vitamine, Mineralstoffe, Säuren) beurteilt.

Ein Beispiel aus der Lebensmittelchemie sei die Bewertung der Qualität von Säften. Die Objekte (Saftproben) sollen durch die Merkmale Vitamin $B_2$, $B_6$, C und die Mg- bzw. Zn-Konzentration charakterisiert werden. Tabelle 7.1 gibt einige Merkmale für unterschiedliche Saftproben wieder.

Tab. 7.1: Auflistung einiger Objekte und deren Merkmale zur Charakterisierung von Säften.

| Objekt | Vit. $B_2$ | Vit. $B_6$ | Vit. C | Zn | Mg |
|---|---|---|---|---|---|
| 1 | 30 | 45 | 12 | 120 | 5 |
| 2 | 43 | 53 | 52 | 95 | 13 |
| 3 | 27 | 70 | 6 | 90 | 10 |
| 4 | 35 | 44 | 43 | 105 | 16 |
| 5 | 25 | 75 | 4 | 75 | 9 |
| 6 | 29 | 46 | 14 | 110 | 3 |
| 7 | 22 | 80 | 3 | 70 | 12 |
| 8 | 32 | 43 | 10 | 130 | 6 |
| 9 | 40 | 50 | 50 | 100 | 14 |

Konzentration Mg/Vit. C in mg/100 g ansonsten in µg/100 g

DOI 10.1515/9783110451030-008

Die Zielsetzung kann in zwei Aufgaben unterschieden werden:

(a) Ermittlung von Zusammenhängen/Gruppierungen zwischen den Objekten (Kapitel 7.4): Das heißt, können unterschiedliche Objekte (Säfte) definierten Gruppen (Cluster) mit vergleichbaren Eigenschaften (Konzentrationen der betrachteten Inhaltsstoffe) zugeordnet werden. Die Aufdeckung solcher Muster in den Messdaten wird auch als „unüberwachtes Lernen" bezeichnet. Hier soll aus einem repräsentativen Datensatz ein Modell entwickelt werden, dass die verschiedenen Objekte optimal eingruppiert (Mustererkennung).
Es wurden dafür diverse Methoden publiziert, u. a.
   - hierarchische Clusteranalyse
   - nicht-hierarchische Clusteranalyse mit
     - *k*-Means-Verfahren,
     - MASLOC-Verfahren.

(b) Zuordnung neuer Objekte zu definierten Gruppen/Clustern, Klassifizierung (Kapitel 7.5): Hier können die aus der Mustererkennung ermittelten Cluster aber auch vorgegebene, nominale Cluster (z. B. durch feststehende Projektgruppierungen wie Apfelsäfte der Sorten Cox Orange, Boskop, Elstar und Golden Delicious) dienen. Die Zuordnung neuer Objekte (Proben) wird auch als „überwachtes Lernen" bezeichnet. Ein wichtiger Aspekt hierbei ist die Erkennung von Ausreißern, d. h. neuen Objekten, die nicht den vorgegebenen Clustern zugewiesen werden können. Bei Säften könnte dies für eine nicht korrekte Deklaration oder eine Probe außerhalb der Haltbarkeit stehen. Auch hier werden diverse Methoden eingesetzt wie z. B.
   - *k*-nächste-Nachbarn-Methode,
   - SIMCA-Methode.

Eine wichtige Aufgabenstellung ist z. B. in der klinischen Diagnostik die Validierung diverser Tumormarker (Konzentrationen definierter Proteine, Merkmal) in pathologischen Gewebeproben (Objekte) oder in der analytischen Chemie die Zuordnung von Spektren (Merkmal) definierter Komponenten (Objekte) in ungetrennten HPLC-Peaks nach Diodenarraydetektion.

## 7.2 Grundlagen

Die mathematischen Berechnungen beruhen auf der Behandlung von linearen Gleichungssystemen basierend auf der Addition, Multiplikation bzw. Inversion von Matrizen[1]. Die Grundlagen der Linearen Algebra sollen an dieser Stelle vorausgesetzt

**1** Konventionell werden Matrizen kursiv, fett mit Großbuchstaben, (Spalten-)Vektoren kursiv, fett mit Kleinbuchstaben geschrieben. Index −1 steht für invertierte, T für transponierte Matrix (bzw. Zeilenvektor)

werden zumal sie in der Anwendung auch nicht manuell ausgeführt, sondern durch dedizierte Softwarealgorithmen erfolgen. Bei wichtigen Sachverhalten werden die Zusammenhänge anhand einfacher Beispiele exemplarisch ausgeführt.

### 7.2.1 Graphische Repräsentation

#### Sterne, Sonnenstrahlen, Chernoff-Gesichter

Bei multivariaten Daten wird ein Objekt durch $p$ Merkmale[2] (Variablen) beschrieben. In der Regel entsprechen diesen zwei bis zu zehn Eigenschaften, manchmal auch deutlich mehr. Im Beispiel der Saftproben sind dies die fünf Merkmale Vit. $B_2$, Vit. $B_6$, Vit. C, Zn und Mg. Eine graphische Darstellung (Strahlengraph) der Zusammenhänge ist vergleichbar mit Netzdiagrammen, die in Tabellenkalkulationen implementiert sind. In der Mustererkennung werden häufig „Sonnenstrahlen", „Sterne" oder „Chernoff-Gesichter" eingesetzt. Abbildung 7.1 zeigt die Sonnenstrahlendarstellung der Proben 5 und 9 aus Tabelle 7.1. Die Achsen („Strahlen") repräsentieren die Variablen.

Bei der Sterndarstellung sind die Achsen nicht gezeichnet, es resultieren daher Polygone im $k$-dimensionalen Raum (auch als „Diamanten" bezeichnet). Bei den Chernoff-Gesichtern repräsentieren unterschiedliche Gesichtspartien (Größe der Augen, Länge der Nase, Höhe der Stirn etc.) die diversen Merkmale.

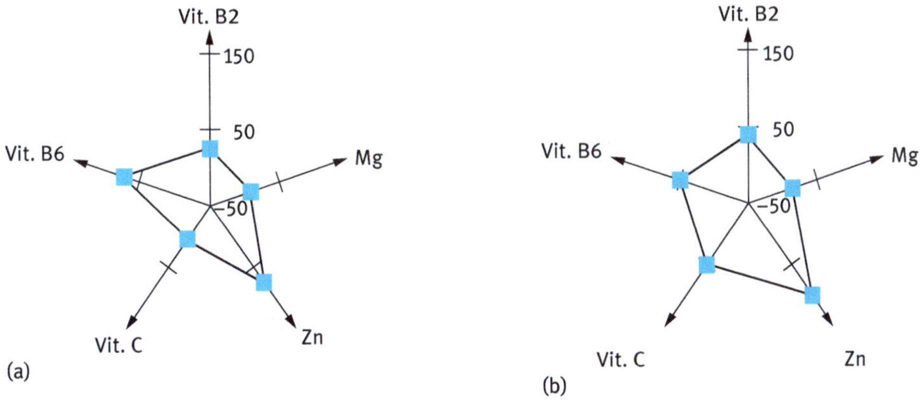


Abb. 7.1: Sonnenstrahldarstellung (a) Objekt 5, (b) Objekt 9 aus Tabelle 7.1.

2 Im Kapitel soll folgende Benennung durchgängig verwendet werden: Objektzahl gesamt: $n$; Objektzahl für Gruppe: $n_C$; Index der Objekte: $i$; definiertes Objekt: $A$, $B$, $O$ bzw. $X$; Merkmalszahl: $p$; Index der Merkmale $k, j$; Hauptkomponentenzahl: $t$ bzw. $t_c$ für ein Cluster; Index der Hauptkomponenten $u$; Hauptkomponentenwert: $h_{iu}$ für Objekt $i$ und Hauptkomponente $u$; Ladung: $l_{ku}$ für Merkmal $k$ und Hauptkomponente $u$; Zahl der Gruppen (Cluster): $m$; Index der Cluster: $c$.

### 7.2.2 Konsistenzprüfung

Zu Beginn sollte die Qualität der Daten überprüft werden. Sofern unvollständige Objektdaten zwingend nötig sind, können fehlende Merkmale z. B. durch einen Merkmalsmittelwert oder eine Zufallszahl ergänzt werden. Merkmale, die einen konstanten Wert aufweisen oder die mit einem anderen Merkmal korreliert[3] sind, sollten entfernt werden. Wichtig ist auch die Behandlung von Ausreißern bei einem Merkmal. Zur Erkennung von Ausreißern sollten die entsprechenden univariaten Prüfmethoden verwendet werden (Ausreißertest siehe Kapitel 2.3.1). Ausreißer können zu einer gravierenden Verzerrung der Ergebnisse führen, keinesfalls sollten sie jedoch unkommentiert entfernt werden, da sie eventuell die eigentlich relevanten Informationen enthalten. Die Datenexploration wird durch diverse graphische Darstellungen (Box-Whisker-Plot vgl. Kapitel 2, Beispiel 2.3; Streudiagramm vgl. Abbildung 7.2 (a)) wesentlich erleichtert.

Die bereinigten, validierten Objekte und deren Merkmale werden in Form einer Matrix formuliert, die aus $p$ Spalten (Merkmalszahl) und $n$ Zeilen (Objektzahl) besteht:

$$\boldsymbol{X} = \begin{pmatrix} x_{11} & x_{12} & \cdots & x_{1p} \\ x_{21} & x_{22} & \cdots & x_{2p} \\ \vdots & \vdots & \ddots & \vdots \\ x_{n1} & x_{n2} & \cdots & x_{np} \end{pmatrix} \quad \text{bzw.} \quad \boldsymbol{X} \in \mathbb{R}^{n \times p} . \tag{7.1}$$

### 7.2.3 Zentrierung, Skalierung, Normierung

Wie bereits bei der graphischen Repräsentation (Sonnenstrahlendarstellung) in Abbildung 7.1 deutlich wurde, haben unterschiedliche Merkmale zumeist unterschiedliche Bereiche (Konzentrationen) und Streuungen.

#### Zentrierung

Generell empfehlenswert ist daher eine Zentrierung aller Werte eines Merkmals:

$$x_{ik}^{z} = x_{ik} - \bar{x}_k \tag{7.2}$$

mit: $x_{ik}^{z}$: zentrierter Wert des Objekts $i$ $(1 \leq i \leq n)$ bezogen auf das Merkmal $k$ $(1 \leq k \leq p)$; $\bar{x}_k$: arithmetischer Mittelwert des Merkmals $k$ aller $n$ Objekte.

3 Hochkorrelierte Merkmale $k$ und $j$ weisen eine lineare (oder auch höherdimensionale) Abhängigkeit auf, z. B. $\boldsymbol{x_k} = \text{const} \cdot \boldsymbol{x_j}$.

### Skalierung

Eine Skalierung auf den Merkmalsbereich 0 bis 1 (d. h. [0, 1]) wird folgendermaßen erhalten:

$$x_{ik}^{\mathrm{s}} = \frac{x_{ik} - x_k^{\min}}{x_k^{\max} - x_k^{\min}} \tag{7.3}$$

mit $x_{ik}^{\mathrm{s}}$: skalierter Wert des Merkmals $k$ für das Objekt $i$; $x_k^{\max}$, $x_k^{\min}$: größter bzw. kleinster Wert des Merkmals $k$.

### Autoskalierung

Häufig wird die Autoskalierung eingesetzt, bei der gleichzeitig zentriert und auf eine Standardabweichung[4] $s_k$ (bezogen auf das Merkmal $k$) skaliert wird:

$$x_{ik}^{\mathrm{a}} = \frac{x_{ik} - \bar{x}_k}{s_k} \,. \tag{7.4}$$

Abbildung 7.2 verdeutlicht den Effekt von Zentrierung, Skalierung und Autoskalierung. Die Autoskalierung (Standardisierung) transferiert alle Merkmale (Signale) in eine vergleichbare Größenordnung, d. h. auch kleine Signale haben einen relevanten Effekt. Abbildung 7.2 zeigt die entsprechenden Streudiagramme (Scatterplot) der beiden Variablen Zink und Magnesium der neun Objekte von Tabelle 7.1.

### Normierung[5]

Normierte Objektwerte, bezogen auf das Merkmal $k$, erhält man zu

$$x_{ik}^{\mathrm{r}} = \frac{x_{ik}}{\sqrt{\sum_{i=1}^{n} x_{ik}^2}} \tag{7.5}$$

mit $x_{ik}^{\mathrm{r}}$: normierter Wert für das Merkmal $k$ des Objekts $i$.

Normierung eines Merkmals $k$ (Vektor) auf die euklidische Länge 1 bedeutet:

$$\sum_{i=1}^{n} x_{ik}^{\mathrm{r}^2} = 1 \,.$$

Normierung wird u. a. für Hauptkomponenten (vgl. Kapitel 7.3) eingesetzt, wenn z. B. eine sehr große erste Hauptkomponente bei der graphischen Darstellung dominiert.

---

4 Allgemein gilt $s = \sqrt{\frac{1}{n-1} \sum_{i=1}^{n} (x_i - \bar{x})^2}$, bei der Standardisierung wird $s = \sqrt{\frac{1}{n} \sum_{i=1}^{n} (x_i - \bar{x})^2}$ verwendet [3].

5 Teilweise wird in der Literatur die Normierung als „Summation zu konstanter totaler Normierung" benannt.

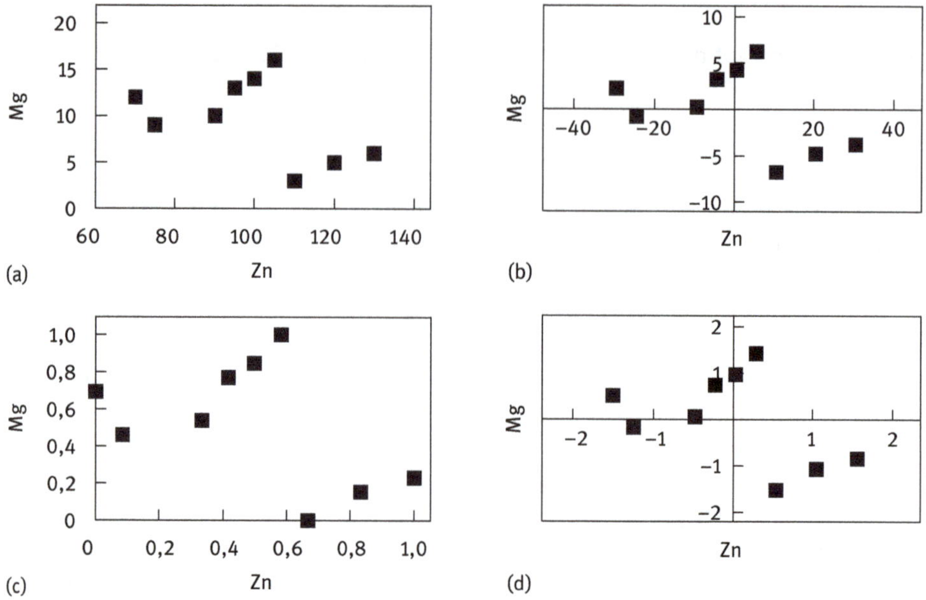


Abb. 7.2: Streudiagramm der Merkmale (a) original, (b) zentriert, (c) skaliert, (d) autoskaliert.

### 7.2.4 Varianz-Kovarianz-Matrix

Mittelwert und Standardabweichung sind bereits als wichtige univariate, statistische Parameter einer Stichprobe bekannt. Insbesondere den Varianzen bzw. Kovarianzen kommt eine große Bedeutung zu.

Die Kovarianz $\mathrm{cov}(\boldsymbol{x}_1, \boldsymbol{x}_2)$ ist ein Maß für einen linearen Zusammenhang zwischen zwei Variablen (Merkmalen) $\boldsymbol{x}_1$ und $\boldsymbol{x}_2$ (z. B. zwischen Vit. C und Vit. $B_2$), analog für andere Paare. Es gilt:

$$\mathrm{cov}(x_j, x_k) = \frac{1}{n-1} \sum_{i=1}^{n} (x_{ij} - \bar{x}_j)(x_{ik} - \bar{x}_k) \quad j, k = 1, \ldots, p;\ j \neq k \tag{7.6}$$

mit $n$: Zahl der Objekte; $p$: Zahl der Variablen (Merkmale).

Die Varianz $\mathrm{var}(\boldsymbol{x}_1)$ (z. B. für Vit. C) entspricht dem Fall für $j = k$, d. h. $\mathrm{var}(\boldsymbol{x}_1) = \mathrm{cov}(\boldsymbol{x}_1, \boldsymbol{x}_1)$:

$$s_k^2 = \mathrm{var}(x_k) = \frac{1}{n-1} \sum_{i=1}^{n} (x_{ik} - \bar{x}_k)^2 \,. \tag{7.7}$$

Varianzen und Kovarianzen werden in einer Varianz-Kovarianz-Matrix $\boldsymbol{C}$ zusammen gefasst, wobei die Varianzen ($s_k^2$) die Diagonalelemente darstellen und die Matrix quadratisch (Zeilenzahl = Spaltenzahl = $p$) und symmetrisch ist ($\boldsymbol{C}^{\mathrm{T}} = \boldsymbol{C}$)[6].

---

6 Basierend auf der Matrixdarstellung der zentrierten Daten $\boldsymbol{X}$ kann die Varianz-Kovarianz-Matrix auch berechnet werden durch $\boldsymbol{C} = \frac{1}{n-1}\boldsymbol{X}^{\mathrm{T}}\boldsymbol{X}$.

$$C = \begin{pmatrix} s_1^2 & \text{cov}(\boldsymbol{x}_1, \boldsymbol{x}_2) & \cdots & \text{cov}(\boldsymbol{x}_1, \boldsymbol{x}_p) \\ \text{cov}(\boldsymbol{x}_2, \boldsymbol{x}_1) & s_2^2 & \cdots & \text{cov}(\boldsymbol{x}_2, \boldsymbol{x}_p) \\ \vdots & \vdots & \ddots & \vdots \\ \text{cov}(\boldsymbol{x}_p, \boldsymbol{x}_1) & \text{cov}(\boldsymbol{x}_p, \boldsymbol{x}_2) & \cdots & s_p^2 \end{pmatrix} . \tag{7.8}$$

Die Varianz-Kovarianz-Matrix ist von der Zentrierung bzw. Skalierung abhängig. Bei Verwendung autoskalierter Daten (Gleichung (7.3)) erhält man an Stelle der Kovarianzen die Korrelationskoeffizienten $r_{x_j,x_k}$ für die entsprechenden Variablen (Merkmale) $j$ und $k$:

$$r_{x_j,x_k} = \begin{cases} \dfrac{\text{cov}(\boldsymbol{x}_j, \boldsymbol{x}_k)}{s_j s_k} & \text{für } j \neq k, \\ 1 & \text{für } j = k. \end{cases} \tag{7.9}$$

Daraus resultiert die Korrelationsmatrix $\boldsymbol{R}$:

$$\boldsymbol{R} = (r_{j,k}) = \begin{pmatrix} 1 & r_{1,2} & \cdots & r_{1,p} \\ r_{2,1} & 1 & \cdots & r_{2,p} \\ \vdots & \vdots & \ddots & \vdots \\ r_{p,1} & r_{p,2} & \cdots & 1 \end{pmatrix} . \tag{7.10}$$

Varianz-Kovarianz- bzw. Korrelationsmatrix sind Basis für viele der beschriebenen Methoden. Tabelle 7.2 gibt die Korrelationsmatrix für die Daten aus Tabelle 7.1 an.

Tab. 7.2: Korrelationsmatrix der Daten von Tabelle 7.1.

| | **Vit. $B_2$** | **Vit. $B_6$** | **Vit. C** | **Zn** | **Mg** |
|---|---|---|---|---|---|
| Vit. $B_2$ | 1,00 | −0,63 | 0,93 | 0,38 | 0,41 |
| Vit. $B_6$ | −0,63 | 1,00 | −0,49 | −0,91 | 0,20 |
| Vit. C | 0,93 | −0,49 | 1,00 | 0,15 | 0,64 |
| Zn | 0,38 | −0,91 | 0,15 | 1,00 | −0,45 |
| Mg | 0,41 | 0,20 | 0,64 | −0,45 | 1,00 |

Es liegen hohe Korrelationskoeffizienten für die Paare Vit. $B_2$/Vit. C ($r = 0{,}93$) und Vit. $B_6$/Zn ($r = -0{,}91$) vor[7]. Diese Merkmale zeigen eine signifikante Abhängigkeit voneinander (sind nicht orthogonal), so dass für die Probenuntersuchung evtl. auf eines dieser beiden Merkmale verzichtet werden kann. Exemplarisch sollen Varianz-Kovarianz- bzw. Korrelationsmatrix am Beispiel einiger Zn/Mg-Daten aus Tabelle 7.1 berechnet werden.

7 Hohe negative Korrelationskoeffizienten bedeuten gegenläufige Abhängigkeit.

Bsp. 7.1: Zn/Mg der Saftproben aus Tabelle 7.1, Berechnung von Varianz-Kovarianz- bzw. Korrelationsmatrix.

| Objekt | Zn | Mg |
|---|---|---|
| 1 | 120 | 5 |
| 3 | 90 | 10 |
| 5 | 75 | 9 |
| 6 | 110 | 3 |
| 7 | 70 | 12 |
| 8 | 130 | 6 |

$\bar{x}_{Zn} = 99{,}17; \quad \bar{x}_{Mg} \simeq 7{,}50$

$$\begin{aligned}
\text{Varianz}_{Zn} &= \tfrac{1}{5}((120-99{,}17)^2+(90-99{,}17)^2+(75-99{,}17)^2+(110-99{,}17)^2\\
&\quad +(70-99{,}17)^2+(130-99{,}17)^2)\\
&\simeq 604{,}17\\
\text{Varianz}_{Mg} &= \tfrac{1}{5}((5-7{,}50)^2+(10-7{,}50)^2+(9-7{,}50)^2+(3-7{,}50)^2\\
&\quad +(12-7{,}50)^2+(6-7{,}50)^2)\\
&\simeq 11{,}50\\
\text{Kovarianz}_{Zn/Mg} &= \tfrac{1}{5}((120-99{,}17)(5-7{,}50)+(90-99{,}17)(10-7{,}50)\\
&\quad +(75-99{,}17)(9-7{,}50)+(110-99{,}17)(3-7{,}50)\\
&\quad +(70-99{,}17)(12-7{,}50)+(130-99{,}17)(6-7{,}50))\\
&\simeq -67{,}50
\end{aligned}$$

$\text{Korrelationskoeffizient}_{Zn/Mg} = -67{,}50/(604{,}17^{1/2} \cdot 11{,}50^{1/2}) \simeq -0{,}81$

**Varianz-Kovarianz-Matrix**

| | Zn | Mg |
|---|---|---|
| **Zn** | 604,17 | -67,50 |
| **Mg** | -67,50 | 11,50 |

**Korrelationsmatrix**

| | Zn | Mg |
|---|---|---|
| **Zn** | 1,00 | -0,81 |
| **Mg** | -0,81 | 1,00 |

## 7.3 Hauptkomponenten

Ein wesentlicher Schritt ist die Ermittlung der optimalen Beschreibung von Objekten. Hier können ursprüngliche, nicht optimale Merkmale ein Problem darstellen, da z. B. die Merkmalszahl zu groß, einige Merkmale nicht relevant oder verschiedene Merkmale nicht unabhängig (nicht orthogonal) sind[8]. Alternative Kennzahlen sind Hauptkomponenten oder Faktoren. Entsprechend kann für den folgenden Schritt die

8 Eine Methode, die Relevanz von Merkmalen (Modellkraft) zu beurteilen, wird in Kapitel 7.5.2 beschrieben.

Hauptkomponenten- oder die Faktorenanalyse verwendet werden. Es sind auch künstliche, neuronale Netze im Einsatz.

Da die Faktorenanalyse keine Vorteile gegenüber der Hauptkomponentenanalyse aufweist und letztere zumeist eingesetzt wird, wird die Faktorenanalyse an dieser Stelle nicht weiter behandelt, es wird auf die entsprechende Fachliteratur verwiesen[9] [1, 3]. Auch der Einsatz neuronaler Netze geht über den Inhalt dieser Abhandlung hinaus [4, 5].

### 7.3.1 Hauptkomponentenanalyse (*principal component analysis*)

Bei der Hauptkomponentenanalyse wird versucht, die Objekte nicht durch die ursprünglichen Merkmale sondern durch neue, unkorrelierte Variablen (Hauptkomponenten, *principal component*, PC) zu beschreiben. Grundsätzlich können $p$ Merkmale durch maximal $p$ Hauptkomponenten substituiert werden. Ziel ist es aber, die Zahl der Hauptkomponenten weitestgehend zu reduzieren (2 oder 3) und trotzdem die wesentlichen Zusammenhänge der Datenmatrix abzudecken.

Hauptkomponenten ($\boldsymbol{h}_1, \boldsymbol{h}_2, \ldots$) bilden ein neues, orthogonales Koordinatensystem, dass geometrisch als Rotation der Koordinaten der ursprünglichen Merkmale $\boldsymbol{x}_j, \boldsymbol{x}_k$ interpretiert werden kann. Dies soll an den Merkmalen Vit. $B_2$ und Vit. C aus dem Beispiel in Tabelle 7.1 verdeutlicht werden. Abbildung 7.3 zeigt die Relationen zusammen mit den entsprechenden Hauptkomponenten $\boldsymbol{h}_1$ und $\boldsymbol{h}_2$. Die neuen Koordinaten sind derart gesetzt, dass die erste Hauptkomponente $\boldsymbol{h}_1$ in Richtung auf die maximale Varianz der Daten zeigt. Weitere Hauptkomponenten stehen dazu senkrecht.

Die Hauptkomponente $\boldsymbol{h}_1$ entspricht nicht der Regressionsgeraden einer linearen Regression, da hier die Abstände der Objekte zur Hauptkomponente (gestrichelte Strecken Abbildung 4.7, Kapitel 4.2.5) minimiert sind (bei der linearen Regression sind die Abstände der Punkte senkrecht zur $x_1$-Achse minimiert, siehe Kapitel 4, Abbildung 4.7).

In der Regel werden die Objektdaten zuvor zentriert oder autoskaliert, so dass der Ursprung der Hauptkomponentenachsen im Zentrum der Objektdaten liegt. Die Hauptkomponenten repräsentieren die Objekte oft besser als die ursprünglichen Merkmale, so dass als weitere Zielsetzung die Dimension (Hauptkomponentenzahl)

---

9 Bei der Faktorenanalyse werden an Stelle der ursprünglichen Merkmale neue (gemeinsame oder merkmalseigene) Faktoren bestimmt. Insbesondere gemeinsamen Faktoren sollen Eigenschaften zuordenbar sein, die nicht direkt ermittelt wurden. Hierzu werden zumeist die ursprünglichen Merkmale als Objekte interpretiert und die Proben als Merkmale. Numerisch wird diese Datenmatrix durch das Produkt einer „Faktorenmatrix“ und einer „Ladungsmatrix“ erzeugt. Die Faktorenmatrix erhält die Werte der neuen kausalen Eigenschaften. Aus der Ladungsmatrix kann interpretiert werden, ob der neue Faktor mehrere ursprüngliche Merkmale gemeinsam beschreibt. Danach wird die Zahl der Faktoren auf wenige Hauptfaktoren reduziert, mit denen die Objekte optimal beschrieben werden können.

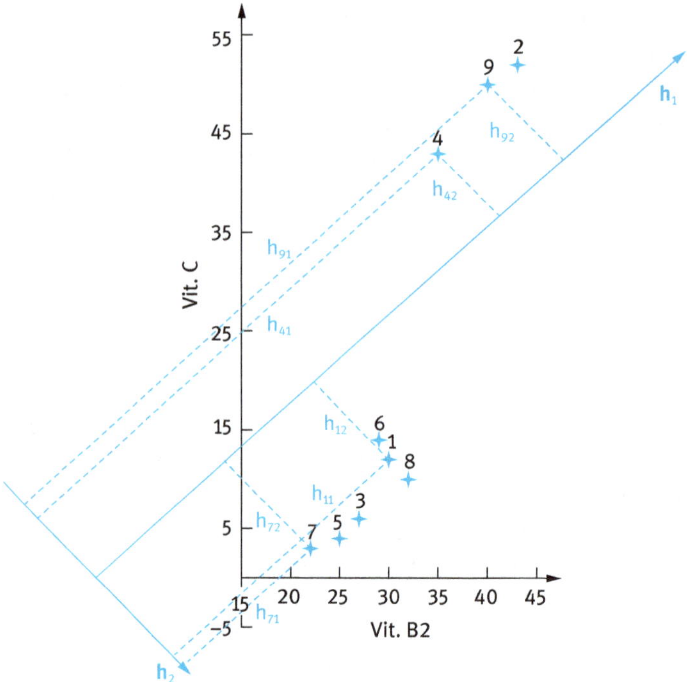


Abb. 7.3: Hauptkomponenten ($\boldsymbol{h}_1, \boldsymbol{h}_2$) im Koordinatensystem der Merkmale $\boldsymbol{x}_1, \boldsymbol{x}_2$.

verringert werden kann. Die Objekte aus Tabelle 7.1 könnten anstatt mit fünf Merkmalen durch drei Hauptkomponenten ausreichend beschrieben werden, d. h. die Objekte werden im niedriger dimensionierten Raum der Hauptkomponenten (z. B. dreidimensionalen Raum) dargestellt.

Würden lediglich die beiden Merkmale Vit. C bzw. Vit. $B_2$ herangezogen, können die Objekte durch die erste Hauptkomponente $\boldsymbol{h}_1 = (h_{11}, h_{12}, \ldots, h_{19})$ ausreichend beschrieben werden, so dass eventuell auf die zweite Hauptkomponente verzichtet werden kann wie in Abbildung 7.3 gezeigt.
Die Hauptkomponentenanalyse besteht aus folgenden Schritten:
- Zentrierung bzw. Autoskalierung der Objektdaten (obligatorisch bei SIMCA-Clustern),
- Berechnung der Hauptkomponenten $\boldsymbol{h}_1, \boldsymbol{h}_2, \ldots, \boldsymbol{h}_p$ (Singulärwert-, NIPALS-Verfahren),
- Festlegung der Zahl signifikanter Hauptkomponenten (Eigenwerte, Kreuzvalidierung),
- graphische Interpretation (Faktor-, Ladungs-, Biplot).

## Score

Bei der Hauptkomponentenanalyse wird die Objektmatrix $\boldsymbol{X}$ (bzw. deren zentrierte Matrix) angenähert durch eine Hauptkomponentenmatrix $\boldsymbol{H}$ und eine Ladungsmatrix $\boldsymbol{L}$:

$$\boldsymbol{X} = \boldsymbol{H}\boldsymbol{L}^{\mathrm{T}} + \boldsymbol{E} \qquad \text{d. h.} \tag{7.11}$$

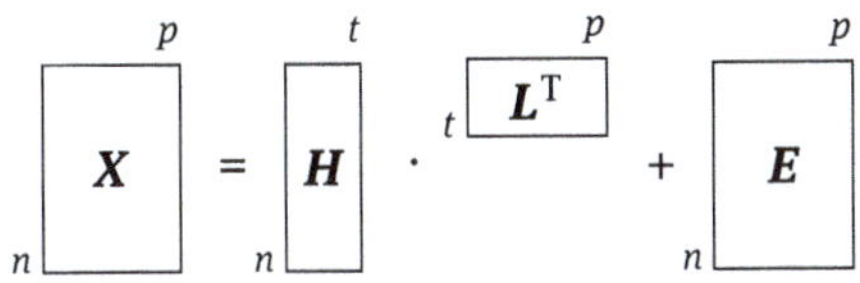


mit $p$: Merkmalszahl (z. B. 5); $n$: Probezahl (z. B. 9); $t$: Hauptkomponentenzahl (z. B. 3).

Die Residuenmatrix $\boldsymbol{E}$ gibt die Fehler wieder aufgrund der Schätzung von $\boldsymbol{X}$ durch $\boldsymbol{H}\boldsymbol{L}^{\mathrm{T}}$. Die Elemente der $\boldsymbol{H}$-Matrix ($h_{iu}$) werden auch als *score* bezeichnet, die Elemente der $\boldsymbol{L}$-Matrix ($l_{ku}$) als *loading*.

## Loading

Hauptkomponenten werden aus den ursprünglichen Merkmalen ($\boldsymbol{X}$-Matrix) berechnet zu

$$\boldsymbol{H} = \boldsymbol{X}\boldsymbol{L} \qquad \text{d. h.} \tag{7.12}$$

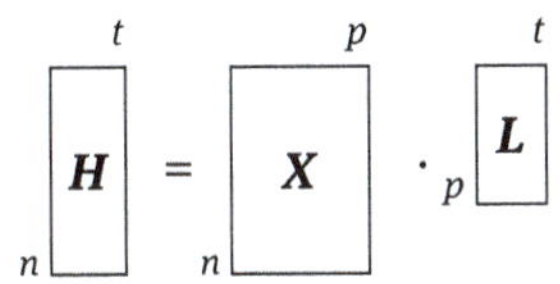


Damit entspricht eine Hauptkomponente, z. B. $\boldsymbol{h}_1$, der Linearkombination der Merkmalsvariablen (weitere Hauptkomponenten analog):

$$\begin{aligned}
h_{11} &= x_{11} \cdot l_{11} + x_{12} \cdot l_{21} + \cdots + x_{1p} \cdot l_{p1} \\
h_{21} &= x_{21} \cdot l_{11} + x_{22} \cdot l_{21} + \cdots + x_{2p} \cdot l_{p1} \\
&\vdots \\
h_{n1} &= x_{n1} \cdot l_{11} + x_{n2} \cdot l_{21} + \cdots + x_{np} \cdot l_{p1}
\end{aligned}$$

mit z. B. $\boldsymbol{l}_1$: Ladungsvektor (Ladung, *loading*) entsprechend der ursprünglichen Merkmale.

Ein Loading (z. B. $l_{21}$) gibt den Einfluss eines Merkmals (z. B. $\boldsymbol{x}_2$) auf eine Hauptkomponente (z. B. $\boldsymbol{h}_1$) wieder. Die Hauptkomponentenwerte (score $h_{iu}$) können als Projektion der ursprünglichen Daten ($x_{ij}$) auf die Hauptkomponentenachsen interpretiert werden (siehe Abbildung 7.3).

Zur Berechnung der Hauptkomponenten, bzw. der *loadings*, können z. B. die Singulärwert-Zerlegung oder das NIPALS-Verfahren eingesetzt werden. Beide setzen skalierte Daten ein, z. B. die Varianz-Kovarianz-Matrix zur Singulärwert-Zerlegung oder die autoskalierten Daten beim NIPALS-Verfahren. Die Singulärwert-Zerlegung ist numerisch aufwändig und ermittelt immer alle $p$ Hauptkomponenten. Details des Singulärwert-Algorithmus können der entsprechenden Fachliteratur entnommen [6] und sollen an dieser Stelle nicht weiter erörtert werden[10]. In den meisten Fällen wird das iterative NIPALS-Verfahren bevorzugt, da hier nach Berechnung der relevanten Hauptkomponenten bereits abgebrochen werden kann [7].

### NIPALS-Verfahren (*Nonlinear Iterative Partial Least Squares*)

Das iterative NIPALS-Verfahren besteht aus folgenden, sich wiederholenden Schritten:

(1) Autoskalierung der $\boldsymbol{X}$-Matrix,
(2) Erste Vorgabe des 1. transponierten Ladungsvektors $\boldsymbol{l}^{\mathrm{T}}$,
(3) Berechnung des neuen 1. Hauptkomponentenvektors $\boldsymbol{h}$,
(4) Berechnung der Differenz des neuen 1. Hauptkomponentenvektors $\boldsymbol{h}$ zum alten $\boldsymbol{h}$-Vektor, ist die Differenz der $\boldsymbol{h}$-Vektoren größer als ein Grenzwert (z. B. $10^{-6}$) weiter mit (5), ansonsten mit (8),
(5) Berechnung des neuen, resultierenden 1. Ladungsvektors $\boldsymbol{l}^{\mathrm{T}}$,
(6) Normierung des neuen 1. Ladungsvektors $\boldsymbol{l}^{\mathrm{T}}$ auf die Länge 1 (vgl. Gleichung (7.5)),
(7) Vergleich der Iterationszahl mit maximaler Iterationszahl (z. B. 150), ist die maximale Interationszahl nicht erreicht weiter mit (3), ansonsten mit (8)
(8) Berechnung der Residuenmatrix $\boldsymbol{E}$
(9) Prüfung der Hauptkomponentenzahl $t$, ist $t$ unzureichend, $\boldsymbol{X}$ durch $\boldsymbol{E}$ substituieren und weiter mit (2) für 2. Hauptkomponente, ansonsten Ende.

Zumeist werden die Hauptkomponenten abschließend auf die Länge 1 normiert (Gleichung (7.5)), sie werden dann auch als orthonormal bezeichnet (orthogonal und normiert).

Tabelle 7.3 gibt die Resultate der NIPALS-Berechnung an:

(a) Hauptkomponente,
(b) Ladungsvektor für das Beispiel aus Tabelle 7.1.

Der Ladungsvektor beschreibt die Bedeutung der Merkmale für die Hauptkomponente, z. B. zeigt in Tabelle 7.3 die 4. Ladung, 1. Element (*loading* $l_{41} = 0{,}830$) den großen Stellenwert des 4. Merkmals (Zn), bzw. die 5. Ladung, 1. Element (*loading* $l_{51} = 0{,}080$) den kleinen Stellenwert des 5. Merkmals (Mg) für die 1. Hauptkomponente an. Ist die Ladung eines Merkmals bei allen Hauptkomponenten gering (z. B. Zeile 5, $\boldsymbol{l}_5$, Tabelle 7.3), hat das Merkmal eine geringe Bedeutung für die Beschreibung der Objekte, dieses Merkmal kann evtl. entfallen.

---

10 Die Singulärwert-Zerlegung beruht auf einer Zerlegung einer symmetrischen Matrix in drei Matrizen und der Diagonalisierung: $\boldsymbol{X} = \boldsymbol{U}\boldsymbol{W}\boldsymbol{V}^{\mathrm{T}}$, wobei die Elemente der Diagonalmatix $\boldsymbol{W}$ die Singulärwerte enthalten.

Tab. 7.3: Erste zwei Hauptkomponenten (Spalten) bzw. Ladungsvektoren (Zeilen) der Daten von Tabelle 7.1 (nicht skaliert).

(a) Hauptkomponente

| $h_1$ | $h_2$ |
|---|---|
| 130,29 | 4,72 |
| 124,51 | 20,43 |
| 115,21 | −24,30 |
| 125,25 | 22,39 |
| 104,06 | −32,76 |
| 122,39 | 2,94 |
| 101,44 | −38,57 |
| 137,92 | 7,39 |
| 126,24 | 22,02 |

(b) Ladungsvektor

| | 1 | 2 |
|---|---|---|
| $l_1$ | 0,261 | 0,147 |
| $l_2$ | 0,452 | −0,735 |
| $l_3$ | 0,183 | 0,626 |
| $l_4$ | 0,830 | 0,215 |
| $l_5$ | 0,080 | 0,002 |

Das Prozedere soll exemplarisch an einem einfachen Beispiel durchgeführt werden.

Bsp. 7.2: Exemplarische Ausführung des NIPALS-Verfahrens.

$^{o}\boldsymbol{X}$ Original: $\begin{pmatrix} 1 & 3 \\ 2 & 2 \\ 3 & 1 \end{pmatrix}$

(1) $\boldsymbol{X}$ autoskalieren $\begin{pmatrix} -1 & 1 \\ 0 & 0 \\ 1 & -1 \end{pmatrix}$

(2) willkürliche Vorgabe: $\boldsymbol{l}^{\mathrm{T}}_{\text{neu}} = \begin{pmatrix} -1 & 1 \end{pmatrix}$ (z. B. 1. Zeile autoskalierte $\boldsymbol{X}$-Matrix) bzw. $\boldsymbol{h}_{\text{alt}} = \begin{pmatrix} 0 \\ 0 \\ 0 \end{pmatrix}$

(3) Berechnung

$$\boldsymbol{h}_{\text{neu}} = \boldsymbol{X}^{a}\,{}^{r}\boldsymbol{l}_{\text{neu}} = \begin{pmatrix} -1 & 1 \\ 0 & 0 \\ 1 & -1 \end{pmatrix} \begin{pmatrix} -1 \\ 1 \end{pmatrix} = \begin{pmatrix} 2 \\ 0 \\ -2 \end{pmatrix}$$

(4) Berechnung der $\boldsymbol{h}$-Differenz*

$$\|\boldsymbol{h}_{\text{alt}} - \boldsymbol{h}_{\text{neu}}\| = \sqrt{(2-0)^2 + (0-0)^2 + (-2-0)^2} = \sqrt{8} > 10^{-6}$$

⇒ weiter mit (5)

(5) Berechnung

$$\boldsymbol{l}^{\mathrm{T}}_{\text{neu}} = \boldsymbol{h}^{\mathrm{T}}_{\text{neu}}\boldsymbol{X}^{a} = \begin{pmatrix} 2 & 0 & -2 \end{pmatrix} \begin{pmatrix} -1 & 1 \\ 0 & 0 \\ 1 & -1 \end{pmatrix} = \begin{pmatrix} -4 & 4 \end{pmatrix}$$

(6) Normierung $\boldsymbol{l}_{\text{neu}} \Rightarrow {}^{r}\boldsymbol{l}_{\text{neu}} = \begin{pmatrix} -\sqrt{2}/2 \\ \sqrt{2}/2 \end{pmatrix}$ $\qquad \boldsymbol{h}_{\text{alt}} = \boldsymbol{h}_{\text{neu}}$

(7) Prüfung der Iterationszahl, mit Iterationszahl = 1 < 150
⇒ weiter mit (3)

(3) Berechnung

$$\boldsymbol{h}_{\text{neu}} = \boldsymbol{X}^a\, {}^r\boldsymbol{l}_{\text{neu}} = \begin{pmatrix} -1 & 1 \\ 0 & 0 \\ 1 & -1 \end{pmatrix} \begin{pmatrix} -\sqrt{2}/2 \\ \sqrt{2}/2 \end{pmatrix} = \begin{pmatrix} \sqrt{2} \\ 0 \\ -\sqrt{2} \end{pmatrix}$$

(4) Berechnung der $\boldsymbol{h}$-Differenz

$$\|\boldsymbol{h}_{\text{alt}} - \boldsymbol{h}_{\text{neu}}\| = \sqrt{(2-\sqrt{2})^2 + (0-0)^2 + (-2+\sqrt{2})^2} \simeq 0{,}83 > 10^{-6}$$

⇒ weiter mit (5)

(5) Berechnung

$$\boldsymbol{l}_{\text{neu}}^{\text{T}} = \boldsymbol{h}_{\text{neu}}^{\text{T}} \boldsymbol{X}^a = \begin{pmatrix} \sqrt{2} & 0 & -\sqrt{2} \end{pmatrix} \begin{pmatrix} -1 & 1 \\ 0 & 0 \\ 1 & -1 \end{pmatrix} = \begin{pmatrix} -2\sqrt{2} & 2\sqrt{2} \end{pmatrix}$$

(6) Normierung $\boldsymbol{l}_{\text{neu}} \Rightarrow {}^r\boldsymbol{l}_{\text{neu}} = \begin{pmatrix} -\sqrt{2}/2 \\ \sqrt{2}/2 \end{pmatrix}$ $\quad \boldsymbol{h}_{\text{alt}} = \boldsymbol{h}_{\text{neu}}$

(7) Prüfung Iterationszahl, mit Iterationszahl = 2 < 150
⇒ weiter mit (3)

(3) Berechnung

$$\boldsymbol{h}_{\text{neu}} = \boldsymbol{X}^a\, {}^r\boldsymbol{l}_{\text{neu}} = \begin{pmatrix} -1 & 1 \\ 0 & 0 \\ 1 & -1 \end{pmatrix} \begin{pmatrix} -\sqrt{2}/2 \\ \sqrt{2}/2 \end{pmatrix} = \begin{pmatrix} \sqrt{2} \\ 0 \\ -\sqrt{2} \end{pmatrix}$$

(4) Berechnung der $\boldsymbol{h}$-Differenz

$$\|\boldsymbol{h}_{\text{alt}} - \boldsymbol{h}_{\text{neu}}\| = \sqrt{(\sqrt{2}-\sqrt{2})^2 + (0-0)^2 + (-\sqrt{2}+\sqrt{2})^2} = 0 < 10^{-6}$$

⇒ weiter mit (8)

(8) Berechnung der Residuenmatrix

$$\boldsymbol{E} = \boldsymbol{X}^a - \boldsymbol{h}_{\text{neu}}\, {}^r\boldsymbol{l}_{\text{neu}}^{\text{T}} = \begin{pmatrix} -1 & 1 \\ 0 & 0 \\ 1 & -1 \end{pmatrix} - \begin{pmatrix} \sqrt{2} \\ 0 \\ -\sqrt{2} \end{pmatrix} \begin{pmatrix} -\sqrt{2}/2 & \sqrt{2}/2 \end{pmatrix} = \begin{pmatrix} 0 & 0 \\ 0 & 0 \\ 0 & 0 \end{pmatrix}$$

$$\Rightarrow \text{1. Hauptkomponente } \boldsymbol{h}_1 = \begin{pmatrix} \sqrt{2} \\ 0 \\ -\sqrt{2} \end{pmatrix}$$

Zur Berechnung weiterer Hauptkomponente wird $\boldsymbol{E}$ eingesetzt für $\boldsymbol{X}$ ($\boldsymbol{X} = \boldsymbol{E}$) und der Zyklus bei (2) neu gestartet. In diesem Beispiel liegen die Daten auf der Geraden $x_2 = -x_1 + 4$ und sind durch die 1. Hauptkomponente sehr gut beschrieben.

* Vektor-Norm $\|\boldsymbol{h}\| = \boldsymbol{h}^{\text{T}}\boldsymbol{h} = \sqrt{\sum_i h_i^2}$ ist ein skalares Maß für einen Vektor, hier zur numerischen Beschreibung der Differenz von altem und neuem $\boldsymbol{h}$-Vektor.

### 7.3.2 Zahl signifikanter Hauptkomponenten

Eine Zielsetzung der Hauptkomponentenanalyse ist die Reduzierung der Dimension. Um die optimale Hauptkomponentenzahl $t$ zu ermitteln, gibt es verschiedene Ansätze:
- Eigenwertanalyse
- Anteil der kumulierten Varianz
- Scree-Test
- Kreuzvalidierung

#### Eigenwerte

Die orthogonale Rotation der Hauptkomponentenberechnung lässt sich auf ein Eigenwertproblem zurückführen mit Bestimmung der Eigenwerte und Eigenvektoren.

Die Lösung von Eigenwertproblemen wird in der Linearen Algebra z. B. bei linearen Gleichungssystemen häufig eingesetzt. Zur Berechnung von Eigenvektoren und Eigenwerten bei großen Merkmalszahlen müssen Näherungsverfahren verwendet werden. Zur Bewertung der Hauptkomponentenzahl dienen u. a. Eigenwertanalyse, kumulierte Varianz und Scree-Test, die auf den Eigenwerten der Varianz-Kovarianz-Matrix basieren. Da sie aber keine eindeutigen Kriterien liefern, soll an dieser Stelle auf eine ausführliche Behandlung verzichtet werden[11], stattdessen wird auf die Fachliteratur verwiesen [1, 9, 10].

---

**11** Die Hauptkomponente kann durch einen Eigenvektor $\boldsymbol{v}$ der Varianz-Kovarianz- oder Korrelationsmatrix $\boldsymbol{R}$ beschrieben werden. Für eine symmetrische Matrix gilt:

$$\boldsymbol{R}\boldsymbol{v} = \boldsymbol{v}\lambda \qquad \text{(a)}$$

mit $\boldsymbol{v}$: Eigenvektor; $\lambda$: Eigenwert (Skalar).
Gleichung (a) kann entwickelt werden zu

$$\boldsymbol{R}\boldsymbol{v} - \boldsymbol{v}\lambda = 0 \quad \Rightarrow \quad (\boldsymbol{R} - \boldsymbol{I}\lambda)\boldsymbol{v} = 0 \quad \Rightarrow \quad \boldsymbol{R} - \boldsymbol{I}\lambda = 0 \qquad \text{(b)}$$

mit $\boldsymbol{I}$: Einheitsmatrix; $\boldsymbol{v} \neq$ Nullvektor.
Die Lösung von Gleichung (b) folgt aus der entsprechenden Determinante

$$|\boldsymbol{R} - \boldsymbol{I}\lambda| = 0\,. \qquad \text{(c)}$$

Die Berechnung der Determinante führt zu einem Polynom für den Eigenwert zum Grad $p$, d. h. für Gleichung (a) existieren $p$ Lösungen, d. h. $p$ Eigenwerte und $p$ Eigenvektoren. Im Allgemeinen werden die Eigenvektoren auf die Länge 1 normiert.
Für standardisierte Daten nach Autoskalierung gilt:
- Summe der Eigenwerte = Faktorenzahl $p$
- Mittelwert der Eigenwerte = 1,
- Betrag des Eigenwerts = Maß für den Varianzanteil der Hauptkomponente. ...

### Kreuzvalidierung

In Verbindung mit der Kreuzvalidierung sind zwei Maßzahlen von besonderer Bedeutung: RSS-Wert und PRESS-Wert. In beiden Fällen wird berechnet, wie groß die Differenz ist zwischen den ursprünglichen Merkmalen der Objekte ($x_{ik}$) und den nach Hauptkomponentenanalyse geschätzten Merkmalen ($\hat{x}_{ik}$). Generell werden die Modelldaten umso besser beschrieben, je mehr Hauptkomponenten hinzugezogen werden, umso geringer ist die Differenz. Ab einer bestimmten Anzahl wird durch weitere Hauptkomponenten lediglich das Messwertrauschen beschrieben, diese Hauptkomponenten sind dann nicht mehr relevant.

Entsprechend Gleichung (7.11) werden aus den scores ($h_{iu}$) des Objekts $i$ und den entsprechenden loadings ($l_{ku}$) die Merkmale für das Objekt geschätzt und die Quadrate der Differenzen ($(x_{ik} - \hat{x}_{ik})^2$) berechnet.

**RSS-Wert.** Alle Merkmale aller Objekte werden direkt durch Einsatz der Hauptkomponenten und Ladungen geschätzt und mit den realen $x$-Werten verglichen. Aus der Summe der Differenzquadrate resultiert der RSS-Wert (*residual sum of squares*) zu

$$\mathrm{RSS}_t = \sum_{i=1}^{n} \sum_{k=1}^{p} (x_{ik} - \hat{x}_{ik})^2 \,. \tag{7.13a}$$

Der Index $t$ gibt an, wie viele Hauptkomponenten einbezogen wurden, der RSS-Wert fällt mit zunehmender Hauptkomponentenzahl $t$ (vgl. Tabelle 7.4). $\mathrm{RSS}_t$-Werte geben damit den Berechnungsfehler bei Einsatz von $t$ Hauptkomponenten wieder (auch als *autoprediction error* bezeichnet).

**PRESS-Wert.** Bei der Berechnung des PRESS-Wertes, Kreuzvalidierung, werden ebenfalls die Merkmale eines Testobjekts unter Einsatz der Hauptkomponenten und Ladungen geschätzt. Dazu wird ein Objekt nach dem anderen aus dem Datensatz entfernt. Das entfernte Objekt $i$ wird als Testdatensatz, die verbliebenen Daten als

---

... Eigenwertanalyse: Als Kriterium für die Zahl der Hauptkomponente kann gelten, dass nur Hauptkomponenten mit Eigenwerten > 1 als relevant angesehen werden.

Scree-Test: Beim Scree-Test wird der Betrag des Eigenwertes als Funktion der entsprechenden Hauptkomponente aufgetragen. Die Steigung der exponentiell fallenden Funktion wird oberhalb der signifikanten Hauptkomponenten deutlich kleiner.

Kumulierte Varianz: Der Eigenwert ist proportional zur Varianz. Für den Anteil der Varianz $s^2_{\mathrm{kumul}}$, der durch $t$ signifikante Hauptkomponenten relativ zur gesamten Varianz bei $p$ Hauptkomponenten bestimmt ist, gilt:

$$s^2_{\mathrm{kumul}} = 100 \cdot \frac{\sum_{j=1}^{j=t} \lambda_j}{\sum_{j=1}^{j=p} \lambda_j} \,.$$

Wird z. B. aufgrund vorliegender Erfahrungen postuliert, dass ein deklarierter Anteil von z. B. > 90 % der kumulierten Varianz überschritten sein soll, kann daraus die Hauptkomponentenzahl abgeleitet werden.

Modelldatensatz bezeichnet. Bei großen Datensätzen wird eine Gruppe von $m$ Objekten als Testdatensatz herausgenommen. Für den Modelldatensatz werden Hauptkomponenten $\boldsymbol{H}$ und Ladungen $\boldsymbol{L}$ bestimmt und daraus die Hauptkomponentenwerte für das entfernte Objekt $i$ (Testdaten) geschätzt ($\hat{h}_{[i]u}$), es gilt $\hat{\boldsymbol{h}}_{[i]} = \boldsymbol{x}_i\boldsymbol{L}$ (vgl. Gleichung (7.12)).[12] Subskript $[i]$ kennzeichnet die Entfernung von Objekt $i$. Aus den Ladungen der Modelldaten und den geschätzten Hauptkomponentenwerten werden die $x$-Werte des entfernten Testobjekts $i$ geschätzt ($\hat{x}_{[i]k}$, vgl. Gleichung (7.11)) und die Differenz zu den realen $x$-Werten (Merkmalen) des Testobjekts $i$ ($(x_{ik} - \hat{x}_{[i]k})^2$) berechnet. Auf diese Weise wird ein Objekt nach dem nächsten als Testobjekt herausgenommen, dessen Merkmale geschätzt und die entsprechenden Differenzquadrate berechnet.

Das allgemeine Kreuzvalidierungsprocedere beinhaltet damit:
- Durchführung einer Hauptkomponentenanalyse mit dem Modelldatensatz,
- Schätzung der Merkmale des Testdatensatzes aus dem Modelldatensatz (Gleichung (7.11)),
- Berechnung Differenz der geschätzten bzw. realen Merkmalseigenschaften,
- Wiederholung des Prozedere für alle Testdatensätze (evtl. für alle Objekte),
- Summierung der quadrierten Differenzen.

Die Summe der quadrierten Differenzen, PRESS-Wert (*predictive residual sum of squares*) ist analog zum RSS-Wert definiert als

$$\mathrm{PRESS}_t = \sum_{i=1}^{n} \sum_{k=1}^{p} (x_{ik} - \hat{x}_{[i]k})^2 \,. \tag{7.13b}$$

Subskript $t$ gibt an, wie viele Hauptkomponenten dabei eingesetzt wurden.

Der PRESS-Wert ist ein Maß für den *Vorhersage*-Fehler für ein „neues" Testobjekt bei Einsatz von $t$ Hauptkomponenten. Die Berechnung des PRESS-Wertes ist numerisch aufwendig, da nach Entfernen eines neuen Objekts für den neuen Modelldatensatz eine vollständige Hauptkomponentenanalyse mit $t$ Hauptkomponenten durchgeführt wird. Bei großen Objektzahlen (z. B. $n > 100$) geht daher oft nur ein Teil, z. B. nur jedes zehnte Objekt als Testobjekt entfernt, in den PRESS-Wert ein.

Für RSS- als auch PRESS-Wert ist es wichtig, die Differenzbildung nach Rückskalierung in die realen Dimensionen, bzw. besser vollständig ohne Skalierung durchzuführen.

Zur Prüfung der Anzahl signifikanter Hauptkomponenten wird die Berechnung von RSS- und PRESS-Wert für $t = 1, 2, \ldots, p$ Hauptkomponenten wiederholt. $\mathrm{PRESS}_t$-Werte fallen bei Einsatz von weiteren Hauptkomponenten zu Anfang stark ab, nach der optimalen Hauptkomponentenzahl aber nur noch gering. Demgegenüber fal-

12 Generell gilt bei multipler, linearer Regression $\boldsymbol{h}_i = \boldsymbol{x}_i\boldsymbol{L}(\boldsymbol{L}^\mathrm{T}\boldsymbol{L})^{-1}$. Da die Ladungen orthonormal sind entspricht $(\boldsymbol{L}^\mathrm{T}\boldsymbol{L})^{-1}$ der Einheitsmatrix.

len $RSS_t$-Werte mit Erhöhung der Hauptkomponentenzahl kontinuierlich (vgl. Tabelle 7.4). Aus dem jeweiligen Abfall kann meist nicht direkt ein eindeutiges Kriterium abgeleitet werden, wann die optimale Hauptkomponentenzahl erreicht ist. Wird aber der Quotient $PRESS_t/RSS_{t-1}$ berechnet (z. B. PRESS-Wert mit vier Hauptkomponenten dividiert durch RSS-Wert bei drei Hauptkomponenten), fällt dieser Quotient zu Anfang deutlich und steigt dann nach Überschreiten des optimalen $t$-Werts wieder gravierend an. Überschreitet der Quotient ein Minimum bzw. steigt über 1,0, war die $PRESS_t$-Hauptkomponentenzahl um eine Hauptkomponente zu hoch angesetzt. Tabelle 7.4 listet PRESS- und RSS-Werte bzw. deren Quotienten aus Beispiel 7.1 auf.

Tab. 7.4: PRESS-, RSS-Werte und PRESS/RSS-Quotient abhängig von der Zahl verwendeter Hauptkomponenten $t$ anhand der Merkmale aus Tabelle 7.1.

| $t$ | RSS | PRESS | $PRESS_n/RSS_{n-1}$ |
|---|---|---|---|
| 1 | 7588,09 | 9552,54 | |
| 2 | 2948,38 | 6119,61 | 0,81 |
| 3 | 57,09 | 125,37 | 0,04 |
| 4 | 7,91 | 32,92 | 0,58 |
| 5 | 0,00 | 0,00 | 0,00 |

Hieraus wird deutlich, dass in diesem Fall der Einsatz von drei Hauptkomponenten optimal ist.

### 7.3.3 Graphische Interpretation

Zur Interpretation der Resultate der Hauptkomponentenanalyse dienen zwei graphische Darstellungen, der Faktoren- und der Ladungsplot.

#### Faktorenplot

Im Faktorenplot wird die lineare Projektion der Objekte im Koordinatensystem der Hauptkomponenten (z. B. $h_{11}/h_{12}, \ldots, h_{n1}/h_{n2}$ für $n$ Objekte und 2 Hauptkomponenten) aufgetragen (Gleichung (7.12)). Dieser ist für zwei Hauptkomponenten in Abbildung 7.4 dargestellt.

Hier lassen sich vorab visuell Gruppierungen bzw. Zusammenhänge (Cluster) unterscheiden. In diesem Fall lassen sich die Objekte 2, 4, 9 bzw. 1, 6, 8 und 3, 5, 7 je einem Cluster zuordnen. Dies entspricht auch der Zuweisung der Objekte zu drei Instanzen (hier Obstsorten der Saftproben), von denen diese gewonnen wurden.

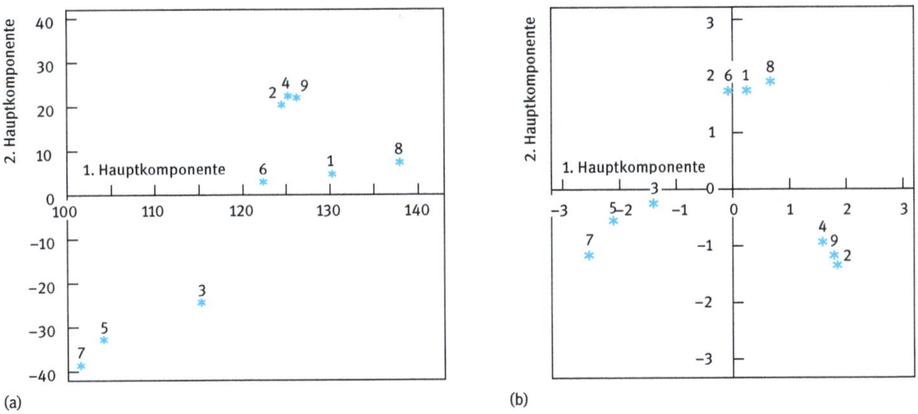


Abb. 7.4: Faktorenplot-Beispiel aus Tabelle 7.1; (a) nicht skaliert, (b) autoskaliert.

## Ladungsplot

Im Ladungsplot ist die Projektion der Merkmale bezogen auf die Hauptkomponenten dargestellt. Entsprechend $p$ ursprünglichen Merkmalen gibt es $p$ *loadings* jeweils für die Berechnung jeder Hauptkomponente (z. B. $l_{11}$: *loading* des ersten Merkmals, hier entsprechend Vit. $B_2$ bezogen auf die erste Hauptkomponente bzw. $l_{12}$, d. h. *loading* des ersten Merkmals bezogen auf die 2. Hauptkomponente). Die Ladungen entsprechend den ursprünglichen Merkmalen bezogen auf die beiden Hauptkomponenten sind in Abbildung 7.5 aufgetragen.

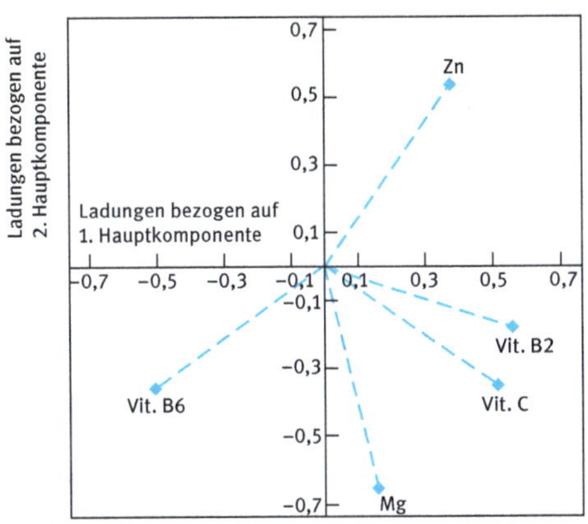


Abb. 7.5: Ladungsplot-Beispiele aus Tabelle 7.1 (autoskaliert).

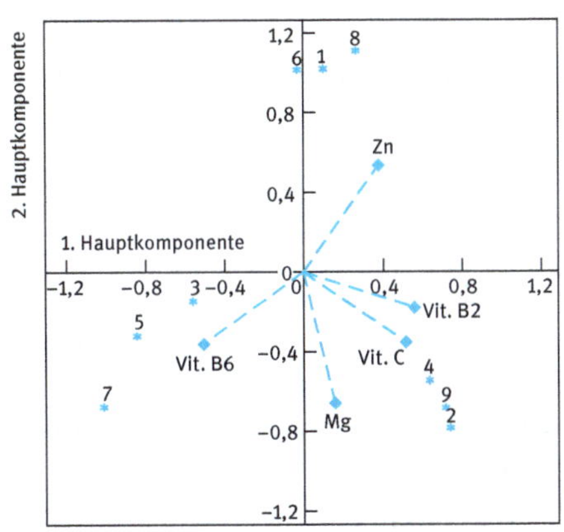


Abb. 7.6: Biplot-Beispiele aus Tabelle 7.1 (autoskaliert).

In der Größe der Ladungen (*loading* $l_{ku}$) wird die Bedeutung des Merkmals für die Hauptkomponente wiedergegeben, d. h. die Merkmale Vit. $B_2$ und Vit. $B_6$ haben großes Gewicht für die erste Hauptkomponente, während Mg ein kleines Gewicht für die erste Hauptkomponente besitzt.

Die Korrelation der Merkmale untereinander wird durch den Kosinus ihres Winkels im Ladungsplot beschrieben, ein spitzer Winkel deutet auf eine hohe Korrelation hin, senkrecht stehende Merkmale sind unkorreliert. Das heißt, die Merkmale Vit. $B_2$ und Vit. C sind demnach höher korreliert, während Mg und Zn nicht korreliert sind.

### Biplot

Eine gemeinsame Darstellung (Faktoren- und Ladungsplot) ist im Biplot möglich, wie dies in Abbildung 7.6 gezeigt ist. Um Ladungen und Hauptkomponenten in einem Koordinatensystem darzustellen, können die Hauptkomponenten wie folgt gewichtet werden:[13]

$$h_{iu}^{g} = \frac{h_{iu}}{\sum_{i=1}^{n} h_{iu}^{2}/n} \,. \tag{7.14}$$

Aus dem Biplot werden die relativen Abhängigkeiten der Merkmale und Objekte besser deutlich. So werden z. B. die Objekte 4, 9 und 2 sehr deutlich durch die Merkmale Vit. $B_2$ und Vit. C bestimmt.

## 7.4 Mustererkennung

Ziel der Mustererkennung ist es, Objektzusammenhänge zu erkennen und vergleichbare Objekte in Gruppen/Cluster einzuordnen. Cluster sind Gruppen von Objekten mit ähnlichen Eigenschaften/Verhaltensmustern. Zur Erkennung von Mustern ist prinzipiell die visuelle Beurteilung die beste Methodik, wie z. B. der Faktorenplot in Abbildung 7.4, aus dem bereits eine visuelle Zuordnung in drei Gruppen/Cluster abgeleitet werden kann. Die graphische Interpretation versagt in Fällen, in denen Merkmale nicht signifikant sind oder die Merkmalszahl zu groß ist (Objekte im vierdimensionalen Raum sind nicht mehr einfach visuell zu inspizieren). In vielen Fällen ist es daher sinnvoll, zuvor eine Hauptkomponentenanalyse auszuführen und die Mustererkennung auf Basis der Hauptkomponenten durchzuführen.

Es gibt unterschiedliche, numerische Ansätze, eine Einordnung der Objekte in übergreifende Cluster zu erreichen [11]. Dies zeigt aber auch, dass die Aufgabenstellung nicht trivial ist und in manchen Fällen auch nicht zu einem eindeutigen Resultat kommt. Dabei wird grundsätzlich in „hierarchische" und „nicht-hierarchische Clusteranalyse" unterschieden.

---

**13** Teilweise erfolgt die Gewichtung der Hauptkomponenten im Biplot durch Division durch den Eigenwert.

### 7.4.1 Hierarchische Clusteranalyse

Basis der „hierarchischen Clusteranalyse“ ist die sukzessive Aggregation von Objekten aufgrund ihrer Ähnlichkeit in unterschiedliche Cluster. Ausgehend von den beiden Objekten, die den kleinsten Abstand zueinander haben, wird ein erster Cluster erstellt, in welchem die beiden Objekte zusammengefasst werden. Mit wachsenden Abständen werden weitere Objekte gruppiert und so hierarchisch in Cluster eingeordnet. Die Clusterbildung kann sowohl auf Basis der ursprünglichen Merkmale erfolgen, was z. B. bei kleiner Merkmalszahl akzeptabel ist (drei, maximal vier Merkmale/Variablen beschreiben die Objekte/Proben). Demgegenüber ist bei einer Vielzahl von Merkmalen (> 4), wie z. B. in dem Beispiel aus Tabelle 7.1, eine vorherige Reduzierung durch Einsatz von Hauptkomponenten sinnvoll. Bei der Clusterbildung wird unterschieden in agglomerative oder divisive Verfahren. Während bei divisiven Verfahren die Gesamtmenge der Objekte sukzessiv in einzelne Cluster aufgeteilt wird, geht man bei den häufiger angewandten agglomerativen Verfahren von einzelnen Objekten aus und ermittelt zu diesen die nächst gelegenen Objekte, um diese eventuell einem gemeinsamen Cluster zuzuordnen. Zum Vergleich von Objekten bzw. Clustern werden unterschiedliche Abstands- bzw. Distanzmaße eingesetzt.

#### Abstandsmaße

Abstandsmaße dienen der Berechnung des Abstands zweier Objekte im vorliegenden Koordinatensystem. Am häufigsten eingesetzt ist der euklidische Abstand[14] definiert in Gleichung (7.15), welcher in Abbildung 7.7 für zwei Objekte im zweidimensionalen Raum (d. h. für zwei Merkmale) illustriert wird.[15]

$$a(\boldsymbol{x}_1, \boldsymbol{x}_2) = \sqrt{\sum_{k=1}^{k=p} (x_{1k} - x_{2k})^2} \tag{7.15}$$

mit $a(\boldsymbol{x}_1, \boldsymbol{x}_2)$: Abstand zwischen zwei Objekten mit den Koordinaten $\boldsymbol{x}_1$ und $\boldsymbol{x}_2$; $p$: Merkmals-, Variablenzahl.

---

**14** Allgemein definiert als Minkowski-Abstand:

$$a(\boldsymbol{x}_1, \boldsymbol{x}_2) = \left[\sum_{k=1}^{k=p} (x_{1k} - x_{2k})^w\right]^{1/w} .$$

Für $w = 2$ resultiert der euklidische Abstand, für $w = 1$ der „City Block“-Abstand, verdeutlicht in Abbildung 7.7 durch die Summe der gestrichelten Strecken.

**15** Der Euklid-Abstand kann auch zu

$$a(\boldsymbol{x}_1, \boldsymbol{x}_2) = \sqrt{(\boldsymbol{x}_2 - \boldsymbol{x}_1)^{\mathrm{T}}(\boldsymbol{x}_2 - \boldsymbol{x}_1)}$$

formuliert werden.

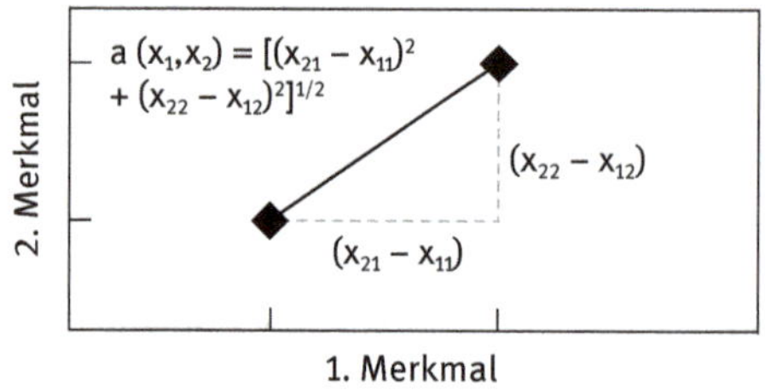


Abb. 7.7: Illustration des euklidischen Abstands.

Nachteilig ist hier die Abhängigkeit von den absoluten Größen bzw. Einheiten der ursprünglichen Merkmale. Dies wird vermieden beim Pearson- (Gleichung (7.16)), bzw. Mahalanobis-Abstand (Gleichung (7.17)):

$$a(\boldsymbol{x}_1, \boldsymbol{x}_2) = \sqrt{\sum_{k=1}^{k=p} \frac{(x_{1k} - x_{2k})^2}{s_k^2}} , \tag{7.16}$$

$$a(\boldsymbol{x}_1, \boldsymbol{x}_2) = (\boldsymbol{x}_1 - \boldsymbol{x}_2)^{\mathrm{T}} \boldsymbol{C}^{-1} (\boldsymbol{x}_1 - \boldsymbol{x}_2) \tag{7.17}$$

mit $s_k$: Standardabweichung beim Merkmal $k$; $\boldsymbol{C}$: Varianz-Kovarianz-Matrix (vgl. Gleichung (7.2)).

Der Pearson-Abstand entspricht einer Autoskalierung der Daten. Dagegen verwendet der Mahalanobis-Abstand die Varianz-Kovarianz-Matrix zur Skalierung und hat zudem den Vorteil invariant gegenüber Verzerrungen, aufgrund von Korrelationen zwischen den Merkmalen zu sein. Sein Einsatz ist allerdings nur gerechtfertigt, wenn die Objektzahl die Anzahl der Merkmale deutlich übersteigt. Sind die Objektzahlen kleiner als die Merkmalszahlen, lässt sich keine inverse Varianz-Kovarianz-Matrix berechnen (z. B. bei UV-Spektren, wenn bei wenigen Probemessungen, Objekten viele registrierte Wellenlängen, Merkmale vorliegen). Durch den Einsatz weniger, relevanter Hauptkomponenten kann dies jedoch kompensiert werden.

### Distanzmaße

Zur Bewertung der Fusionierung eines Objekts $O$ mit einer Gruppe/Cluster $C$ (bestehend z. B. aus zwei Objekten $A$ und $B$) wurden verschiedene Distanzmaße definiert, um die Distanz des Objekts zum benachbarten Cluster anzugeben. Hierzu dienen z. B. die Methoden *unweighted average linkage* (Gleichung (7.18)), *single linkage* (Gleichung (7.19)) oder *centroid linkage* (Gleichung (7.20)) illustriert in Abbildung 7.8.[16]

$$d(O, C) = \tfrac{1}{2}(a(O, A) + a(O, B)) , \tag{7.18}$$

$$d(O, C) = \min(a(O, A); a(O, B)) , \tag{7.19}$$

$$d(O, C) = a(O, Z) \tag{7.20}$$

16 Weitere Distanzmaße sind z. B. *complete*, *weighted average*, *median* und *ward linkage*, siehe [1].

mit $Z$: Zentroid des Clusters mit der Koodinate $z_j = \frac{1}{2}(x_j^A + x_j^B)$ (vgl. Gleichung (7.21)); $d(O, C)$: Distanz zwischen Objekt $O$ und dem Cluster $C$ mit zwei Objekten $A$ und $B$; $a(O, A)$, $a(O, B)$: Abstand zwischen Objekt $O$ und Objekt $A$ bzw. $B$ im Cluster.

Beim *unweighted average linkage* (Gleichung (7.18)) werden die Abstände zwischen Objekt $O$ und den Clusterobjekten $A$, $B$ bis $Y$ berechnet und anschließend gemittelt. Dies gibt die reale Struktur der Daten meist gut wieder, kann aber stark abhängig von Ausreißern sein. In diesem Fall bietet sich die Verwendung des Medians an Stelle des Mittelwerts an.

Im *single linkage* (Gleichung (7.19)) wird der Abstand des Objekts vom nächstliegenden Objekt des betrachteten Clusters bestimmt. Es resultieren oft weniger kompakte, linear gestreckte Cluster, Ausreißer werden oft isoliert. Dieser Ansatz entspricht dem Verfahren der „*k*-nächsten-Nachbarn“ (vgl. Kapitel 7.5.2).

Beim *centroid linkage* (Gleichung (7.20)) wird der Abstand des Objekts vom Schwerpunkt des Clusters herangezogen. Dadurch wird einer Verzerrung des Clusters durch die Zuordnung eines neuen Objektes entgegen gewirkt. Auch hier wird, wie beim *unweighted average linkage*, die reale Struktur der Daten meist gut wiedergeben, Ausreißer können die Clusterbildung aber gravierend verzerren.

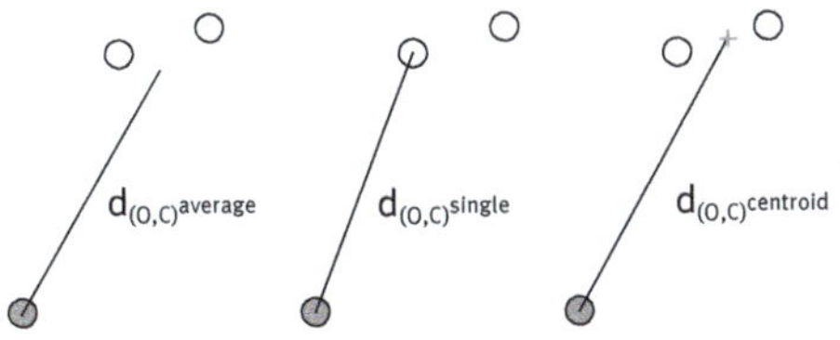


**Abb. 7.8:** Verdeutlichung der Distanzmaße *average linkage*, *single linkage* und *centroid linkage* (+ Schwerpunkt, Zentroid des Clusters).

Das prinzielle Vorgehen der agglomerativen, hierarchischen Clusteranalyse ist wie folgt:

- für alle Objekte werden die jeweiligen Abstände ermittelt, in einer Abstandsmatrix erfasst,
- es werden die beiden Objekte $A$ und $B$ mit dem kleinsten Abstand bestimmt,
- beide Objekte werden zusammengefasst zu einem ersten Cluster ($A/B$),
- Zeile/Spalte für Objekt $B$ wird aus Abstandsmatrix entfernt, Abstand $A$ zu $B$ wird 0 gesetzt,
- Distanzen der verbliebenen Objekte zu Cluster $A/B$ werden neu berechnet (z. B. als Mittelwert der Abstände zu $A$ und $B$),
- es resultiert eine neue, reduzierte Abstandsmatrix und der Zyklus wird wiederholt, d. h. nun nächste Objekte $D$ und $E$ werden zu Cluster $D/E$ agglomeriert, Distanzen neu berechnet ...

Der Zyklus wird wiederholt, bis in der reduzierten Abstandsmatrix nur noch zwei Objekte sind.

Resultat dieser Vorgehensweise ist die Festlegung, welches Objekt zu welchem Cluster jeweils die kleinste Distanz hat und hierzu aggregiert wurde. Zumeist werden diese Paare (Abszisse) und ihr Abstand, bzw. ihre Distanz[17] (Ordinate) graphisch in einem Dendrogramm (Baumdiagramm) aufgetragen. In Abbildung 7.9 ist dies für das Beispiel der Saftproben aus Tabelle 7.1 dargestellt.

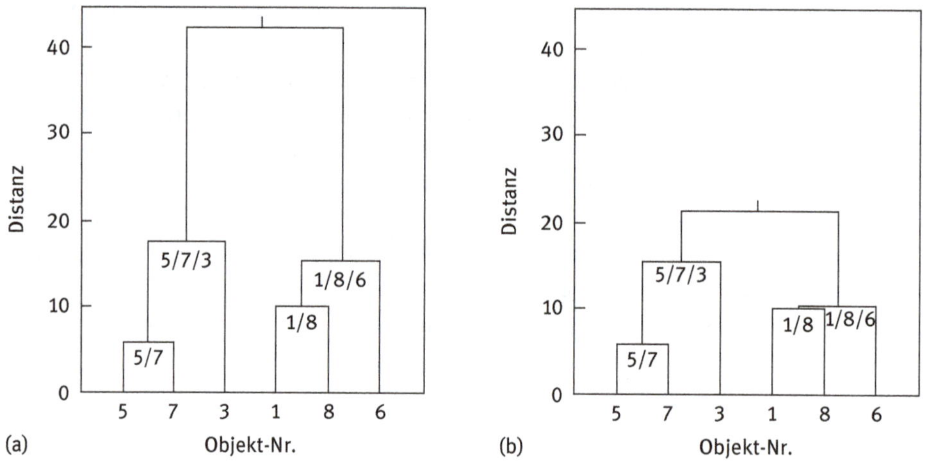


Abb. 7.9: Dendrogramm am Beispiel Zn/Mg der Saftproben 1, 3, 5, 6, 7, 8; (a) *unweighted average linkage*-basiert (b) *single linkage*-basiert.

Aus dem Dendrogramm kann abgelesen werden, in welcher Reihenfolge und bei welchen Distanzen die Objekte zu Clustern fusioniert wurden (z. B. wurden zuerst Objekt 5 und 7 mit kleinstem Abstand zu erstem Cluster fusioniert, als nächstes wurde Objekt 3 diesem Cluster zugewiesen usw.).

Die Dendrogramme unterscheiden sich, je nachdem wie die Abstände (Gleichung (7.15)–(7.17)) bzw. Distanzen berechnet wurden (Gleichung (7.18)–(7.21)), wie in Abbildung 7.9 gezeigt. Nicht sinnvoll ist hier der Einsatz von Pearson- (Gleichung (7.16)) oder Mahalanobis-Abstand (Gleichung (7.17)), da diese im Vergleich zu den Distanzmaßen nicht die entsprechenden Werte liefern.

Kritisch bleibt die Frage nach der Festlegung der Clusteranzahl, welche oft abhängig von der Aufgabenstellung vom Anwender bestimmt wird. Beispielsweise kann ein bestimmtes Distanzmaß oder eine definierte Differenz zwischen zwei potenziell unterschiedlichen Clustern vorgegeben werden. Je größer der Distanzbereich, bei denen die Clusterzahl konstant bleibt, desto signifikanter sind die gefundenen Cluster.

17 Teilweise wird als Ordinate nicht die Distanz Objekt $O$ zu Gruppe $G$, sondern die Ähnlichkeit $h$ aufgetragen. Diese ist definiert zu $h_{OG} = 1 - d_{OG}/a_{XY}^{\max}$ mit $a_{XY}^{\max}$: größter bei den Objekten vorkommender Abstand. Bei einer vollständigen Übereinstimmung ist $h_{OG} = 1$.

Im Folgenden wird diese Clusteranalyse exemplarisch ausgeführt.

Bsp. 7.3: Zn/Mg der Saftproben aus Tabelle 7.1, hierarchische Clusteranalyse.

| Objekt | Zn | Mg |
|---|---|---|
| 1 | 120 | 5 |
| 3 | 90 | 10 |
| 5 | 75 | 9 |
| 6 | 110 | 3 |
| 7 | 70 | 12 |
| 8 | 130 | 6 |

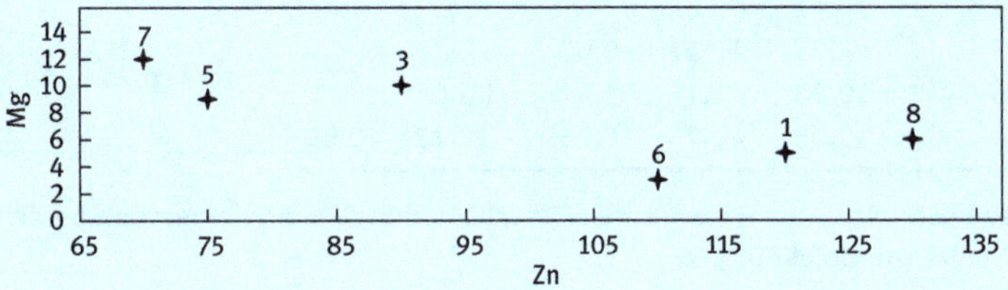


Berechnung euklidische Abstände (Gleichung (7.15)):

$$a(O_3, O_1) = \{(10-5)^2 + (90-120)^2\}^{1/2} \simeq 30{,}41$$

$$a(O_5, O_1) = \{(9-5)^2 + (75-120)^2\}^{1/2} \simeq 45{,}18$$

$$\vdots$$

$$a(O_8, O_7) = \{(6-12)^2 + (130-70)^2\}^{1/2} \simeq 60{,}30$$

1. Abstandsmatrix

| **Objekt** | **1** | **3** | **5** | **6** | **7** | **8** |
|---|---|---|---|---|---|---|
| **1** | 0,00 | | | | | |
| **3** | 30,41 | 0,00 | | | | |
| **5** | 45,18 | 15,03 | 0,00 | | | |
| **6** | 10,20 | 21,19 | 35,51 | 0,00 | | |
| **7** | 50,49 | 20,10 | **5,83** | 41,00 | 0,00 | |
| **8** | 10,05 | 40,20 | 55,08 | 20,22 | 60,30 | 0,00 |

Kleinster Abstand ist zwischen Objekt 5 und 7, d. h. Agglomeration beider zu 5/7, Wegfall Zeile/Spalte von Objekt 7.

Berechnung Distanzen zwischen restlichen Objekten und Cluster 5/7 (Gleichung (7.18)):

$$d(C_{5/7}, O_1) = \{a(O_5, O_1) + a(O_7, O_1)\}/2 \simeq 47{,}83$$

$$d(C_{5/7}, O_3) = \{a(O_5, O_3) + a(O_7, O_3)\}/2 \simeq 17{,}57$$

$$d(C_{5/7}, O_6) = \{a(O_5, O_6) + a(O_7, O_6)\}/2 \simeq 38{,}26$$

$$d(C_{5/7}, O_8) = \{a(O_5, O_8) + a(O_7, O_8)\}/2 \simeq 57{,}69$$

Die anderen Abstände $a(O_i, O_j)$ sind unverändert.

2. Abstandsmatrix

| Objekt | 1 | 3 | 5/7 | 6 | 8 |
|---|---|---|---|---|---|
| **1** | 0,00 | | | | |
| **3** | 30,41 | 0,00 | | | |
| **5/7** | 47,83 | 17,57 | 0,00 | | |
| **6** | 10,20 | 21,19 | 38,26 | 0,00 | |
| **8** | **10,05** | 40,20 | 57,69 | 20,22 | 0,00 |

Kleinster Abstand nun zwischen Objekt 1 und 8, d. h. Agglomeration beider zu 1/8, Wegfall Zeile/ Spalte von Objekt 8.

Berechnung der Distanzen zwischen restlichen Objekten und Cluster 1/8 (Gleichung (7.18)):

$$d(O_3, C_{1/8}) = \{a(O_3, O_1) + a(O_3, O_8)\}/2 \simeq 35{,}31$$
$$d(C_{5/7}, C_{1/8}) = \{a(O_5, O_1) + a(O_5, O_8) + a(O_7, O_1) + a(O_7, O_8)\}/4 \simeq 52{,}76$$
$$d(O_6, C_{1/8}) = \{a(O_6, O_1) + a(O_6, O_8)\}/2 \simeq 15{,}21$$

Die anderen Abstände $a(O_i, O_j)$ bleiben unverändert.

3. Abstandsmatrix

| Objekt | 1/8 | 3 | 5/7 | 6 |
|---|---|---|---|---|
| **1/8** | 0,00 | | | |
| **3** | 35,31 | 0,00 | | |
| **5/7** | 52,76 | 17,57 | 0,00 | |
| **6** | **15,21** | 21,19 | 38,26 | 0,00 |

Kleinster Abstand nun zwischen Cluster 1/8 und Objekt 6, d. h. Agglomeration beider zu 1/8/6, Wegfall Zeile/Spalte von Objekt 6.

Berechnung der Distanzen zwischen restlichen Objekten und Cluster 1/8/6 (Gleichung (7.18)):

$$d(O_3, C_{1/8/6}) = \{a(O_3, O_1) + a(O_3, O_8) + a(O_3, O_6)\}/3 \simeq 30{,}60$$
$$d(C_{5/7}, C_{1/8/6}) = \{a(O_5, O_1) + a(O_5, O_8) + a(O_5, O_6) + a(O_7, O1) + a(O_7, O_8) + a(O_7, O_6)\}/6 \simeq 47{,}93$$

Die anderen Abstände $a(O_i, O_j)$ bleiben unverändert.

Kleinster Abstand nun zwischen Cluster 5/7 und Objekt 3, d. h. Agglomeration beider zu 5/7/3, Wegfall Zeile/Spalte von Objekt 3.

4. Abstandsmatrix

| Objekt | 1/8/6 | 3 | 5/7 |
|---|---|---|---|
| **1/8/6** | 0,00 | | |
| **3** | 30,60 | 0,00 | |
| **5/7** | 47,93 | **17,57** | 0,00 |

Berechnung der Distanz zwischen Cluster 5/7/3 und Cluster 1/8/6 (Gleichung (7.18)):

$$d(C_{5/7/3}, C_{1/8/6}) = \{a(O_5, O_1) + a(O_5, O_8) + a(O_5, O_6) + a(O_7, O_1) + a(O_7, O_8) + a(O_7, O_6) + a(O_3, O_1) + a(O_3, O_8) + a(O_3, O_6)\}/9 \simeq 42{,}15$$

5. Abstandsmatrix

| **Objekt** | **1/8/6** | **5/7/3** |
|---|---|---|
| **1/8/6** | 0,00 | |
| **5/7/3** | **42,15** | 0,00 |

Die jeweils minimalen Abstände (fett markiert in der Abstandsmatrix) werden graphisch gegen die zugehörigen Objekte/Cluster aufgetragen (Dendrogramm).

### 7.4.2 Nicht-hierarchische Clusteranalyse

Bei der nicht-hierarchischen Clusteranalyse wird nicht strukturiert aufbauend verfahren, sondern man geht von vorgegebenen Clusteranordnungen (Partitionen) aus. Die primären Cluster können aus Vorgaben der Aufgabenstellung resultieren oder sie können zufällig zusammengestellt sein. Ein Ausgangspunkt können aber auch die Resultate der hierarchischen Clusteranalyse sein. Aufgabe ist es zu ermitteln, welche der möglichen Clusterzuordnungen (Partition) die Objektkonstellation optimal beschreibt. Dies bedeutet minimale Abstände innerhalb und maximale Distanzen zwischen den Clustern (z. B. zentroid-basiert, vgl. Gleichung (7.20)). Da schon bei eindeutiger, d. h. scharfer Zuordnung (ein Objekt gehört nur einem Cluster an) die Zahl der möglichen Konstellationen schnell sehr groß wird, ist eine Überprüfung aller validen, möglichen Zuordnungen nicht sinnvoll.

Im ersten Schritt wird ein Objekt einem beliebigen Cluster zugewiesen. Ausgehend hiervon wird aufgrund der Distanz des Objekts zu anderen Clustern überprüft, ob das Objekt zu dem deklarierten Cluster gehört. Weist dieses Objekt zu einem anderen Cluster eine geringere Distanz auf, wird es diesem zugeordnet. Dies hat die Folge, dass ein Objekt im Verlauf der nicht-hierarchischen Clusteranalyse mehrmals seine Zugehörigkeit zu den Clustern wechseln kann. Wie bei allen sequenziellen Optimierungen kann auch hier eine gute aber nicht die beste Zuordnung resultieren (lokales Optimum, vgl. Kapitel 3.3.3), hilfreich ist dann der Start mit einer anderen Vorgabe (z. B. durch zufallsgenerierte, erste Zuweisung beim $k$-Means-Verfahren). Häufig verwendet werden das $k$-Means- oder das MASLOC-Verfahren.

### *k*-Means-Verfahren

Das *k*-Means-Verfahren (Forgy-Methode) basiert auf der Charakterisierung eines Clusters mit Hilfe seines Schwerpunkts (zentroid-basiert). Bei der Zuordnung eines Objekts zu nur einem Cluster berechnet sich der Schwerpunkt $\boldsymbol{z}$ (Zentroid) des Clusters wie folgt:[18]

$$z_k = \frac{1}{n_c} \sum_{i=1}^{n_c} x_{ik} \tag{7.21}$$

mit $k$: Merkmals-/Variablenindex; $n_c$: Objektzahl im Cluster.

Dies entspricht dem Mittelwert der Koordinaten aller Objekte des Clusters. Zuerst wird z. B. entsprechend der Aufgabenstellung die Clusterzahl $m$ festgesetzt, evtl. kann eine sinnvolle Clusterzahl auch aus einer hierarchischen Clusteranalyse resultieren. Der nächste Schritt besteht in einer willkürlichen Zuweisung je eines Objekts als Basis für jeden Cluster. Danach erfolgt die Zuordnung weiterer Objekte zu einem Cluster entsprechend ihrer Abstände zum Basisobjekt. Damit liegt eine erste Partition vor. Das weitere Vorgehen besteht aus der Wiederholung folgender Schritte:

- Berechnung der Schwerpunkte der Cluster,
- für ein zu prüfendes Objekt Bestimmung der Distanzen (z. B. Gleichung (7.18)) zu den unterschiedlichen Schwerpunkten der verschiedenen Cluster,
- scharfe Zuordnung des zu prüfenden Objekts zum Cluster mit der kleinsten Distanz.

Der Zyklus wird so lange wiederholt, bis sich keine Veränderung der Zuordnung gegenüber der vorherigen Partition mehr ergibt.
Vorteil des *k*-Means-Verfahrens ist, dass dieser Prozess automatisiert wiederholt werden kann, um mit zufallsbasierten Startzuweisungen die optimale Partition zu finden.

### MASLOC-Verfahren

Beim MASLOC-Verfahren bezieht man sich bei der scharfen Zuordnung eines neuen Objekts nicht auf den Schwerpunkt des Clusters, sondern auf ein zu definierendes Referenzobjekt dieses Clusters (*centrotype*). Für die Zuweisung anderer Objekte zu diesem Cluster wird dann der Abstand zu diesem Referenzobjekt herangezogen. Eine Wiederholung der gesamten Zuordnung zur Vermeidung eines lokalen Optimums erfolgt analog zum *k*-Means-Verfahren, außer dass die Berechnung der Schwerpunkte

---

**18** Wird ein Objekt mehreren Clustern zugeordnet (unscharfe Zuordnung) gilt für die Koordinaten des Zentroids $z_k$:

$$z_k = \frac{1}{\sum_{i=1}^{n_c} f_{ic}} \sum_{i=1}^{n_c} f_{ic} x_{ik}$$

mit $f_{ic}$: Zuordnungsfunktion Objekt $i$ zu Cluster $C$, $0 \leq f_{ic} \leq 1$, z. B. 0,75, d. h. Objekt $i$ gehört zu 75 % dem Cluster $C$, zu 25 % einem oder mehreren anderen Cluster(n) an (vgl. Kapitel 7.5).

entfällt. Zudem ist von Vorteil, dass Ausreißer sich bei der Abstandsberechnung nicht auswirken (anders als bei der Schwerpunktberechnung).

### Graphische Darstellung (Distanzplot)

Abbildung 7.10 zeigt die Partition basierend auf der Distanz der Objekte zu den Schwerpunkten der diversen Cluster (hier zwei Cluster). So hat z. B. Objekt 8 eine geringe Distanz (10,09) zum Schwerpunkt des Clusters 2, zu dem es zugeordnet ist, aber eine große Distanz zum Zentroid des Clusters 1 (51,85).

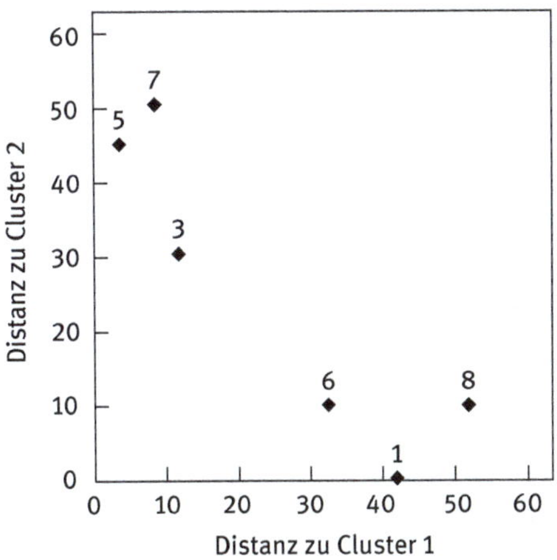


Abb. 7.10: Distanzplot am Beispiel der Merkmale Zn/Mg der Saftproben 1, 3, 5, 6, 7, 8 aus Tabelle 7.1.

Exemplarisch soll das Vorgehen am Fall der Saftproben durchgeführt werden.

Bsp. 7.4: Zn/Mg der Saftproben aus Tabelle 7.1, nicht-hierarchische Clusteranalyse nach dem *k*-Means-Verfahren.

| Objekt | Zn | Mg |
|---|---|---|
| 1 | 120 | 5 |
| 3 | 90 | 10 |
| 5 | 75 | 9 |
| 6 | 110 | 3 |
| 7 | 70 | 12 |
| 8 | 130 | 6 |

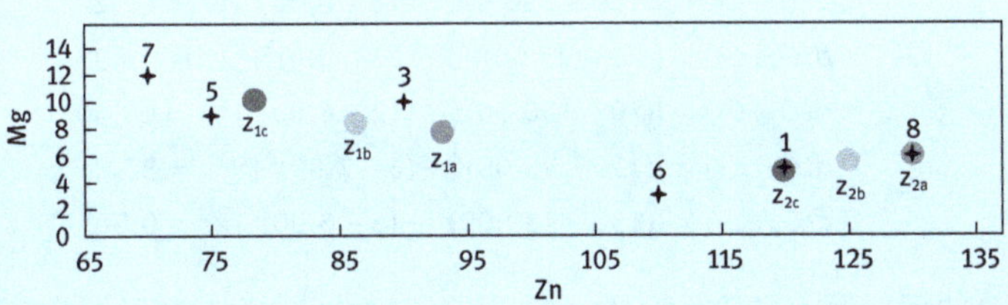


Die Clusterzahl ist auf 2 festgesetzt.

Es wird willkürlich das Objekt 1 dem Cluster 1 und Objekt 8 dem Cluster 2 zugeordnet.

Distanzberechnung restlicher Objekte zu Cluster 1 (Objekt 1) bzw. Cluster 2 (Objekt 8) (Gleichung (7.15)):

$$d(O_3, C_1) = \{(90 - 120)^2 + (10 - 5)^2\}^{1/2} \simeq \mathbf{30{,}41}$$
$$d(O_3, C_2) = \{(90 - 130)^2 + (10 - 6)^2\}^{1/2} \simeq 40{,}20 \quad \Rightarrow \text{zu Cluster 1}$$
$$d(O_5, C_1) = \{(75 - 120)^2 + (9 - 5)^2\}^{1/2} \simeq \mathbf{45{,}18}$$
$$d(O_5, C_2) = \{(75 - 130)^2 + (9 - 6)^2\}^{1/2} \simeq 55{,}08 \quad \Rightarrow \text{zu Cluster 1}$$
$$d(O_6, C_1) = \{(110 - 120)^2 + (3 - 5)^2\}^{1/2} \simeq \mathbf{10{,}20}$$
$$d(O_6, C_2) = \{(110 - 130)^2 + (3 - 6)^2\}^{1/2} \simeq 20{,}22 \quad \Rightarrow \text{zu Cluster 1}$$
$$d(O_7, C_1) = \{(70 - 120)^2 + (12 - 5)^2\}^{1/2} \simeq \mathbf{50{,}49}$$
$$d(O_7, C_2) = \{(70 - 130)^2 + (12 - 6)^2\}^{1/2} \simeq 60{,}30 \quad \Rightarrow \text{zu Cluster 2}$$

d.h. Cluster 1 sind danach die Objekte 1, 3, 5, 6, 7 bzw. Cluster 2 das Objekt 8 zugeordnet.

**Zyklus (a)**

– Berechnung Schwerpunkte im Zyklus (a)

$$\text{Schwerpunkt } Z_{1a}, \text{ Cluster 1:} \quad z_{1a1} = \tfrac{1}{5} \cdot (120 + 90 + 75 + 110 + 70) \simeq 93{,}00$$
$$z_{1a2} = \tfrac{1}{5} \cdot (5 + 10 + 9 + 3 + 12) \simeq 7{,}80$$
$$\text{Schwerpunkt } Z_{2a}, \text{ Cluster 2:} \quad z_{2a1} \simeq 130{,}00$$
$$z_{2a2} \simeq 6{,}00$$

– Distanzberechnung Objekt *i* zu Schwerpunkt Cluster 1 bzw. Cluster 2 (Gleichung (7.20)):

$$d(O_1, C_1) = \{(120 - 93{,}00)^2 + (5 - 7{,}80)^2\}^{1/2} \simeq 27{,}14$$
$$d(O_1, C_2) = \{(120 - 130{,}00)^2 + (5 - 6{,}00)^2\}^{1/2} \simeq \mathbf{10{,}05} \quad \Rightarrow \text{zu Cluster 2}$$
$$d(O_3, C_1) = \{(90 - 93{,}00)^2 + (10 - 7{,}80)^2\}^{1/2} \simeq \mathbf{3{,}72}$$
$$d(O_3, C_2) = \{(90 - 130{,}00)^2 + (10 - 6{,}00)^2\}^{1/2} \simeq 40{,}20 \quad \Rightarrow \text{zu Cluster 1}$$
$$d(O_5, C_1) = \{(75 - 93{,}00)^2 + (9 - 7{,}80)^2\}^{1/2} \simeq \mathbf{18{,}04}$$
$$d(O_5, C_2) = \{(75 - 130{,}00)^2 + (9 - 6{,}00)^2\}^{1/2} \simeq 55{,}08 \quad \Rightarrow \text{zu Cluster 1}$$
$$d(O_6, C_1) = \{(110 - 93{,}00)^2 + (3 - 7{,}80)^2\}^{1/2} \simeq \mathbf{17{,}66}$$
$$d(O_6, C_2) = \{(110 - 130{,}00)^2 + (3 - 6{,}00)^2\}^{1/2} \simeq 20{,}22 \quad \Rightarrow \text{zu Cluster 1}$$
$$d(O_7, C_1) = \{(70 - 93{,}00)^2 + (12 - 7{,}80)^2\}^{1/2} = \mathbf{23{,}38}$$
$$d(O_7, C_2) = \{(70 - 130{,}00)^2 + (12 - 6{,}00)^2\}^{1/2} \simeq 60{,}30 \quad \Rightarrow \text{zu Cluster 1}$$
$$d(O_8, C_1) = \{(130 - 93{,}00)^2 + (6 - 7{,}80)^2\}^{1/2} \simeq 37{,}04$$
$$d(O_8, C_2) = \{(130 - 130{,}00)^2 + (6 - 6{,}00)^2\}^{1/2} \simeq \mathbf{0{,}00} \quad \Rightarrow \text{zu Cluster 2}$$

Das heißt, Cluster 1 sind die Objekte 3, 5, 6, 7 bzw. Cluster 2 die Objekte 1, 8 zugeordnet.

**Zyklus (b)**

– Berechnung Schwerpunkte im Zyklus (b)

$$\text{Schwerpunkt } Z_{1b}\text{, Cluster 1:} \quad z_{1b1} = \tfrac{1}{4} \cdot (90 + 75 + 110 + 70) \simeq 86{,}25$$
$$z_{1b2} = \tfrac{1}{4} \cdot (10 + 9 + 3 + 12) \simeq 8{,}50$$
$$\text{Schwerpunkt } Z_{2b}\text{, Cluster 2:} \quad z_{2b1} = \tfrac{1}{2} \cdot (120 + 130) \simeq 125{,}00$$
$$z_{2b2} = \tfrac{1}{2} \cdot (5 + 6) \simeq 5{,}50$$

– Distanzberechnung Objekt i zu Schwerpunkt Cluster 1 bzw. Cluster 2 (Gleichung (7.20)):

$$d(O_1, C_1) = \{(120 - 86{,}25)^2 + (5 - 8{,}50)^2\}^{1/2} \simeq 33{,}93$$
$$d(O_1, C_2) = \{(120 - 125{,}00)^2 + (5 - 5{,}50)^2\}^{1/2} \simeq \mathbf{5{,}02} \quad \Rightarrow \text{zu Cluster 2}$$
$$d(O_3, C_1) = \{(90 - 86{,}25)^2 + (10 - 8{,}50)^2\}^{1/2} \simeq \mathbf{4{,}04}$$
$$d(O_3, C_2) = \{(90 - 125{,}00)^2 + (10 - 5{,}50)^2\}^{1/2} \simeq 35{,}29 \quad \Rightarrow \text{zu Cluster 1}$$
$$d(O_5, C_1) = \{(75 - 86{,}25)^2 + (9 - 8{,}50)^2\}^{1/2} \simeq \mathbf{11{,}26}$$
$$d(O_5, C_2) = \{(75 - 125{,}00)^2 + (9 - 5{,}50)^2\}^{1/2} \simeq 50{,}12 \quad \Rightarrow \text{zu Cluster 1}$$
$$d(O_6, C_1) = \{(110 - 86{,}25)^2 + (3 - 8{,}50)^2\}^{1/2} \simeq 24{,}38$$
$$d(O_6, C_2) = \{(110 - 125{,}00)^2 + (3 - 5{,}50)^2\}^{1/2} \simeq \mathbf{15{,}21} \quad \Rightarrow \text{zu Cluster 2}$$
$$d(O_7, C_1) = \{(70 - 86{,}25)^2 + (12 - 8{,}50)^2\}^{1/2} \simeq \mathbf{16{,}62}$$
$$d(O_7, C_2) = \{(70 - 125{,}00)^2 + (12 - 5{,}50)^2\}^{1/2} \simeq 55{,}38 \quad \Rightarrow \text{zu Cluster 1}$$
$$d(O_8, C_1) = \{(130 - 86{,}25)^2 + (6 - 8{,}50)^2\}^{1/2} \simeq 43{,}82$$
$$d(O_8, C_2) = \{(130 - 125{,}00)^2 + (6 - 5{,}50)^2\}^{1/2} \simeq \mathbf{5{,}02} \quad \Rightarrow \text{zu Cluster 2}$$

Das heißt, Cluster 1 sind die Objekte 3, 5, 7 bzw. Cluster 2 die Objekte 1, 6, 8 zugeordnet.

**Zyklus (c)**

– Berechnung Schwerpunkte im Zyklus (c)

$$\text{Schwerpunkt } Z_{1c}\text{, Cluster 1:} \quad z_{1c1} = \tfrac{1}{3} \cdot (90 + 75 + 70) \simeq 78{,}33$$
$$z_{1c2} = \tfrac{1}{3} \cdot (10 + 9 + 12) \simeq 10{,}33$$
$$\text{Schwerpunkt } Z_{2c}\text{, Cluster 2:} \quad z_{2c1} = \tfrac{1}{3} \cdot (120 + 110 + 130) \simeq 120{,}00$$
$$z_{2c2} = \tfrac{1}{3} \cdot (5 + 3 + 6) \simeq 4{,}67$$

– Distanzberechnung Objekt *i* zu Schwerpunkt Cluster 1 bzw. Cluster 2 (Gleichung (7.20)):

$$d(O_1, C_1) = \{(120 - 78{,}33)^2 + (5 - 10{,}33)^2\}^{1/2} \simeq 42{,}01$$
$$d(O_1, C_2) = \{(120 - 120{,}00)^2 + (5 - 4{,}67)^2\}^{1/2} \simeq \mathbf{0{,}33} \quad \Rightarrow \text{zu Cluster 2}$$
$$d(O_3, C_1) = \{(90 - 78{,}33)^2 + (10 - 10{,}33)^2\}^{1/2} \simeq \mathbf{11{,}67}$$
$$d(O_3, C_2) = \{(90 - 120{,}00)^2 + (10 - 4{,}67)^2\}^{1/2} \simeq 30{,}47 \quad \Rightarrow \text{zu Cluster 1}$$

$d(O_5, C_1) = \{(75 - 78{,}33)^2 + (9 - 10{,}33)^2\}^{1/2} \simeq \mathbf{3{,}59}$

$d(O_5, C_2) = \{(75 - 120{,}00)^2 + (9 - 4{,}67)^2\}^{1/2} \simeq 45{,}21$ ⇒ zu Cluster 1

$d(O_6, C_1) = \{(110 - 78{,}33)^2 + (3 - 10{,}33)^2\}^{1/2} \simeq 32{,}50$

$d(O_6, C_2) = \{(110 - 120{,}00)^2 + (3 - 4{,}67)^2\}^{1/2} \simeq \mathbf{10{,}14}$ ⇒ zu Cluster 2

$d(O_7, C_1) = \{(70 - 78{,}33)^2 + (12 - 10{,}33)^2\}^{1/2} \simeq \mathbf{8{,}50}$

$d(O_7, C_2) = \{(70 - 120{,}00)^2 + (12 - 4{,}67)^2\}^{1/2} \simeq 50{,}53$ ⇒ zu Cluster 1

$d(O_8, C_1) = \{(130 - 78{,}33)^2 + (6 - 10{,}33)^2\}^{1/2} \simeq 51{,}85$

$d(O_8, C_2) = \{(130 - 120{,}00)^2 + (6 - 4{,}67)^2\}^{1/2} \simeq \mathbf{10{,}09}$ ⇒ zu Cluster 2

Das heißt, Cluster 1 sind die Objekte 3, 5, 7 bzw. Cluster 2 die Objekte 1, 6, 8 zugeordnet, s. o., **RESULTAT**

## 7.5 Klassifizierung

Nach Zuordnung definierter Cluster (Partition) stellt sich oft die Aufgabe, neue Objekte diesen Gruppierungen zuzuweisen (klassifizieren) oder sie als Ausreißer zu markieren. Hierfür stehen unterschiedliche Ansätze zu Verfügung wie *k*-nächste-Nachbarn-Methode, SIMCA-Methode aber auch der Einsatz künstlicher, neuronaler Netze. Die historisch zuerst eingesetzten Verfahren waren die lineare Lernmaschine bzw. die Diskriminanzanalyse, die aufgrund ihrer Limitierung nicht weiter behandelt werden. Diese Methoden werden oft auch unter dem Begriff „überwachtes Lernen“ beschrieben.

### Scharfe, unscharfe Zuordnung

Ein Objekt kann entweder nur einem Cluster (scharfe Zuordnung) oder auch mehreren Clustern (unscharfe Zuordnung) angehören. Beispielsweise versucht die Verhaltensforschung aus den Verhaltensmerkmalen einer Tiergattung die Zuordnung zu ihrem Geschlecht zu bestimmen. Dabei ist vorgegeben, dass es die Zuordnung nur zu einer der beiden Gruppierungen, männlich oder weiblich, gibt. Dies stellt den typischen Fall einer scharfen Zuordnung dar. Die Zuordnung wird mit 1 (gehört zum Cluster) oder 0 (gehört nicht dazu) beschrieben.

In der Chemie liegt häufig eine unscharfe Zuordnung vor. Soll z. B. anhand von Infrarotsignalen (Merkmale) eine Zuordnung zur Gruppe (Cluster) der Alkohole oder der Gruppe der Säuren vorgenommen werden, ist es auch möglich, dass Objekte beiden Gruppen angehören können, wenn sie beide funktionelle Gruppen aufweisen. In solchen Fällen wird eine Zuordnung in Form einer Zuordnungsfunktion $f_{ic}$ als anteiliger Bruch geschrieben z. B. $f_{ic} = 0{,}75$ (d. h. Objekt $i$ gehört zu 75 % zum Cluster $C$, zu 25 % zu einem bzw. auch zu mehreren, benachbarten Clustern). Es gilt: $0 \le f_{ic} \le 1$.

Es gelten folgende Konditionen
- Summe der Zuordnungen eines Objekts ist 1,
- Cluster ohne Objekt darf es nicht geben,
- maximal $n-1$ Objekte können im Cluster sein (bei einem Objekt im zweiten Cluster).

### $m$-Partition

Eine $m$-Partition ist eine definierte Aufteilung der Objekte in $m$ Cluster, z. B. bei einer 2-Partition in zwei Cluster. Echte Partitionen erfüllen obige Konditionen, anders als unechte, welche daher nicht zugelassen sind. Eine Partition wird oft in Matrixschreibweise $\boldsymbol{P}$ formuliert. Jede Zeile repräsentiert einen Cluster, die Spalten deren zugeordnete Objekte (in der ersten Zeile stehen die Objektnamen). Die Matrixelemente geben die Zuordnung des Objekts $i$ zum Cluster $C$ an. Bei scharfer Zuordnung der drei Objekte $O_1, O_2, O_3$ in zwei Cluster können sechs diskrete 2-Partitionen formuliert werden, unter anderem:

$$P_1 = \begin{bmatrix} O_1 & O_2 & O_3 \\ 1 & 0 & 0 \\ 0 & 1 & 1 \end{bmatrix}, \quad P_2 = \begin{bmatrix} O_1 & O_2 & O_3 \\ 0 & 1 & 0 \\ 1 & 0 & 1 \end{bmatrix}, \quad P_3 = \begin{bmatrix} O_1 & O_2 & O_3 \\ 0 & 0 & 1 \\ 1 & 1 & 0 \end{bmatrix}.$$

Für eine unscharfe Zuordnung können beliebige Partitionen formuliert werden, z. B.

$$P_1 = \begin{bmatrix} O_1 & O_2 & O_3 \\ 0{,}5 & 0 & 1 \\ 0{,}5 & 1 & 0 \end{bmatrix}, \quad P_2 = \begin{bmatrix} O_1 & O_2 & O_3 \\ 0{,}7 & 0{,}3 & 0{,}5 \\ 0{,}3 & 0{,}7 & 0{,}5 \end{bmatrix}, \quad P_3 = \begin{bmatrix} O_1 & O_2 & O_3 \\ 0{,}1 & 0 & 0{,}9 \\ 0{,}9 & 1 & 0{,}1 \end{bmatrix}.$$

Für die Zuordnung eines Objekts (Klassifizierung) wäre es wichtig, definierte Grenzen, Ebenen oder Hyperflächen zu deklarieren, die diverse Cluster eindeutig voneinander abgrenzen. Diese Aufgabe ist nicht trivial und oft nicht eindeutig lösbar, wie die Partitionen in Abbildung 7.11 illustrieren.

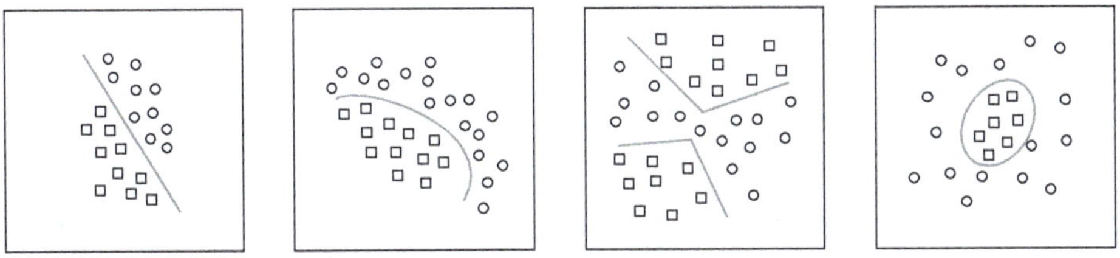

(a) (b) (c) (d)

Abb. 7.11: Problematische Klassifizierungen (in Anlehnung an [15]).

### 7.5.1 Methode der *k* nächsten Nachbarn

Die Methode der *k* nächsten Nachbarn (kNN-Methode) basiert auf Arbeiten von Fix und Hodges aus dem Jahr 1951. Sie ist eine nicht-parametrische Methode, d. h. sie ist unabhängig von statistischen Randbedingungen wie z. B. vergleichbare, gaussverteilte Varianzen. Im einfachsten Fall wird ein neues Objekt der Klasse zugewiesen, dem ihr nächster Nachbar (mit kleinstem Abstand) angehört ($k = 1$).

Das Vorgehen ist einfach: Ausgehend von einer definierten Clustereinteilung (Partition) wird für ein neues Objekt *O*

- der Abstand berechnet zu allen Objekten (z. B. euklidischer Abstand, Gleichung (7.15)),
- die Objekte der Partition sortiert nach ihren Abständen zu Objekt *O*
- bei *k* nächsten Nachbarn (z. B. $k = 3$) erfolgt die Zuordnung zu dem Cluster, das die größte Anzahl von diesen *k* Nachbarn (z. B. 2 oder 3) stellt,
- haben zwei (oder mehr) Cluster die gleiche Zahl nächster Nachbarn, liegt ein Ausreißer vor.

Abbildung 7.12 verdeutlicht dieses Vorgehen für Objekt *O* und Ausreißer *A* am Beispiel der Merkmale Mg/Zn der Saftproben aus Tabelle 7.1.

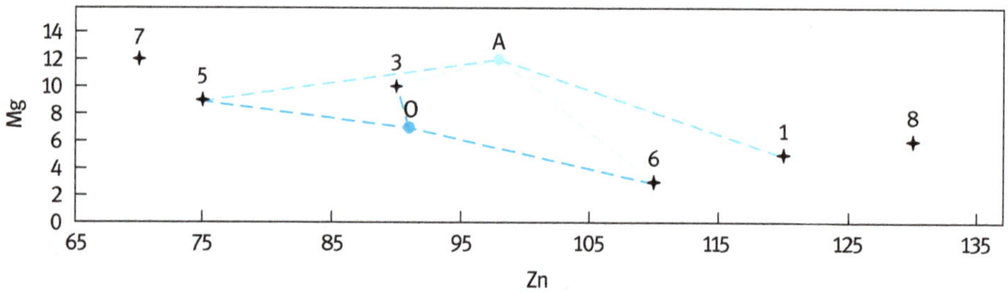


Abb. 7.12: Klassifizierung nach 3NN-Methode am Beispiel der Saftproben: Zuordnung des Objekts *O* zum Cluster 3/5/7, da 2 der 3 nächsten Nachbarn aus diesem Cluster sind. Objekt *A* ist unklassifizierter Ausreißer, da die Abstände Objekt 1 zu Objekt *A* und Objekt 5 zu Objekt *A* gleich sind und somit 2 der 3 nächsten Nachbarn aus Cluster 3/5/7 und 2 der 3 nächsten Nachbarn aus Cluster 1/6/8 stammen.

Der Einsatz von lediglich einem nächsten Nachbarn ist nicht empfehlenswert, da hier ein Ausreißer sich gravierend auswirken kann, in der Regel werden drei oder fünf nächste Nachbarn verwendet. Bei ausreichend großen Objektzahlen – insbesondere wenn unterschiedliche Objektzahlen in unterschiedlichen Clustern berücksichtigt werden sollen – kann auch eine größere Anzahl nächster Nachbarn eingesetzt werden.

Auch bei der kNN-Methode sollten einige Aspekte beachtet werden:
- Es erfolgt generell eine scharfe Zuordnung, d. h. ein neues Objekt kann nur einem Cluster zugewiesen werden.
- Haben die Cluster sehr unterschiedliche Anzahl Objektmitglieder, kann sich dies auf die Anzahl der nächsten Nachbarn auswirken. Dem begegnet man, indem man die Anzahl der angerechneten Nachbarn mit der Objektzahl $n_c$ verknüpft. Bei z. B. 30 Objekten in Cluster $G_1$ und 60 Objekten in Cluster $G_2$ müssen bei der 3NN-Methode ≥ 2 nächste Nachbarn aus $G_2$ sein für eine Zuordnung zu $G_2$, bzw. ≥ 1 Nachbar für eine Zuordnung zu $G_1$.
- In manchen Fällen werden viele Merkmale ermittelt, die aber nicht den gleichen Stellenwert haben, z. B. weil sie redundant oder mit anderen Merkmalen korreliert sind. In vielen Fällen wird daher der Mahalanobis-Abstand (Gleichung (7.16)) dem Euklid-Abstand vorgezogen.
- Ausreißer in der Ausgangspartition können auch hier Fehlzuordnungen initiieren, diese sollten z. B. durch eine Kreuzvalidierung (vgl. Kapitel 7.3.2) detektiert und eliminiert werden.

### 7.5.2 SIMCA-Methode

Die SIMCA-Methode, eingeführt von S. Wold [12, 13], beruht auf einer unabhängigen Modellbeschreibung der einzelnen Cluster (*soft independant modelling of class analogy*). Das Modell beschreibt geometrisch gesehen eine Box, die die Clusterobjekte umschließt. Soft-Modelling steht dafür, dass ein Objekt auch mehreren Clustern angehören kann (unscharfe Zuordnung). Die separate Modellierung der einzelnen Cluster hat u. a. den gravierenden Vorteil, dass bei Einführung einer weiteren Objektgruppe (Cluster) die Konstitution der bisherigen Cluster nicht neu berechnet werden muss.

Die Grundlage der SIMCA-Methode stellt eine Hauptkomponentenanalyse für jeden Cluster dar. Dabei kann die Zahl der Hauptkomponenten jeweils unterschiedlich sein, wie in Abbildung 7.13 verdeutlicht.

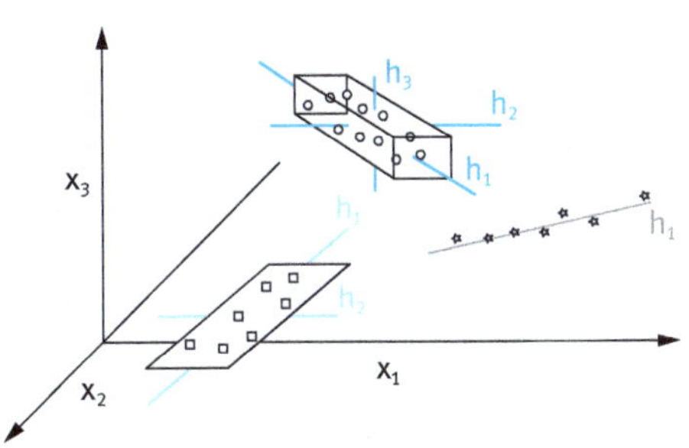


Abb. 7.13: SIMCA-Hauptkomponentenmodelle für diverse Cluster (in Anlehnung an [1]).

Die SIMCA-Methode basiert auf folgenden Schritten:

- Hauptkomponentenanalyse, d. h. Berechnung der Hauptkomponenten $\boldsymbol{H}$ und Ladungen $\boldsymbol{L}$ für jeden Cluster,
- Schätzung der Objektdaten des Cluster mittels Hauptkomponentenmodell: $\hat{\boldsymbol{X}} = \boldsymbol{HL}^{\mathrm{T}}$ (Gleichung (7.11)),
- Berechnung der Residuen $\boldsymbol{E}$ aus der Differenz Originaldaten[19] – geschätzte Daten: $\boldsymbol{E} = \boldsymbol{X} - \hat{\boldsymbol{X}}$.

Die wesentlichen Aussagen werden aus den entsprechenden Standardabweichungen (Varianzen) abgeleitet. Die Objekt-Klassifizierung fußt oft auf primären, a priori bekannten Clustern mit definierten Cluster-Objekten.

### Modellkraft

Die Modellkraft $M_k$ eines ursprünglichen Merkmals $k$ für einen betrachteten Cluster $C$ ist ein Maß für seine Bedeutung in diesem Cluster. Sie wird gebildet aus den Varianzen der Originaldaten $s_{xk}^2$ bzw. der Residuen $s_{ek}^2$ für das Merkmal $k$:

$$s_{xk}^2 = \frac{1}{n_c - 1} \sum_{i=1}^{n_c} (x_{ik} - \bar{x}_k)^2 \quad \text{bezogen auf den Cluster } C \qquad (7.22)$$

$$s_{ek}^2 = \frac{1}{n_c - t_c - 1} \sum_{i=1}^{n_c} e_{ik}^2 \quad \text{bezogen auf den Cluster } C \qquad (7.23)$$

mit $k$: Index betrachtetes Merkmal/Variable; $x_{ik}$: Merkmal $k$ des Clusterobjekts $i$; $\bar{x}_k$: Mittelwert des Merkmals $k$ im Cluster; $n_c$: Objektzahl; $t_c$: Hauptkomponentenzahl; $e_{ik}$: Residuum (z. B. Euklid-Fehler) des Objekts $i$ beim Merkmal $k$.
Für die Modellkraft[20] gilt:

$$M_k = 1 - \frac{s_{ek}}{s_{xk}} \quad \text{bezogen auf Cluster } C \text{ und Merkmal } k. \qquad (7.24)$$

19 Cluster-Objektdaten können aus den ursprünglichen Merkmalen, skalierten Merkmalen oder auch deren primären Hauptkomponenten gebildet werden. Sie werden in der Regel zentriert bzw. autoskaliert vor der Cluster-Hauptkomponentenanalyse.

20 Die Modellkraft gibt an, wie gut die Objekte des Clusters durch die Merkmale beschrieben werden. Sie sagt nichts darüber aus, wie gut zwei Cluster $A$ und $B$ voneinander differenziert werden können. Dies wird durch die Diskriminanzkraft beschrieben. Für die Diskriminanzkraft $D_k$ des Merkmals $k$ wird jedes Objekt des Clusters $A$ mit den Hauptkomponenten des zugehörigen Clusters $A$, dann aber auch mit den (falschen) Hauptkomponenten des Clusters $B$ geschätzt, analog für alle Objekte des Clusters $B$. Es resultieren vier Sets Objektschätzungen mit entsprechenden Residuen: ${}^{AA}e_{ik}$, ${}^{AB}e_{ik}$, ${}^{BB}e_{ik}$, ${}^{BA}e_{ik}$. Das heißt ${}^{AA}e_{ik}$ ist Residuum des Objekts $i$ für Variable $k$ im Cluster $A$ nach Schätzung mit den Hauptkomponenten des Clusters $A$ bzw. ${}^{AB}e_{ik}$ ist Residuum des Objekts $i$ im Cluster $A$ nach Schätzung mit den Hauptkomponenten des Clusters $B$ usw. Es kann erwartet werden, dass die Residuen ${}^{AA}e_{ik}$, ${}^{BB}e_{ik}$ kleiner sein sollten als ${}^{AB}e_{ik}$ und ${}^{BA}e_{ik}$ (mit Hauptkomponenten des anderen Clusters). ...

Ist die Residuenstreuung vergleichbar zur Streuung der Originaldaten, wird $M_k$ nahezu 0 (oder auch negativ). In diesem Fall besitzt das Merkmal $k$ keine große Bedeutung für den betrachteten Cluster, bei $M_k = 1$ ist das Merkmal $k$ sehr wichtig. Ist die Modellkraft eines Merkmals in allen Clustern sehr klein, kann entschieden werden, dass ein Merkmal (Variable) entfällt, was wiederum den Untersuchungsaufwand deutlich reduzieren kann.

### Varianzanalyse (ANOVA)

Die abschließende Zuordnung eines neuen Objekts $O$ zu einem Cluster kann z. B. geometrisch auf Basis der Distanz zum Cluster (Projektion auf die Hauptkomponenten), besser aber durch Vergleich der Varianzen (ANOVA) erfolgen.

Die Hauptkomponentenwerte $\boldsymbol{h}_O$ des neuen Objekts werden mit Ladungen $\boldsymbol{L}$ der Hauptkomponenten des betrachteten Clusters berechnet (vgl. Gleichung (7.12)): $\boldsymbol{h}_O = \boldsymbol{x}_O\boldsymbol{L}$. Nach Schätzung des neuen Objekts $\hat{\boldsymbol{x}}_O = \boldsymbol{h}_O\boldsymbol{L}^{\mathrm{T}}$ folgen die entsprechenden Residuen $\boldsymbol{e}_O$ als Abweichung der Koordinaten des originalen und des geschätzten Objekts, $\boldsymbol{e}_O = \boldsymbol{x}_O - \hat{\boldsymbol{x}}_O$.
Analog zu Gleichung (7.23) folgt die Varianz der Residuen des neuen Objekts:

$$s_{eO}^2 = \frac{1}{p - t_c} \sum_{k=1}^{p} e_{Ok}^2 \quad \text{bezogen auf den fraglichen Cluster } C \tag{7.25}$$

mit $p$: Zahl der Variablen; $t_c$: Zahl der Hauptkomponenten des Clusters $C$.
Zum Vergleich dient die Varianz $s_e^2$ aller Residuen $e_{ik}$ aller Objekte des Clusters $C$:

$$s_e^2 = \frac{1}{(n_c - t_c - 1)(p - t_c)} \sum_{i=1}^{n_c} \sum_{k=1}^{p} e_{ik}^2 \quad \text{bezogen auf den Cluster } C \tag{7.26}$$

mit $n_c$: Objektzahl des Clusters $C$.

Zur Entscheidung über eine Zugehörigkeit zum betrachteten Cluster dient der $F$-Test mit der Prüfgröße

$$\hat{F} = \frac{s_{eO}^2}{s_e^2} > 1 \tag{7.27}$$

und der Vergleichsgröße $F(\alpha, f_1, f_2)$ der $F$-Tabelle A.5; mit den Freiheitsgraden $f_1 = (p - t_c)$ und $f_2 = (n_c - t_c - 1)(p - t_c)$.
Die Nullhypothese (Objekt gehört zum Cluster) wird angenommen, wenn gilt $\hat{F} < F(\alpha, f_1, f_2)$.

... Analog zu Gleichung (7.23) resultieren die Varianzen ${}^{AA}s_{ek}^2$, ${}^{AB}s_{ek}^2$, ${}^{BB}s_{ek}^2$, ${}^{BA}s_{ek}^2$, daraus folgt

$$D_j = \sqrt{\frac{{}^{AB}s_{ek}^2 + {}^{BA}s_{ek}^2}{{}^{AA}s_{ek}^2 + {}^{BB}s_{ek}^2}} \quad \text{bezogen auf die Cluster } A \text{ und } B\text{, für das Merkmal } k.$$

Je größer $D_k$, desto besser taugt das Merkmal $k$ für die Differenzierung der Cluster $A$ und $B$.

Wird ein Objekt mehreren Clustern zugewiesen, kann der Abstand zum jeweiligen Cluster als Maß für die Zuordnungswahrscheinlichkeit eingesetzt werden. Wird ein neues Objekt keinem Cluster zugeordnet, liegt wahrscheinlich ein Ausreißer vor.

Exemplarisch soll das Vorgehen am Fall der Saftproben durchgeführt werden.

**Bsp. 7.5:** Zn/Mg-Merkmale der Saftproben aus Tabelle 7.1, Analyse und Objektzuweisung mittels SIMCA-Methode.

| Objekt | Zn | Mg |
|---|---|---|
| 1 | 120 | 5 |
| 3 | 90 | 10 |
| 5 | 75 | 9 |
| 6 | 110 | 3 |
| 7 | 70 | 12 |
| 8 | 130 | 6 |

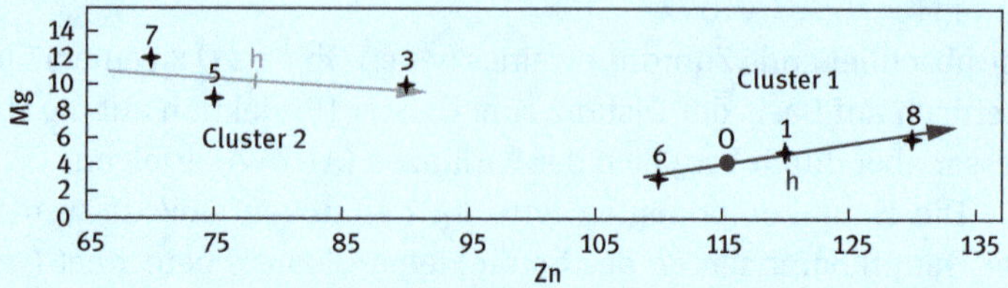


Die Partition (Clusterzuweisung) resultiert z. B. aus dem *k*-Means-Verfahren (Beispiel 7.4).

**SIMCA-Analyse:** Nach Datenzentrierung folgt für jeden Cluster die Hauptkomponentenanalyse mit ***H***-, ***L***- und ***E***-Matrix mit einer Hauptkomponente. Es werden die Varianzen $s_{xk}^2$ bzw. $s_{ek}^2$ und $s_e^2$ nach Gleichung (7.22), (7.23) und (7.26) bestimmt.

**Cluster 1**

| Objekt | $Zn_{zentriert}$ | $Mg_{zentriert}$ |
|---|---|---|
| 1 | 0,00 | 0,33 |
| 6 | −10,00 | −1,67 |
| 8 | 10,00 | 1,33 |
| $s_{xk}^2$ | 100,000 | 2,333 |

$$\boldsymbol{H} = \begin{pmatrix} 0,05 \\ -10,14 \\ 10,09 \end{pmatrix}, \quad \boldsymbol{L} = \begin{pmatrix} 0,99 \\ 0,15 \end{pmatrix},$$

$$\boldsymbol{E} = \begin{pmatrix} -0,05 & 0,33 \\ 0,02 & -0,16 \\ 0,02 & -0,16 \end{pmatrix}$$

| | | |
|---|---|---|
| $s_{ek}^2$ | 0,004 | 0,159 |
| $s_e^2$ | 0,163 | |

**Cluster 2**

| Objekt | $Zn_{zentriert}$ | $Mg_{zentriert}$ |
|---|---|---|
| 3 | 11,67 | −0,33 |
| 5 | −3,33 | −1,33 |
| 7 | −8,33 | 1,67 |
| $s_{xk}^2$ | 108,333 | 2,333 |

$$\boldsymbol{H} = \begin{pmatrix} 11,66 \\ -3,24 \\ -8,24 \end{pmatrix}, \quad \boldsymbol{L} = \begin{pmatrix} 1,00 \\ -0,06 \end{pmatrix},$$

$$\boldsymbol{E} = \begin{pmatrix} 0,02 & 0,40 \\ -0,10 & -1,54 \\ 0,07 & 1,14 \end{pmatrix}$$

| | | |
|---|---|---|
| $s_{ek}^2$ | 0,015 | 3,816 |
| $s_e^2$ | 3,831 | |

Aus $s_{xk}^2$ bzw. $s_{ek}^2$ werden nach Gleichung (7.24) die Modellkräfte für jedes Merkmal in jedem Cluster berechnet.

**Cluster 1**

| | Zn | Mg |
|---|---|---|
| Modellkraft | 0,99 | 0,74 |

**Cluster 2**

| | Zn | Mg |
|---|---|---|
| Modellkraft | 0,99 | −0,28 |

**SIMCA-Zuordnung**

| Objekt | Zn | Mg |
|---|---|---|
| *O* | 115 | 4 |

Nach Zentrierung der Daten resultiert aus der ***L***-Matrix des jeweiligen Clusters $h_O$ und $e_{Ok}$ des Objekts *O*.

**Cluster 1**

| Objekt | $Zn_{zentriert}$ | $Mg_{zentriert}$ | Zuordnung* |
|---|---|---|---|
| *O* | −5,00 | −0,67 | 0,89 |
| $h_O$ | −5,04 | | |
| $e_{Ok}$ | 0,012 | −0,082 | |

**Cluster 2**

| Objekt | $Zn_{zentriert}$ | $Mg_{zentriert}$ | Zuordnung* |
|---|---|---|---|
| *O* | 36,67 | −6,33 | 0,11 |
| $h_O$ | 36,99 | | |
| $e_{Ok}$ | 0,252 | 4,021 | |

* Der Zuordnungsgrad folgt aus der Distanz des Objekts zu Cluster 1 bzw. Cluster 2 (Gl. (7.18)).

Aus den Residuen des Objekts $e_{Ok}$ berechnet sich entsprechend Gleichung (7.25) dessen Residuenvarianz $s_{eO}^2$ bzw. nach Gleichung (7.27) der *F*-Wert.

**Cluster 1**
$s_{eO}^2 = 0{,}069; \quad F = 0{,}04$

**Cluster 2**
$s_{eO}^2 = 16{,}228; \quad F = 4{,}24$

Aus dem Vergleich mit dem *F*-Tabellenwert folgt, dass das Objekt *O* beiden Clustern unscharf zugeordnet wird.

$$F_{Tab} = 161, \quad f_1 = 1, \; f_2 = 1 \,.$$

## 7.6 Literatur


[1] Otto, M., Chemometrics, Wiley-VCH-Verlag, Weinheim, 2007

[2] Massart, D. L., Vandeginste, B. G. M., Bydens, L. M. C., De Jong, S., Lewi, P. J., Smeyers-Verbeke, J., Data Handling in Science and Technology 20 A, 1. Aufl. Elsevier, Amsterdam, 1998

[3] Brereton, R. G., Chemometrics for Pattern Recognition, Wiley-VCH, Weinheim, 2009

[4] Zell, A., Simulation neuronaler Netze, Addison-Wesley, Bonn, 1994

[5] Wang, Z., Hwang, J., Kowalski, B. R., Anal. Chem., 67, 1497ff., 1995

[6] Golub, G. H., van Loan, C. F., Matrix computations, John Hopkins University Press, Baltimore, 1988

[7] Wold, S., Esbensen, K., Geladi, P., Prinzipal Components Analysis, Chemom. Linell Lab. Syst., 2, 37–52, 1987

[8] Dongana, J. J., Bunch, J. R., Molar, C. B., Stewart, G. W., Linpack Users Guide, SIAM, Philadelphia 1979

[9] Kowalsky, H.-J., Lineare Algebra, Kap. 5, de Gryter, Berlin 1975

[10] Wilkinson, J. H., Reinsch, C. Linear Algebra, Vol. 2 Handbook for Automatic Computation, Springer, 1971
[11] Hartigan, J., Clustering Algorithms, Wiley, New York, 1975
[12] Wold, S., Pattern recognition by means of disjoint principal component models, Pattern Recognition, 8, 127–139, 1976
[13] Frank, I. L., Classification models: discriminant analysis, SIMCA, CART, Chemom. Intell. Lab. Syst., 5, 247–256, 1989
[14] Wehrens, R., Chemometrics with R, Springer, Berlin, 2011
[15] Danzer, K., Hobert, H., Fischbacher, C., Jagemann, K.U., Chemometrik, Springer, Berlin, 2001

## 7.7 Übungen

7.1. Berechnen Sie die normierten Werte für die Zn/Mg-Daten der Objekte 1, 3, 5, 6, 7, 8 aus Tabelle 7.1 und verifizieren Sie die Normierung der Merkmalsvektoren auf 1.

7.2. Berechnen Sie manuell die Varianz-Kovarianz-Matrix für die Zn/Mg-Daten der Objekte 1, 3, 5, 6, 7, 8 aus Tabelle 7.1 und vergleichen Sie dies mit den Varianzen/Kovarianzen Ihrer Tabellenkalkulation.

7.3. Führen Sie die nicht-hierarchische Clusteranalyse am Beispiel der Saftproben erneut durch, indem Sie zu Beginn die Probe 3 dem Cluster 1 und Objekt 7 dem Cluster 2 zuweisen. Bewerten Sie das Resultat im Vergleich zum Beispiel im Text.

7.4. Formulieren Sie die übrigen echten 2-Partitionen von drei Objekten und geben Sie eine unechte Partition bei scharfer wie auch unscharfer Zuordnung an.

## 7.8 Softwareanwendung

Mustererkennung und Klassifizierung sind sowohl mittes RStudio/R als auch dedizierter Software adäquat zu behandeln. Dazu gehört z. B. Cluster (www.chemometrie.info).

### 7.8.1 Einsatz Cluster

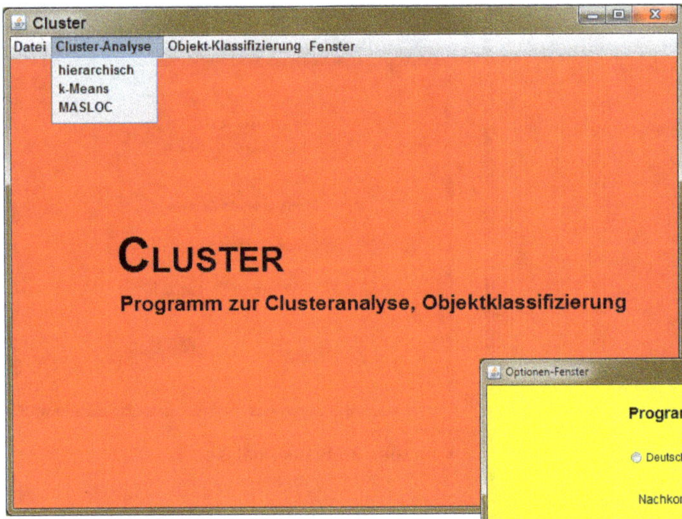


Programmstart

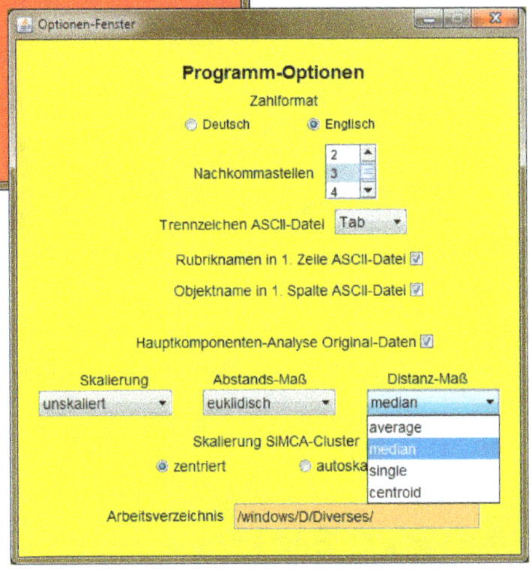


Optionen

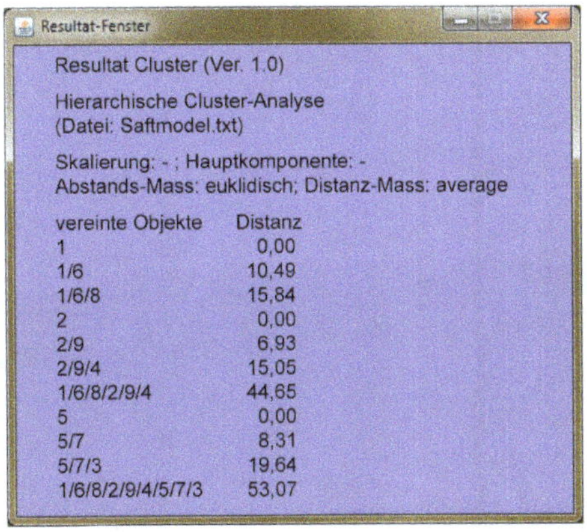


Resultate hierarchische Clusteranalyse

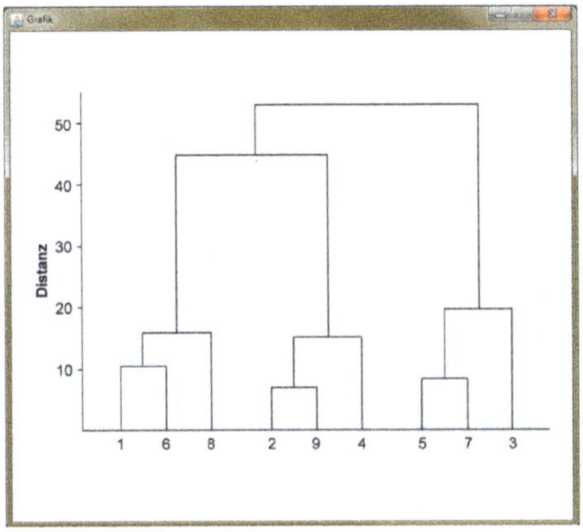


Dendrogramm hierarchische Clusteranalyse

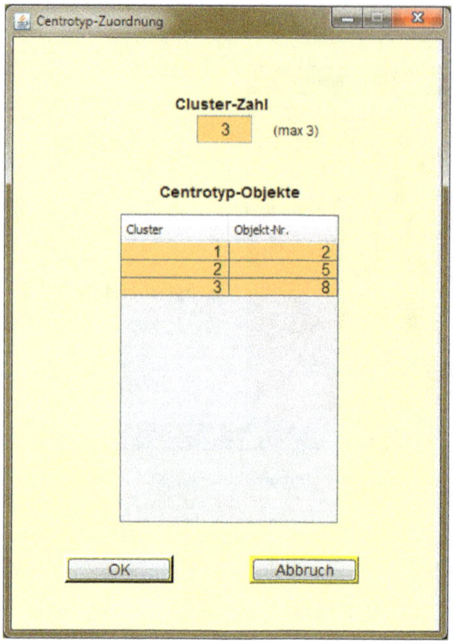


Vorgaben MASLOC-Analyse

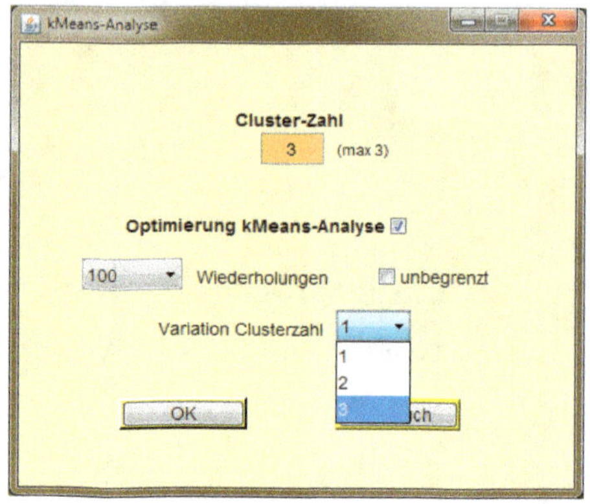


Vorgaben *k*-Means-Analyse

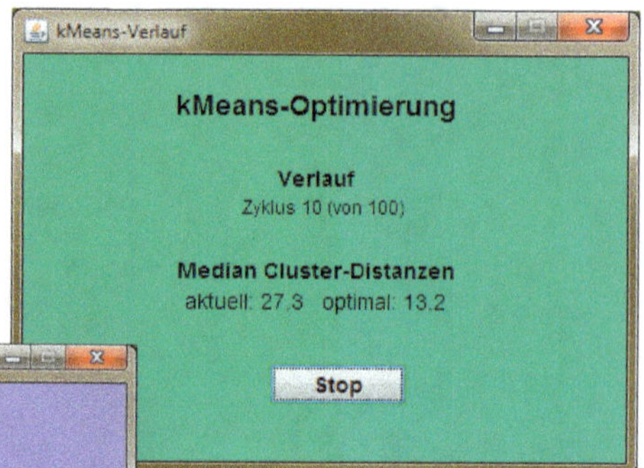


*k*-Means-Verlauf

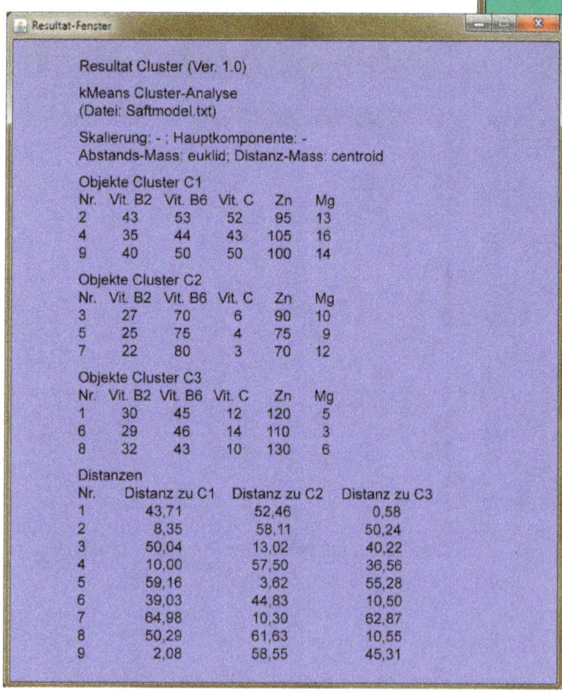
Resultat-Fenster

Resultat Cluster (Ver. 1.0)

kMeans Cluster-Analyse
(Datei: Saftmodel.txt)

Skalierung: - ; Hauptkomponente: -
Abstands-Mass: euklid; Distanz-Mass: centroid

Objekte Cluster C1

| Nr. | Vit. B2 | Vit. B6 | Vit. C | Zn | Mg |
|---|---|---|---|---|---|
| 2 | 43 | 53 | 52 | 95 | 13 |
| 4 | 35 | 44 | 43 | 105 | 16 |
| 9 | 40 | 50 | 50 | 100 | 14 |

Objekte Cluster C2

| Nr. | Vit. B2 | Vit. B6 | Vit. C | Zn | Mg |
|---|---|---|---|---|---|
| 3 | 27 | 70 | 6 | 90 | 10 |
| 5 | 25 | 75 | 4 | 75 | 9 |
| 7 | 22 | 80 | 3 | 70 | 12 |

Objekte Cluster C3

| Nr. | Vit. B2 | Vit. B6 | Vit. C | Zn | Mg |
|---|---|---|---|---|---|
| 1 | 30 | 45 | 12 | 120 | 5 |
| 6 | 29 | 46 | 14 | 110 | 3 |
| 8 | 32 | 43 | 10 | 130 | 6 |

Distanzen

| Nr. | Distanz zu C1 | Distanz zu C2 | Distanz zu C3 |
|---|---|---|---|
| 1 | 43,71 | 52,46 | 0,58 |
| 2 | 8,35 | 58,11 | 50,24 |
| 3 | 50,04 | 13,02 | 40,22 |
| 4 | 10,00 | 57,50 | 36,56 |
| 5 | 59,16 | 3,62 | 55,28 |
| 6 | 39,03 | 44,83 | 10,50 |
| 7 | 64,98 | 10,30 | 62,87 |
| 8 | 50,29 | 61,63 | 10,55 |
| 9 | 2,08 | 58,55 | 45,31 |

Resultate *k*-Means-Analyse

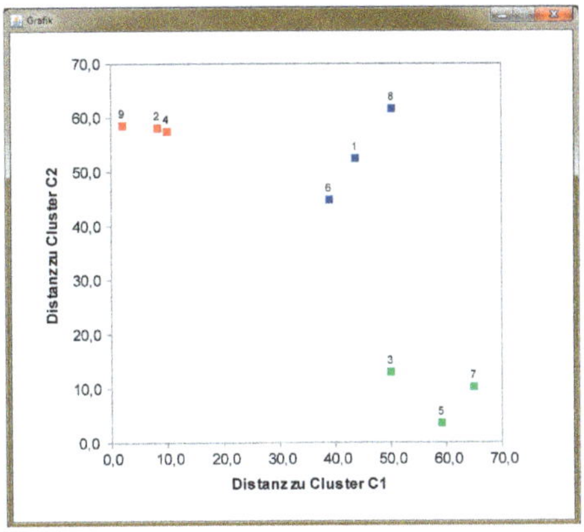


Distanzplot 1

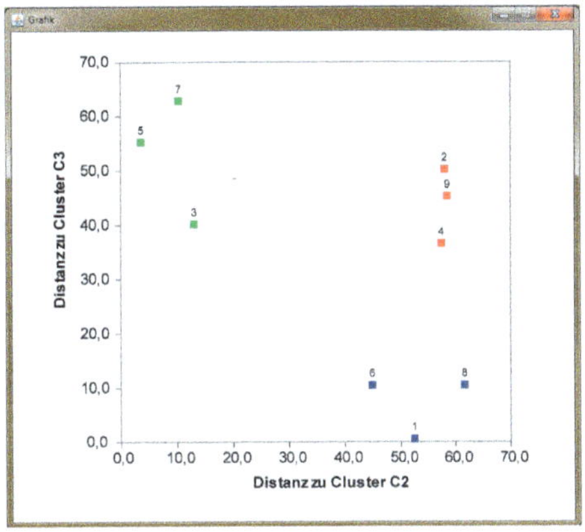


Distanzplot 2

kNN-Objektklassifizierung

kNN-Resultate

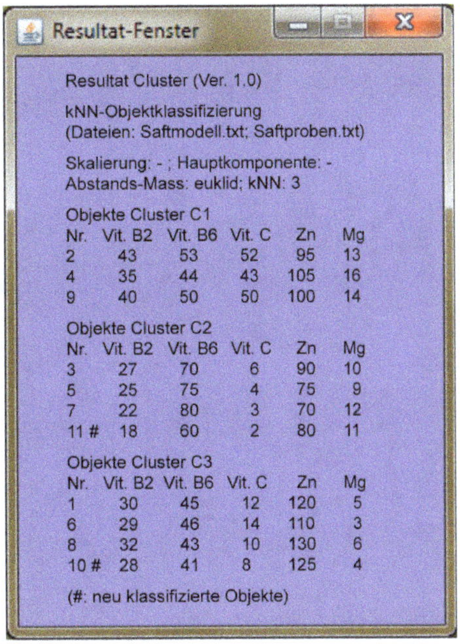
Resultat-Fenster

Resultat Cluster (Ver. 1.0)

kNN-Objektklassifizierung
(Dateien: Saftmodell.txt; Saftproben.txt)

Skalierung: - ; Hauptkomponente: -
Abstands-Mass: euklid; kNN: 3

Objekte Cluster C1

| Nr. | Vit. B2 | Vit. B6 | Vit. C | Zn | Mg |
|---|---|---|---|---|---|
| 2 | 43 | 53 | 52 | 95 | 13 |
| 4 | 35 | 44 | 43 | 105 | 16 |
| 9 | 40 | 50 | 50 | 100 | 14 |

Objekte Cluster C2

| Nr. | Vit. B2 | Vit. B6 | Vit. C | Zn | Mg |
|---|---|---|---|---|---|
| 3 | 27 | 70 | 6 | 90 | 10 |
| 5 | 25 | 75 | 4 | 75 | 9 |
| 7 | 22 | 80 | 3 | 70 | 12 |
| 11 # | 18 | 60 | 2 | 80 | 11 |

Objekte Cluster C3

| Nr. | Vit. B2 | Vit. B6 | Vit. C | Zn | Mg |
|---|---|---|---|---|---|
| 1 | 30 | 45 | 12 | 120 | 5 |
| 6 | 29 | 46 | 14 | 110 | 3 |
| 8 | 32 | 43 | 10 | 130 | 6 |
| 10 # | 28 | 41 | 8 | 125 | 4 |

(#: neu klassifizierte Objekte)

## 7.8.2 Umsetzung in RStudio/R

In *Chemometrics with R/Multivariate Data Analysis in the Natural Sciences and Life Sciences* [14] beschreibt R. Wehrens den Einsatz von R für diese Thematik erschöpfend. Hervorzuheben ist, dass alle beschriebenen Funktionen im R-Paket *ChemometricsWithR* frei zur Verfügung stehen und in R installiert werden können.

Eine weiterführende Behandlung wird daher an dieser Stelle nicht als sinnvoll erachtet.

# 8 Multivariate Kalibration

## 8.1 Einführung

In der Regel wird bei der linearen Regression (z. B. bei einer Kalibration) nur eine abhängige Variable behandelt, z. B. ist die Leitfähigkeit einer Lösung abhängig von der NaCl-Konzentration. In diesem Fall gilt für die Gerade als Kalibrationsmodell: $y = b_0 + b_1 x_1$. Dies impliziert jedoch, dass sich keine weiteren Komponenten auf die abhängige Variable (z. B. die Leitfähigkeit) auswirken.

In vielen Fällen ist dies jedoch nicht gegeben, wenn das Signal $y$ von mehreren Komponenten (Analyte) $x_1, x_2, \ldots, x_p$ abhängig ist. Dazu gehören z. B. IR-Untersuchungen von physikochemischen Parametern von Mineralien oder UV-Spektren pharmazeutischer Formulierungen. Exemplarisch soll dies am Beispiel von UV-Spektren verdeutlicht werden. Eine Probe bestehe aus den drei (allgemein $p$) aromatischen Aminosäuren Phenylalanin (Phe), Tyrosin (Tyr) und Tryptophan (Trp). Wenn die Komponenten als Reinsubstanzen verfügbar sind, können sowohl deren Spektren als auch die von vier (allgemein $n$) verschiedenen Mischungen (mit definierten Konzentrationen, Kalibratoren) gemessen und bei zehn (allgemein $m$, $m \geq p$) Wellenlängen $\lambda$ die Absorption $A$ ermittelt werden.
Es gilt das Lambert-Beer-Gesetz

$$A = \varepsilon c d$$

mit $A$: Absorption ($y$); $c$: Konzentration ($x$); $d$: Schichtdicke; $\varepsilon$: Absorptionskoeffizient ($b$).

Für eine Kalibrationsprobe folgt damit

$$\begin{aligned} A_{\lambda_1} &= [\varepsilon^a_{\lambda_1} c^a + \varepsilon^b_{\lambda_1} c^b + \varepsilon^c_{\lambda_1} c^c]d \quad \text{bei } \lambda_1 \\ A_{\lambda_2} &= [\varepsilon^a_{\lambda_2} c^a + \varepsilon^b_{\lambda_2} c^b + \varepsilon^c_{\lambda_2} c^c]d \quad \text{bei } \lambda_2 \\ &\vdots \\ A_{\lambda_m} &= [\varepsilon^a_{\lambda_m} c^a + \varepsilon^b_{\lambda_m} c^b + \varepsilon^c_{\lambda_m} c^c]d \quad \text{bei } \lambda_m \end{aligned}$$

mit $c^a$: Konzentration Komponente $a$ etc., $\varepsilon^a_{\lambda_1}$: Absorptionskoeffizient Komponente $a$ bei Wellenlänge $\lambda_1$ etc.

Schließt man die Konstante $d$ in den Absorptionskoeffzient ein ($\kappa = \varepsilon d$) resultiert für eine Probe in Matrixschreibweise

$$\boldsymbol{a} = \boldsymbol{K}^{\mathrm{T}} \boldsymbol{c}^{\mathrm{T}} \,. \tag{8.1}$$

Abbildung 8.1 verdeutlicht die Zusammenhänge zwischen Absorptionskoeffizienten, Konzentrationen der vier Kalibratoren (Kl) und entsprechenden UV-Spektren.

DOI 10.1515/9783110451030-009

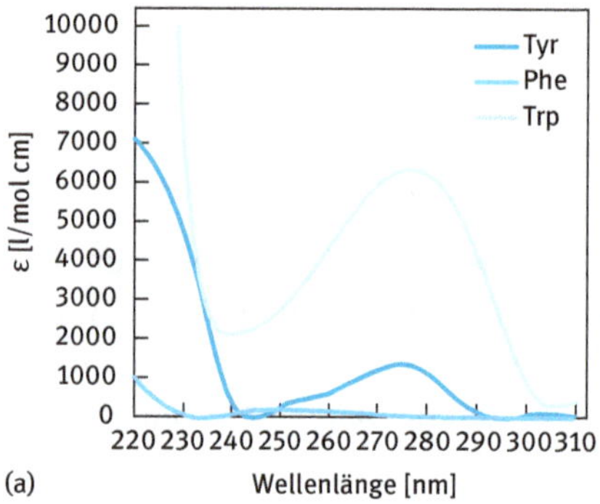


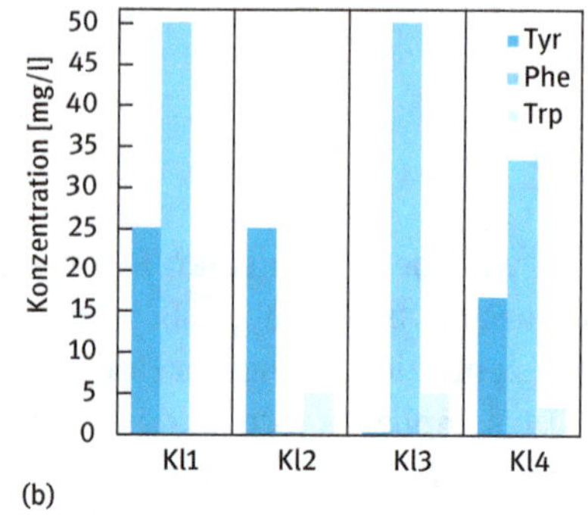


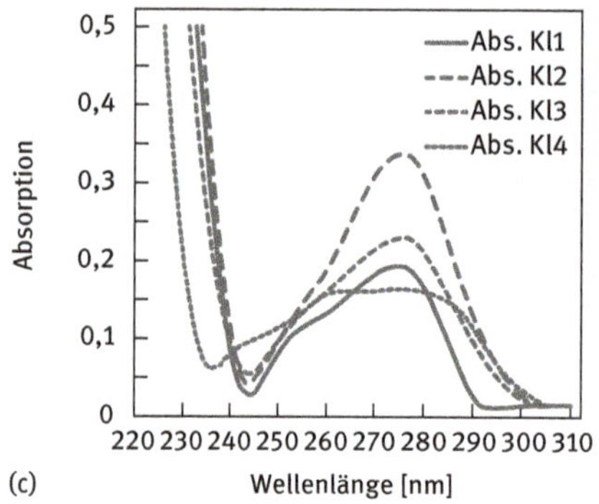


**Abb. 8.1:** (a) Absorptionskoeffizienten, (b) Konzentrationen, (c) Spektren von vier Kalibratoren ($Kl_1$, $Kl_2$, $Kl_3$, $Kl_4$).

Für ein System, bestehend aus mehreren Proben ($n$, hier 4) unterschiedlicher Konzentrationen (z. B. Standards, Kalibratoren) folgt eine Absorptions- bzw. Konzentrationsmatrix mit $n$ Zeilen in verallgemeinerter Matrixschreibweise

$$\boldsymbol{Y} = \boldsymbol{X}\boldsymbol{B} + \boldsymbol{E} \qquad \text{d.h.} \qquad \underset{n \times m}{\boxed{\boldsymbol{Y}}} = \underset{n \times p}{\boxed{\boldsymbol{X}}} \cdot \underset{p \times m}{\boxed{\boldsymbol{B}}} + \underset{n \times m}{\boxed{\boldsymbol{E}}} \tag{8.2}$$

mit $\boldsymbol{Y}$: $(n \times m)$-Matrix der Absorptionen; $\boldsymbol{X}$: $(n \times p)$-Matrix der Konzentrationen; $\boldsymbol{B}$: $(p \times m)$-Matrix der Absorptionskoeffizienten $\kappa$; $\boldsymbol{E}$: $(n \times m)$-Matrix der Residuen (Abweichungen der berechneten von den gemessenen Absorptionen); $n$: Zahl der Kalibrationsproben; $m$: Zahl der Wellenlängen; $p$: Zahl der Komponenten (Analyte).[1]

1 Im Folgenden werden Matrizen kursiv, fett mit Großbuchstaben (z. B. $\boldsymbol{K} \in \mathbb{R}^{p \times m}$), (Spalten-)Vektoren kursiv, fett mit Kleinbuchstaben geschrieben (z. B. $\boldsymbol{a} \in \mathbb{R}^{n}$). Index $-1$ steht für invertiert, T für transponierte Matrix (bzw. transponierter Vektor). Im Kapitel soll folgende Benennung durchgängig verwendet werden: $n$: Zahl der Proben; $m$: Zahl der Wellenlängen; $p$: Zahl der Komponenten (Analyte). Wie in vielen Chemometrie-Büchern üblich, wird die Konzentration als Zeilenvektor angegeben ($\boldsymbol{c} \in \mathbb{R}^{1 \times p}$)!

Die Zielsetzungen sind [1–3]:
(a) Modellberechnung nach Gleichung (8.2) durch Bestimmung der Koeffizientenmatrix $\boldsymbol{B}$,
(b) Schätzung von Absorptionen ($\hat{\boldsymbol{y}}_O$) oder Konzentrationen ($\hat{\boldsymbol{c}}_O$) einer neuen Probe.

Sind alle Komponenten (Bestandteile, Analyte) bekannt, z. B. bei einem pharmazeutischen Präparat, kann die klassische Kalibration sowohl als direkte als auch indirekte Kalibration verwendet werden. Sind nicht alle Komponenten bekannt, z. B. einer Lebensmittelprobe, wird die inverse Kalibration eingesetzt, inbesondere mit den Varianten Hauptkomponentenregression (PCR) bzw. Partial-Least-Squares-Regression (PLS).

## 8.2 Klassische Kalibration

Es wird hier vorausgesetzt, dass alle Komponenten der Probe bekannt sind und keine Wechselwirkung der Komponenten untereinander bzw. mit dem Lösungsmittel vorliegen. In obigem Beispiel wird die abhängige Variable (Absorption) als Funktion der drei unabhängigen Variablen (Konzentrationen) $c_1$, $c_2$, $c_3$ der Analyte Phe, Tyr, Trp beschrieben. Werden für eine unbekannte Probe die Absorptionen bei drei verschiedenen Wellenlängen bestimmt und liegen alle Absorptionskoeffizienten vor, ist das resultierende Gleichungssystem (Gleichung (8.1)) numerisch nicht überbestimmt und kann konventionell gelöst werden (z. B. mittels Gauss-Diagonalisierung). Es gelten die generellen Voraussetzung der Least-Squares-Regression (vgl. Kapitel 4.2.2), z. B. dass nur die abhängige Variable $y$ (hier Absorption $a_{ij}$) fehlerbehaftet ist.

### 8.2.1 Direkte Kalibration

Es sind alle Absorptionskoeffizienten, z. B. aus der Literatur oder durch Untersuchung der Reinsubstanzen bekannt, in obigem Fall für alle drei Aminosäuren. Analog Gleichung (8.2) gilt

$$\boldsymbol{A} = \boldsymbol{CK} \tag{8.3}$$

mit $\boldsymbol{A}$: Matrix der Absorptionen der Kalibratoren[2]; $\boldsymbol{C}$: Matrix der Konzentrationen; $\boldsymbol{K}$: Matrix der bekannten Absorptionskoeffizienten $\kappa$.

2 Bei einer Basislinienverschiebung, werden alle Absorptionsdaten $\boldsymbol{A}$ zentriert (Zentrierung: $a_{ik}^{z} = a_{ik} - \bar{a}_k$, vgl. Kapitel 7.2.3). Ansonsten steht in der Konzentrationsmatrix zusätzlich eine erste Spalte mit 1 und in der Koeffizientenmatrix in der ersten Zeile ein konstanter Koeffizient für den Ordinatenabschnitt (Untergrund).

### Schätzung der Konzentration

Für die Analyse der Konzentrationen $\boldsymbol{c}_O$ einer unbekannten Probe $O$ gilt

$$\hat{\boldsymbol{c}}_O = \boldsymbol{a}_O^{\mathrm{T}}\boldsymbol{K}^{-1} \qquad \text{für } m = p, \tag{8.4}$$

d. h. Zahl der Wellenlängen = Zahl der Komponenten, bzw.[3]

$$\hat{\boldsymbol{c}}_O = \boldsymbol{a}_O^{\mathrm{T}}\boldsymbol{K}^{\mathrm{T}}(\boldsymbol{K}\boldsymbol{K}^{\mathrm{T}})^{-1} \quad \text{für } m > p \tag{8.5}$$

mit $\hat{c}_O$: geschätzter Konzentrationsvektor der unbekannten Probe; $\boldsymbol{a}_O$: Absorptionen der unbekannten Probe bei $m$ Wellenlängen.

Die direkte Kalibration wird beispielhaft mit zwei Komponenten ausgeführt.

Bsp. 8.1: Direkte Kalibration für zwei Komponenten bei drei Wellenlängen (Gleichung (8.5)).

| $K$ | $\lambda_1$ | $\lambda_2$ | $\lambda_3$ |
|---|---|---|---|
| Komp. 1 | 4 | 3 | 2 |
| Komp. 2 | 3 | 6 | 9 |

| Absorptionen $\boldsymbol{a}$ | (+ Rauschen) |
|---|---|
| $\boldsymbol{a}_{\lambda_1}$ | 1,71 |
| $\boldsymbol{a}_{\lambda_2}$ | 2,39 |
| $\boldsymbol{a}_{\lambda_3}$ | 3,11 |

$$c_O = \boldsymbol{a}_O^{\mathrm{T}}\boldsymbol{K}^{\mathrm{T}}(\boldsymbol{K}\boldsymbol{K}^{\mathrm{T}})^{-1} = \begin{pmatrix}1{,}71 & 2{,}39 & 3{,}11\end{pmatrix}\begin{pmatrix}4 & 3\\ 3 & 6\\ 2 & 9\end{pmatrix}\left(\begin{pmatrix}4 & 3 & 2\\ 3 & 6 & 9\end{pmatrix}\begin{pmatrix}4 & 3\\ 3 & 6\\ 2 & 9\end{pmatrix}\right)^{-1}$$

$$= \begin{pmatrix}1{,}71 & 2{,}39 & 3{,}11\end{pmatrix}\begin{pmatrix}4 & 3\\ 3 & 6\\ 2 & 9\end{pmatrix}\begin{pmatrix}29 & 48\\ 48 & 126\end{pmatrix}^{-1}$$

$$= \begin{pmatrix}1{,}71 & 2{,}39 & 3{,}11\end{pmatrix}\begin{pmatrix}4 & 3\\ 3 & 6\\ 2 & 9\end{pmatrix}\begin{pmatrix}0{,}0933 & -0{,}0356\\ -0{,}0356 & 0{,}0215\end{pmatrix} = \begin{pmatrix}0{,}2007 & 0{,}3002\end{pmatrix}$$

Den theoretischen Absorptionen (1,7; 2,4; 3,1) liegen folgende theoretische Konzentrationen zugrunde: $c_1 = 0{,}20$; $c_2 = 0{,}30$.
Die prozentualen Abweichungen $\delta c_i\,[\%] = 100 \cdot (c_{\text{calc}} - c_{\text{theorie}})/c_{\text{theorie}}$ sind:
$\delta c_1 \simeq 0{,}33\,\%$ bzw. $\delta c_2 \simeq 0{,}07\,\%$.

3 Das Produkt $\boldsymbol{K}^{\mathrm{T}}(\boldsymbol{K}\boldsymbol{K}^{\mathrm{T}})^{-1}$ wird rechte Pseudoinverse oder Moore-Penrose-Matrix genannt, analog ist $(\boldsymbol{K}^{\mathrm{T}}\boldsymbol{K})^{-1}\boldsymbol{K}^{\mathrm{T}}$ die linke Pseudoinverse. Effiziente Lösungen für Gleichungssysteme wie $\boldsymbol{A} = \boldsymbol{C}\boldsymbol{K}$ beruhen auf einer Zerlegung der Matrix z. B. mittels LU-Dekomposition oder Singulärwert-Zerlegung. Durch Rundungsfehler können bei der numerischen Matrixinversion gravierende Abweichungen resultieren.

### 8.2.2 Indirekte Kalibration

Nicht immer sind alle Absorptionskoeffizienten bekannt, z. B. weil eine Komponente kommerziell nicht verfügbar ist. In der Praxis verwendet man in diesem Fall ein Kalibrationsmodell analog Gleichung (8.3), dass auf mehreren Kalibrationsproben (mit definierten Konzentationen) basiert. Es resultiert ein Modell zur Beschreibung des Zusammenhangs von Absorptionen ($\boldsymbol{A}$) und Konzentrationen ($\boldsymbol{C}$) der Kalibratoren nach Gleichung (8.6).
Gleichung (8.1) wird für $n$ Kalibrationsproben entsprechend Gleichung (8.3) zu

$$\begin{pmatrix} a_{11} & a_{12} & \cdots & a_{1m} \\ a_{21} & a_{22} & \cdots & a_{2m} \\ \vdots & \vdots & \ddots & \vdots \\ a_{n1} & a_{n2} & \cdots & a_{nm} \end{pmatrix} = \begin{pmatrix} c_{11} & c_{12} & \cdots & c_{1p} \\ c_{21} & c_{22} & \cdots & c_{2p} \\ \vdots & \vdots & \ddots & \vdots \\ c_{n1} & c_{n2} & \cdots & c_{np} \end{pmatrix} \cdot \begin{pmatrix} k_{11} & k_{12} & \cdots & k_{1m} \\ k_{21} & k_{22} & \cdots & k_{2m} \\ \vdots & \vdots & \ddots & \vdots \\ k_{p1} & k_{p2} & \cdots & k_{pm} \end{pmatrix}$$

bzw.

$$\boldsymbol{A} = \boldsymbol{C}\hat{\boldsymbol{K}} \tag{8.6}$$

mit $m$: Wellenlängenzahl; $p$: Komponentenzahl; $\hat{\boldsymbol{K}}$: Matrix geschätzter $k$-Werte (Gleichung (8.7)).

Da nicht alle Absorptionskoeffizienten vorliegen, Konzentrationen ($\boldsymbol{C}$) und Absorptionen ($\boldsymbol{A}$) aller Kalibrationsstandards aber gegeben sind, wird $\hat{\boldsymbol{K}}$ aus dem Modell (Gleichung (8.6)) geschätzt zu

$$\hat{\boldsymbol{K}} = (\boldsymbol{C}^{\mathrm{T}}\boldsymbol{C})^{-1}\boldsymbol{C}^{\mathrm{T}}\boldsymbol{A} \quad (\boldsymbol{K}\text{-Matrix-Verfahren}). \tag{8.7}$$

Das $\boldsymbol{K}$-Matrix-Verfahren erlaubt auch die Behandlung von Systemen, bei denen die Unabhängigkeit der Kalibratoren/Spektren nicht mehr gewährleistet ist (s. u.).

#### Rang der $C$-Matrix

Numerisch kritisch ist die Inversion in Gleichung (8.7) bei schlecht konditionierter $\boldsymbol{C}$-Matrix, d. h. wenn Kollinearitäten zwischen den Konzentrationsvektoren der verschiedenen Kalibratoren (Spalten der $\boldsymbol{C}$-Matrix) bestehen. Kollinearitäten liegen z. B. vor, wenn die verschiedenen Konzentrationen der Kalibratoren lediglich durch Verdünnung aus einer Stammlösung erhalten wurden. Hier spricht man von schlecht konditionierten Systemen, die bis zur Singularität der $\boldsymbol{C}$-Matrix führt. Eine Inversion der Matrix ist dann nicht mehr möglich. Eine Möglichkeit, gut konditionierte Konzentrationsmatrizen zu erhalten ist der Einsatz von Mischungsplänen (vgl. Kapitel 3.4.2) für die Zusammenstellung der diversen Konzentrationsverhältnisse verschiedener Kalibratoren.

Abbildung 8.2 zeigt den Einsatz eines Simplex-Centroid-Mischungsdesigns, wodurch gut konditionierte Konzentrationen der drei Komponenten ($x_1, x_2, x_3$) für sieben Kalibratoren ($\mathrm{Kl}_1, \ldots, \mathrm{Kl}_7$) erhalten werden (bei vier Komponenten entspricht dem ein tetraedrischer Simplex im vierdimensionalen Raum).

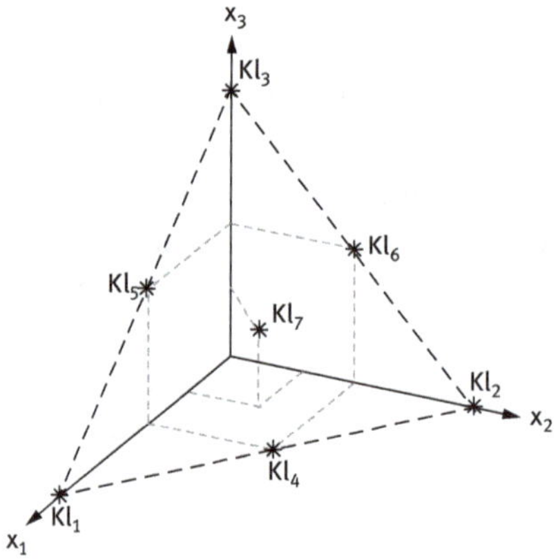


Abb. 8.2: Versuchsplan mit Simplex-Centroid-Design in karthesischen Koordinaten.

Die resultierenden sieben Konzentrationsfaktoren sind in Tabelle 8.1 aufgelistet.

Tab. 8.1: Konzentrationsfaktoren für sieben Kalibratoren bei drei Komponenten aus dem Simplex-Centroid-Design.

| Konzentrationsfaktor | $Kl_1$ | $Kl_2$ | $Kl_3$ | $Kl_4$ | $Kl_5$ | $Kl_6$ | $Kl_7$ |
|---|---|---|---|---|---|---|---|
| 1 | 1 | 0 | 0 | 1/2 | 1/2 | 0 | 1/3 |
| 2 | 0 | 1 | 0 | 1/2 | 0 | 1/2 | 1/3 |
| 3 | 0 | 0 | 1 | 0 | 1/2 | 1/2 | 1/3 |

Exemplarisch soll dies anhand der Analyte Tyr, Phe und Trp ausgeführt werden.

Bsp. 8.2: Konzentrationsberechnung für vier Kalibratoren der Komponenten Tyr, Phe, Trp gemäß Abbildung 8.1 (b).

Es werden die Kalibratorkonzentrationen der letzten vier Kalibratoren entsprechend Tabelle 8.1 bestimmt. Gegeben ist Konzentration der Stammlösung der Analyte, $c_{SL,Analyt}$ (zumeist maximale Kalibratorkonzentration des Analyten).

Die Konzentration des Kalibrators berechnet sich zu $c_{Analyt_i} = c_{SL,Analyt} \cdot Kf_{i,j}$
mit $Kf_{i,j}$: Konzentrationsfaktor $i$ für Kalibrator $Kl_j$.

| | |
|---|---|
| $c_{SL,Tyr}$ | 50 [µg/mL] |
| $c_{SL,Phe}$ | 100 [µg/mL] |
| $c_{SL,Trp}$ | 10 [µg/mL] |

| Konzentrationsfaktor | | $Kl_1$ | $Kl_2$ | $Kl_3$ | $Kl_4$ |
|---|---|---|---|---|---|
| $Kf_{Tyr}$ | | 0,50 | 0,50 | 0,00 | 0,33 |
| $Kf_{Phe}$ | | 0,50 | 0,00 | 0,50 | 0,33 |
| $Kf_{Trp}$ | | 0,00 | 0,50 | 0,50 | 0,33 |
| $c_{Tyr}$ | [µg/mL] | 25,0 | 25,0 | 0,0 | 16,7 |
| $c_{Phe}$ | [µg/mL] | 50,0 | 0,0 | 50,0 | 33,3 |
| $c_{Trp}$ | [µg/mL] | 0,0 | 5,0 | 5,0 | 3,3 |

Die Unabhängigkeit der Konzentrationsvektoren in der $\boldsymbol{C}$-Matrix kann mit Hilfe der Korrelationsmatrix[4] bewertet werden. Die Konzentrationen sind unkorreliert, wenn alle Nichtdiagonalelemente der Korrelationsmatrix 0 bzw. nicht signifikant von 0 verschieden sind.

### Schätzung der Konzentration

Die Schätzung der Konzentrationen $\boldsymbol{c}_O$ einer unbekannten Probe erfolgt mit den geschätzten Koeffizienten $\hat{\boldsymbol{K}}$ zu (vgl. Gleichung (8.5)):

$$\hat{\boldsymbol{c}}_O = \boldsymbol{a}_O^{\mathrm{T}} \hat{\boldsymbol{K}}^{\mathrm{T}} (\hat{\boldsymbol{K}} \hat{\boldsymbol{K}}^{\mathrm{T}})^{-1} \,. \tag{8.8}$$

Exemplarisch wird das $\boldsymbol{K}$-Matrix-Verfahren anhand von zwei Komponenten eingesetzt.

Bsp. 8.3: Indirekte Kalibration für zwei Komponenten nach dem $\boldsymbol{K}$-Matrix-Verfahren (Gleichung (8.6)).

Stammlösungen für die Kalibratoren haben die Konzentrationen: $c_{\mathrm{SL},1} = 0{,}2$ bzw. $c_{\mathrm{SL},2} = 0{,}3$. Aus den Konzentrationsfaktoren für zwei Komponenten berechnen sich die Konzentrationen der Kalibratoren, die zugehörigen Absorptionen sind bei den diversen Wellenlängen in der Absorptionsmatrix angegeben.

4 Die Korrelationsmatrix $\boldsymbol{R}$ basiert auf den Kovarianzen (vgl. Kapitel 7.2.4). Die Kovarianz $\mathrm{cov}(\boldsymbol{c}_j, \boldsymbol{c}_k)$ ist ein Maß für einen linearen Zusammenhang zwischen den Konzentrationsvektoren $\boldsymbol{c}_j$, $\boldsymbol{c}_k$ der Kalibratoren $j$, $k$. Es gilt:

$$\mathrm{cov}(\boldsymbol{c}_j, \boldsymbol{c}_k) = \frac{1}{n-1} \sum_{i=1}^{n} (c_{ij} - \bar{c}_j)(c_{ik} - \bar{c}_k) \quad j, k = 1, \ldots, p; \; j \neq k; \quad \text{bzw.} \quad \mathrm{cov}(\boldsymbol{c}_j, \boldsymbol{c}_j) = s_j^2 \text{ für } j = k$$

bzw.

$$r_{jk} = \frac{\mathrm{cov}(\boldsymbol{c}_j, \boldsymbol{c}_k)}{s_j s_k}$$

mit $s_j$, $s_k$: Standardabweichung des $j$-ten bzw. $k$-ten Konzentrationsvektors.
Daraus folgt die Korrelationsmatrix:

$$\boldsymbol{R} = \begin{pmatrix} 1 & r_{1,2} & \cdots & r_{1,p} \\ r_{2,1} & 1 & \cdots & r_{2,p} \\ \vdots & \vdots & \ddots & \vdots \\ r_{p,1} & r_{p,2} & \cdots & 1 \end{pmatrix} .$$

| Kl | Konzentrationsfaktor 1 | 2 | | Konzentrationsmatrix $C$ $c_1$ | $c_2$ | Absorption $A$ (+ Rauschen) $a_{\lambda_1}$ | $a_{\lambda_2}$ | $a_{\lambda_3}$ |
|---|---|---|---|---|---|---|---|---|
| 1 | 0,0 | 1,0 | | 0,00 | 0,30 | 0,904 | 1,702 | 2,656 |
| 2 | 1,0 | 0,0 | | 0,20 | 0,00 | 0,735 | 0,503 | 0,372 |
| 3 | 1,0 | 1,0 | ⇒ | 0,20 | 0,30 | 1,789 | 2,424 | 3,154 |
| 4 | 1,0 | 0,5 | | 0,20 | 0,15 | 1,278 | 1,442 | 1,717 |
| 5 | 0,5 | 1,0 | | 0,10 | 0,30 | 1,351 | 2,011 | 2,885 |

$$\hat{K} = (C^TC)^{-1}C^TA = \left(\begin{pmatrix} 0,0 & 0,2 & 0,2 & 0,20 & 0,1 \\ 0,3 & 0,0 & 0,3 & 0,15 & 0,3 \end{pmatrix}\begin{pmatrix} 0,0 & 0,3 \\ 0,2 & 0,0 \\ 0,2 & 0,3 \\ 0,2 & 0,15 \\ 0,1 & 0,3 \end{pmatrix}\right)^{-1}$$

$$\cdot\begin{pmatrix} 0,0 & 0,2 & 0,2 & 0,20 & 0,1 \\ 0,3 & 0,0 & 0,3 & 0,15 & 0,3 \end{pmatrix}\begin{pmatrix} 0,904 & 1,702 & 2,656 \\ 0,735 & 0,503 & 0,372 \\ 1,789 & 2,424 & 3,154 \\ 1,278 & 1,442 & 1,717 \\ 1,351 & 2,011 & 2,885 \end{pmatrix}$$

$$= \begin{pmatrix} 12,381 & -5,079 \\ -5,079 & 5,503 \end{pmatrix}\begin{pmatrix} 0,0 & 0,2 & 0,2 & 0,20 & 0,1 \\ 0,3 & 0,0 & 0,3 & 0,15 & 0,3 \end{pmatrix}\begin{pmatrix} 0,904 & 1,702 & 2,656 \\ 0,735 & 0,503 & 0,372 \\ 1,789 & 2,424 & 3,154 \\ 1,278 & 1,442 & 1,717 \\ 1,351 & 2,011 & 2,885 \end{pmatrix}$$

$$= \begin{pmatrix} -1,524 & 2,476 & 0,952 & 1,714 & -0,286 \\ 1,651 & -1,016 & 0,635 & -0,190 & 1,143 \end{pmatrix}\begin{pmatrix} 0,904 & 1,702 & 2,656 \\ 0,735 & 0,503 & 0,372 \\ 1,789 & 2,424 & 3,154 \\ 1,278 & 1,442 & 1,717 \\ 1,351 & 2,011 & 2,885 \end{pmatrix}$$

$$= \begin{pmatrix} 3,95 & 2,86 & 2,00 \\ 3,18 & 5,86 & 8,98 \end{pmatrix}$$

Die zugrundeliegenden theoretischen Absorptionskoeffizienten sind in Beispiel 8.1 angeben. Zur Schätzung der Konzentration $\hat{c}_O$ nach Gleichung (8.8), vgl. Beispiel 8.4.

## 8.3 Inverse Kalibration

Essentielle Voraussetzung bei der klassischen Kalibration ist, dass alle Komponenten bekannt sind und in das Kalibrationsmodell (Gleichung (8.2)) eingehen. Darüber hinaus erfolgte bislang die Regression, wie theoretisch gefordert, von der abhängigen Variablen (Absorption) auf die unabhängige, fehlerfreie Variable (Konzentration), d. h. $\boldsymbol{A} = f(\boldsymbol{C})$.

In vielen Fällen kann dieser Ansatz nicht verfolgt werden, wie z. B. in der Lebensmittelkontrolle mittels FT-NIR-Spektroskopie. Hier sind nicht alle Komponenten der Probe bekannt, daher muss die Inverse Kalibration eingesetzt werden. Die Konzentrationen werden in diesem Fall auf die Absorptionen regressiert, d. h. $\boldsymbol{C} = f(\boldsymbol{A})$. Exemplarisch wird dies in Abbildung 8.3 bei einer univariaten Regression veranschaulicht. Bei dieser Least-Squares-Regression werden die Residuen (Abweichungen von der Regressionsgeraden) im Hinblick auf die Konzentration minimiert (vgl. Abbildung 8.3 (b)).

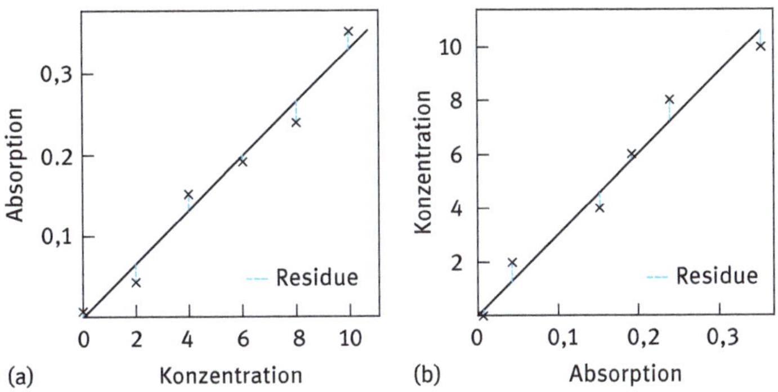


Abb. 8.3: Vergleich (a) konventionelle und (b) inverse Kalibration anhand der Geradenregression.

Zu den inversen Kalibrationen zählen sowohl das $\boldsymbol{P}$-Matrix- als auch das PCR- oder PLS-Verfahren.

### 8.3.1 P-Matrix-Verfahren

Die Inverse Kalibration erfolgt hier mit den Originalvariablen (Absorptionen), sie basiert auf dem Modell

$$\begin{pmatrix} c_{11} & c_{12} & \cdots & c_{1p} \\ c_{21} & c_{22} & \cdots & c_{2p} \\ \vdots & \vdots & \ddots & \vdots \\ c_{n1} & c_{n2} & \cdots & c_{np} \end{pmatrix} = \begin{pmatrix} a_{11} & a_{12} & \cdots & a_{1m} \\ a_{21} & a_{22} & \cdots & a_{2m} \\ \vdots & \vdots & \ddots & \vdots \\ a_{n1} & a_{n2} & \cdots & a_{nm} \end{pmatrix} \cdot \begin{pmatrix} p_{11} & p_{12} & \cdots & p_{1p} \\ p_{21} & p_{22} & \cdots & p_{2p} \\ \vdots & \vdots & \ddots & \vdots \\ p_{m1} & p_{m2} & \cdots & p_{mp} \end{pmatrix}$$

bzw.

$$\boldsymbol{C} = \boldsymbol{AP} \quad (\boldsymbol{P}\text{-Matrix-Verfahren}). \tag{8.9}$$

Die Absorptionskoeffizienten sind jetzt in die Elemente der $\boldsymbol{P}$-Matrix integriert, diese Elemente $p_{ij}$ haben keine physikalisch-chemische Bedeutung mehr. Der Vorteil bei diesem Ansatz ist, dass Konzentrationen relevanter Komponenten ermittelt werden können, ohne dass alle Komponenten der Probe bekannt sein müssen.

### Schätzung der P-Matrix

Die $\boldsymbol{P}$-Matrix wird bestimmt zu

$$\hat{\boldsymbol{P}} = (\boldsymbol{A}^{\mathrm{T}}\boldsymbol{A})^{-1}\boldsymbol{A}^{\mathrm{T}}\boldsymbol{C}\,. \tag{8.10}$$

Dies erfolgt mittels multipler, linearer Regression. Hierbei wird jeweils nur eine Komponente $i$ in die Regression einbezogen, sodass jede Spalte der $\boldsymbol{P}$-Matrix einzeln berechnet wird

$$\hat{\boldsymbol{p}}_i = (\boldsymbol{A}^{\mathrm{T}}\boldsymbol{A})^{-1}\boldsymbol{A}^{\mathrm{T}}\boldsymbol{c}_i$$

mit $\boldsymbol{c}_i$: Vektor der $n$ Konzentrationen der Komponente $i$; $\hat{\boldsymbol{p}}_i$: Vektor der $m$ $p$-Koeffizienten.

Es können gravierende Probleme bei der Matrixinversion in Gleichung (8.10) auftreten. Notwendige Bedingung ist, dass sich die Matrix $\boldsymbol{A}$ aus mindestens so vielen Kalibratorspektren zusammensetzt (Zeilenzahl $n$) wie Wellenlängen, die in die Kalibration eingehen (Spaltenzahl $m$). Zudem treten oft Kollinearitäten in der $\boldsymbol{A}$-Matrix bei Verwendung von benachbarten Wellenlängen auf. Dies ist in der Spektroskopie, z. B. bei NIR-Messungen oft der Fall.

Ist die Invertierbarkeit von $\boldsymbol{A}^{\mathrm{T}}\boldsymbol{A}$ nicht mehr gegeben, muss an Stelle der realen Kalibratoren auf latente Variablen wie z. B. Hauptkomponenten zurückgegriffen werden, daraus folgt z. B. das PCR-Verfahren (*prinicipal component regression*).

### Schätzung der Konzentration

Die Analyse einer unbekannten Probe $O$ mit den Konzentrationen $\boldsymbol{c}_O$ erfolgt durch direkte Multiplikation:

$$\hat{\boldsymbol{c}}_O = \boldsymbol{a}_O^{\mathrm{T}}\hat{\boldsymbol{P}}\,. \tag{8.11}$$

## 8.3.2 PCR-Verfahren

Bei der Hauptkomponentenregression werden die Kalibratoren nicht durch die ursprünglichen Variablen (Absorptionen, Konzentrationen), sondern durch neue, aus diesen abgeleitete, unkorrelierte Variablen (Hauptkomponenten, *principal component*, PC) beschrieben. Grundsätzlich können $p$ relevante Komponentenvariablen durch maximal $p$ Hauptkomponenten substituiert werden. Ziel ist es aber, die Zahl der Hauptkomponenten $t$ weitestgehend zu reduzieren und trotzdem die wesentlichen Zusammenhänge abzudecken. Die Hauptkomponenten ($\boldsymbol{h}_1, \boldsymbol{h}_2, \ldots$) bilden ein neues, orthogonales Koordinatensystem, dass geometrisch als Rotation der Koordinaten der ursprünglichen Variablen (Konzentrationen $\boldsymbol{c}_1, \boldsymbol{c}_2, \ldots$) interpretiert werden kann. Die neuen Koordinaten sind derart gesetzt, dass die erste Hauptkomponente $\boldsymbol{h}_1$ in Richtung auf die maximale Varianz der Daten zeigt. Die wesentlichen Aspekte von Hauptkomponenten sind in Kapitel 7.3.1 detailliert vorgestellt. Der Hauptaspekt (ebenso wie beim PLS-Verfahren) besteht in einer Datenkompression, um die Probleme bei der Inversion in Gleichung (8.10) zu umgehen.

### Hauptkomponenten-, Ladungsmatrix

Für die Formulierung des Kalibrationsmodells, wird eine Zerlegung von Absorptions- (**A**) als auch in einem zweiten Schritt der Konzentrationsmatrix (**C**) in eine Hauptkomponentenmatrix **H** und eine transponierte Ladungssmatrix **U** bzw. **V** vorgenommen. Es wird ausgegangen von den bekannten, fehlerfreien Konzentrationen der Kalibratoren (**C**) und den entsprechend gemessenen Absorptionen (**A**).[5]

Mit Hilfe der Hauptkomponentenanalyse wird als erstes **A** substituiert zu (vgl. Gleichung (7.11), Kapitel 7.3.1)

$$\boldsymbol{A} = \boldsymbol{HU} + \boldsymbol{E} = \boldsymbol{HL}^{\mathrm{T}} + \boldsymbol{E} \tag{8.12}$$

mit $\boldsymbol{H}$: $(n \times t)$-Hauptkomponentenmatrix; $\boldsymbol{U} = \boldsymbol{L}^{\mathrm{T}}$: transponierte $(t \times m)$-Ladungsmatrix; $\boldsymbol{E}$: $(n \times m)$-Residuenmatrix; $t$: Hauptkomponentenzahl; $n$: Probenzahl; $m$: Wellenlängenzahl.

Die Matrix $\boldsymbol{L}^{\mathrm{T}}$ wird zumeist iterativ mittels NIPLAS-Algorithmus bestimmt (vgl. Kapitel 7.3.1). Als nächstes wird mittels Standardregression und **H** die Konzentrationsmatrix substituiert zu

$$\boldsymbol{C} = \boldsymbol{HV} + \boldsymbol{F} \tag{8.13}$$

mit $\boldsymbol{V}$: $(t \times p)$-transponierte Ladungsmatrix; $\boldsymbol{F}$: $(n \times p)$-Residuenmatrix; $p$: Komponentenzahl.

Vorteilhaft ist hier die Zerlegung der Absorptionsmatrix in kleine orthonormale[6] Matrizen. Dies garantiert auch bei schlecht konditionierten, hochkorrelierten Spektren optimale Resultate zu erhalten. Auch unbekannte Komponenten lassen sich durch ihre Hauptkomponenten beschreiben, wenn ihre Konzentrationen in den Kalibratoren variiert wurden. Wichtig ist nicht nur die Zahl der eingesetzten Hauptkomponenten $t$, kritisch ist auch die Wahl der wichtigsten Hauptkomponenten, z. B. wenn eine Komponente nur einen untergeordneten Teil der gesamten Varianz ausmacht (z. B. bei großem Basislinienrauschen). Es können kleine Hauptkomponenten verloren gehen, die für die Vorhersage einer bestimmten Komponente der Probe wichtig sind. Nach Sun [4] kann die Problematik z. B. umgangen werden, wenn die Hauptkomponenten entsprechend ihrer Korrelation zu den Kalibrationsspektren sortiert werden.

5 Zumeist werden sowohl Konzentrationen als auch Absorptionen zentriert.

6 orthonormal: orthogonal und normiert

### Schätzung der Konzentration

Die Schätzung des Konzentrationsvektors einer Probe $O$ folgt zu

$$\hat{\boldsymbol{c}}_O = \boldsymbol{h}_O \boldsymbol{V} \tag{8.14}$$

mit $\boldsymbol{h}_O$: Hauptkomponenten der Probe $O$ entsprechend dem Absorptionsvektor $\boldsymbol{a}_O = \boldsymbol{h}_O \boldsymbol{U}$.

Für die Schätzung der Konzentration $c$ der Komponente $k$ einer Probe $O$ gilt

$$\hat{c}_{Ok} = \sum_{j=1}^{t} h_{Oj} v_{jk} \tag{8.15}$$

mit $h_{Oj}$: Hauptkomponente $j$ des $\boldsymbol{h}_O$-Vektors der Probe $O$; $v_{jk}$: Element der $\boldsymbol{V}$-Matrix entsprechend Hauptkomponente $j$ und Komponente $k$.

### 8.3.3 PLS-Verfahren

Die Partial-Least-Squares-Regression (PLS) ist dem PCR-Vorgehen vergleichbar. Auch hier erfolgt eine Zerlegung der Absorptions- als auch Konzentrationsmatrix in eine Hauptkomponentenmatrix $\boldsymbol{H}$ und die Matrizen $\boldsymbol{V}$ und $\boldsymbol{U}$ nach Gleichung (8.12) und (8.13).

Der wesentliche Unterschied liegt in der Ermittlung von $\boldsymbol{V}$ und $\boldsymbol{U}$, die hier zusammen z. B. iterativ mittels NIPLAS-Algorithmus aus Absorptions- und Konzentrationsmatrix bestimmt werden, wobei nach jeder Iteration die Modellgüte durch Kreuzvalidierung (vgl. Kapitel 8.4.2) geprüft wird.

Analog zum PCR-Verfahren gibt es auch hier eine optimale Hauptkomponentenzahl, die sich in einem minimalen PRESS-Wert (vgl. Kapitel 8.4.2) manifestiert. Die gemeinsame Bestimmung von $\boldsymbol{V}$ und $\boldsymbol{U}$ im NIPLAS-Algorithmus verbessert das Kalibrationsmodell, erlaubt robustere Kalibrationen und gute Vorhersagen. Die weiteren Schritte entsprechen dem PCR-Vorgehen.

## 8.4 Validierung der Kalibration

Analog zur univariaten Kalibration (vgl. Kapitel 4.2.5) hat die Validierung des Kalibrationsmodells und eine Bewertung der Vorhersagefehler auch hier einen hohen Stellenwert.

Allgemein kommt der Zusammenstellung der Kalibratoren für die Aufstellung des Modells eine große Bedeutung zu (häufig auch als Trainingsset bezeichnet). Ein wichtiger Aspekt ist das Design der Konzentrationen des Kalibrationsset (vgl. Kapitel 4.2.1 bzw. 8.2.2), sofern die Kalibratoren synthetisch zusammengestellt werden können. Kritisch sind z. B. linear abhängige Komponenten, d. h. hat eine erste

Komponente eine hohe Konzentration, hat u. U. auch eine zweite eine entsprechend hohe Konzentration (z. B. weil beide die gleiche biologische Herkunft haben). Solche Kollinearitäten sollten erkannt werden, sind aber z. B. in realen Umweltproben als Kalibratoren oft nicht zu vermeiden. Weiter ist zu prüfen, ob der Kalibrationsset den Bereich der zu schätzenden Proben angemessen umfasst. Sind z. B. die Aminosäure-Konzentrationen in den Nahrungsergänzungsmitteln eines Anbieters als Kalibrationsset geeignet, um auch die Konzentrationen eines anderen Herstellers zu schätzen. Oder muss eine solche Probe als Aussreißer erkannt und behandelt werden?

Es können hierzu unterschiedliche Diagnoseoptionen genutzt werden. Wichtige Parameter sind die Residuen-Werte $e_{ij}$, die Summe der quadrierten Residuen d. h. der RSS-Wert und der Fehler der Vorhersage aus der Kreuzvalidierung in Form des PRESS-Wertes. Darüber hinaus ist die Bewertung der Varianz-Kovarianz-Matrix als auch die Detektion von Ausreißern im Kalibrationsset wichtig.

### 8.4.1 Residuen und RSS-Wert

Wie bereits bei der univariaten Kalibration eingeführt (vgl. Kapitel 4.2.2), beschreiben die Residuen $e_{ij}$ die Fehler aufgrund der Schätzung der Variablen $\hat{y}_{ij}$ durch das Modell (z. B. Absorption $\hat{a}_{ij}$ oder Konzentration $\hat{c}_{ij}$ eines Kalibrators) im Vergleich zu den entsprechenden, realen Variablen $y_{ij}$, d. h.

$$e_{ij} = y_{ij} - \hat{y}_{ij} \,. \tag{8.16}$$

Aus der Summe der Residuenquadrate folgt der RSS-Wert (*residual sum of squares*). Dieser kann auf den Fehler der Schätzung der Konzentrationen ($\mathrm{RSS_C}$) bzw. der Absorptionen ($\mathrm{RSS_A}$) bezogen werden:

– für die Konzentrationen der Komponente $k$

$$\mathrm{RSS_C} = \sum_{i=1}^{n} (c_{ik} - \hat{c}_{ik})^2 \,, \tag{8.17}$$

– für die Absorptionen bei diversen Wellenlängen $j$

$$\mathrm{RSS_A} = \sum_{i=1}^{n} \sum_{j=1}^{m} (a_{ij} - \hat{a}_{ij})^2 \tag{8.18}$$

mit $n$: Zahl der Kalibrationsproben; $m$: Zahl der Wellenlängen.

Der RSS-Wert gibt damit den Berechnungsfehler bei Einsatz des Modells wieder (auch als *autoprediction error* bezeichnet). Oft wird daraus auch der Standardfehler SE abgeleitet, der entsprechend die Einheit von Konzentration bzw. Absorption hat:

$$SE = \sqrt{RSS/f} \tag{8.19}$$

mit Freiheitsgrad $f$, $f = n$ (für $RSS_C$) bzw. $n \times m$ (für $RSS_A$)[7]

Graphisch werden häufig die geschätzten gegenüber den gemessenen, realen Variablen als Wiederfindungsplot aufgetragen, wie in Abbildung 8.4 dargestellt.

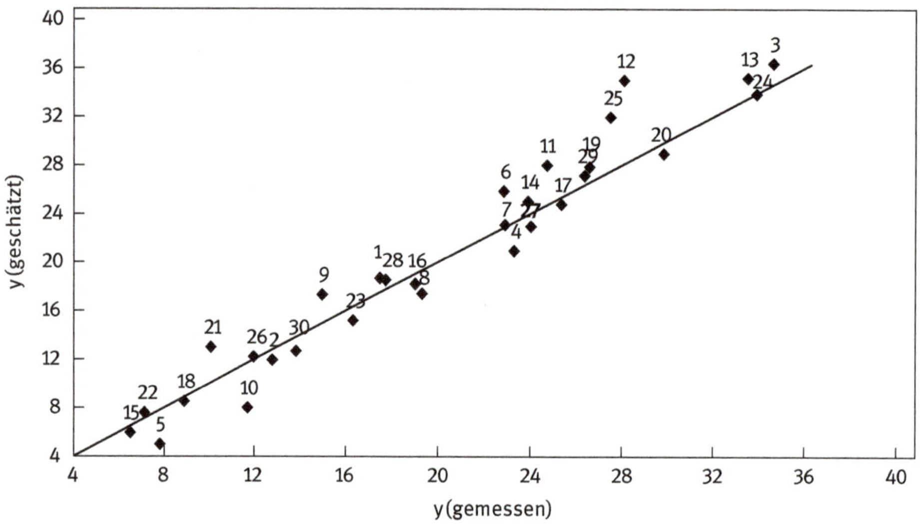


Abb. 8.4: Wiederfindungsplot (analog für geschätze Konzentrationen oder Absorptionen).

Alternativ können auch die Residuen gegenüber den geschätzten Werten in einem Residuenplot aufgetragen werden, wie in Abbildung 8.5 aufgezeigt.
Daneben ist es üblich, die Abhängigkeit der RSS-, bzw. PRESS-Werte von der Zahl der Hauptkomponenten graphisch aufzutragen (vgl. Tabelle 7.4).

7 Bei manchen Autoren wird als Freiheitsgrad auch $n - p$ bzw. $n \times m - p$ eingesetzt, mit $p$: Komponentenzahl. Bei PCR bzw. PLS steht die eingesetzte Hauptkomponentenzahl $t$ anstelle von $p$, im Fall zentrierter Absorptionen wird der Freiheitsgrad entsprechend um 1 reduziert.

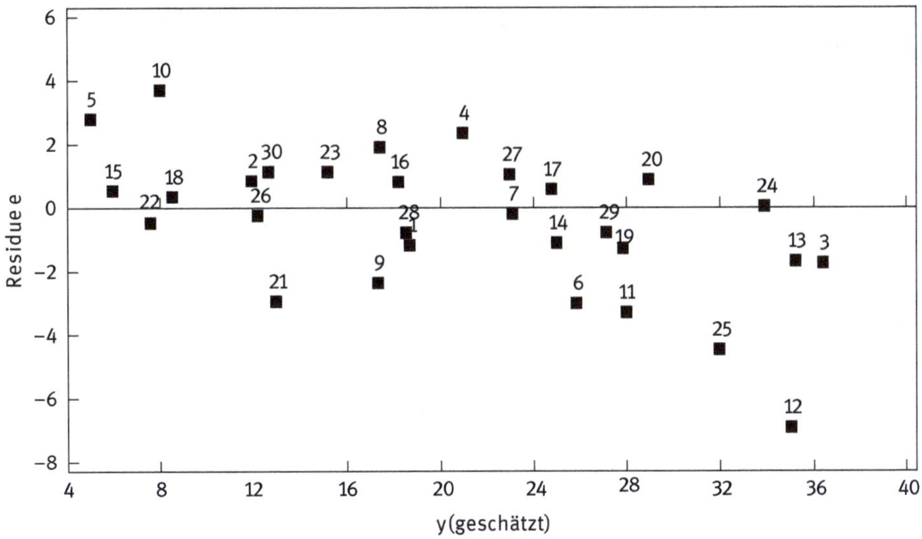


Abb. 8.5: Residuenplot (analog für geschätze Konzentrationen oder Absorptionen).

### 8.4.2 Kreuzvalidierung und PRESS-Wert

Bei der Kreuzvalidierung wird ein Kalibrator nach dem anderen aus dem Datensatz genommen. Das entfernte Objekt[8] (oder eine Gruppe von Kalibratoren bei großen Datensätzen) werden als Testdatensatz, die verbliebenen Daten als Modelldatensatz bezeichnet.

Das allgemeine Kreuzvalidierungsprozedere beinhaltet (vgl. Kapitel 7.3.2):[9]

- Durchführung der Modellberechnung mit dem Modelldatensatz (ohne entferntes Objekt),
- Schätzung der Variablen $\hat{y}_{[i]}$ (meist Konzentration) des Testdatensatzes aus dem Modell,
- Berechnung Differenz geschätzter zu experimenteller Variablen des Testdatensatzes,
- Wiederholung des Prozedere für alle Testdatensätze (z. B. jeweils für jeden Kalibrator),
- Summierung der quadrierten Differenzen.

8 Bei je einem einzelnen Element als Testdaten, wird dies als *leave one out*-Kreuzvalidierung bezeichnet.

9 Oftmals erfolgt zuvor eine Zentrierung von Kalibratoren und Absorptionen.

Die Summe der quadrierten Differenzen, PRESS-Wert (*predictive residual sum of squares*) (z. B. der $n$ geschätzten Konzentrationen der Komponente $k$) ist definiert als

$$\text{PRESS} = \sum_{i=1}^{n} (y_i - \hat{y}_{[i]})^2 . \tag{8.20}$$

Subskript $[i]$ kennzeichnet die Entfernung von Objekt $i$ aus dem Modelldatensatz.

Der PRESS-Wert ist ein Maß für den Vorhersagefehler für ein „neues" Testobjekt bei Einsatz des Modells. Die Berechnung des PRESS-Wertes ist numerisch aufwendig, da $n$-mal nach Entfernen eines jeden Objekts für den neuen Modelldatensatz eine vollständige Modellberechnung erneut durchgeführt werden muss. Daraus abgeleitet ist der Standardvorhersagefehler der Kalibration SEP zu

$$\text{SEP} = \sqrt{\text{PRESS}/n} . \tag{8.21}$$

Sowohl RSS- als auch PRESS-Wert fallen mit steigender Hauptkomponentenzahl beim PCR- und PLS-Verfahren, der Quotient beider Werte zeigt in der Regel ein Minimum bei der optimalen Hauptkomponentenzahl (siehe Kapitel 7.3.2, Tabelle 7.4).

### 8.4.3 hat-Matrix

Ausgehend von der allgemeinen Darstellung in Gleichung (8.2) folgt aus $\boldsymbol{X}$ (Konzentrationsmatrix) für eine einzelne $y$-Variable (z. B. Absorptionswerte eines Kalibrators)

$$\boldsymbol{y} = \boldsymbol{X}\boldsymbol{b} + \boldsymbol{e} \tag{8.22}$$

und für die Schätzung der entsprechenden Koeffizienten (z. B. Absorptionskoeffizienten)

$$\hat{\boldsymbol{b}} = (\boldsymbol{X}^{\mathrm{T}}\boldsymbol{X})^{-1}\boldsymbol{X}^{\mathrm{T}}\boldsymbol{y} . \tag{8.23}$$

Die aus dem Modell geschätzten $y$-Werte ergeben sich zu

$$\hat{\boldsymbol{y}} = \boldsymbol{X}\hat{\boldsymbol{b}} . \tag{8.24}$$

Mit Gleichung (8.23) und (8.24) folgt

$$\hat{\boldsymbol{y}} = \boldsymbol{X}(\boldsymbol{X}^{\mathrm{T}}\boldsymbol{X})^{-1}\boldsymbol{X}^{\mathrm{T}}\boldsymbol{y} = \boldsymbol{H}\boldsymbol{y} \tag{8.25}$$

bzw.

$$\boldsymbol{H} = \boldsymbol{X}(\boldsymbol{X}^{\mathrm{T}}\boldsymbol{X})^{-1}\boldsymbol{X}^{\mathrm{T}} . \tag{8.26}$$

Gleichung (8.26) definiert die quadratische hat-Matrix, sie gibt den Zusammenhang zwischen realen $y$-Werten und den entsprechenden aus dem Modell geschätzen $\hat{y}$-Werten in Gleichung (8.25) wieder. Aus der hat-Matrix können diverse Parameter abgeleitet werden. So kann der Residuenvektor eines Objekts hieraus bestimmt werden

$$\boldsymbol{e} = \boldsymbol{y} - \hat{\boldsymbol{y}} = \boldsymbol{y} - \boldsymbol{X}(\boldsymbol{X}^{\mathrm{T}}\boldsymbol{X})^{-1}\boldsymbol{X}^{\mathrm{T}}\boldsymbol{y} = (\boldsymbol{I} - \boldsymbol{H})\boldsymbol{y} \tag{8.27}$$

mit $\boldsymbol{I}$: Einheitsmatrix.

Teilweise werden die Diagonalelemente der hat-Matrix auch für eine Näherung des PRESS-Wertes herangezogen. Wurde bei der Kreuzvalidierung das Objekt $O$ als Testdatensatz vor der Modellberechnung herausgenommen, folgen für dieses Modell analog zu Gleichung (8.27) die Residuen der Kreuzvalidierung $\boldsymbol{e}_{[O]} = \boldsymbol{y}_O - \hat{\boldsymbol{y}}_{[O]}$.

Als Näherung für die Vorhersageresiduen der Kreuzvalidierung gilt

$$\boldsymbol{e}_{[O]} \approx \frac{\boldsymbol{e}_O}{1 - h_{OO}} \tag{8.28}$$

bzw. als Näherung des PRESS-Wertes folgt

$$\text{PRESS} \approx \sum_{i=1}^{n} e_{[i]}^2 \tag{8.29}$$

mit $h_{OO}$: Diagonalelement der hat-Matrix[10] für Objekt $O$; $e_{[i]}$: Residuum z. B. der geschätzten Konzentration der Komponente $k$ aus Modelldatensatz ohne Objekt $i$; $\boldsymbol{e}_O$: Residuenvektor entsprechend Gleichung (8.16) aus Modelldatensatz mit allen Objekten.

### 8.4.4 Ausreißer

Objekte (z. B. Kalibrationsproben) die nicht zum Kalibrationsset gehören, müssen überprüft und gegebenenfalls als Ausreißer (Objekt $A$) eliminiert werden. Zur Bewertung wird

(a) der Modelldatensatz mit dem potenziellen Ausreisser bzw.

(b) der Modelldatensatz ohne den Ausreißer verwendet.

In beiden Fällen werden die Variablen der ausreißerverdächtigen Probe geschätzt, $\hat{y}_A$, $\hat{y}_{[A]}$. Als Nullhypothese ist definiert: Besteht kein Unterschied bei der Schätzung der Variablen des Ausreißers bei Verwendung der Modelle mit oder ohne Einsatz des verdächtigen Objekts, liegt kein Ausreißer vor. Die Prüfung der Signifikanz des Ausreißers erfolgt mittels Student-$t$-Wert (vgl. Kapitel 2.3.1).

Für ein ausreißerverdächtiges Objekt $A$ ist die Vorgehensweise wie folgt:

- Entfernen des Objekts $A$, daraus folgt Modelldatensatz ohne $A$,
- Berechnung des Modells ohne $A$,
- Schätzung der Variablen $\hat{\boldsymbol{y}}_{[A]}$ des Objekts $A$ entsprechend Gleichung (8.23), (8.24),
- Berechnung der Residuen der Variablen $\boldsymbol{e}_{[A]}$ des Objekts A entsprechend Gleichung (8.27).

10 Diagonalelement der hat-Matrix $h_{ii}$ (*leverage*, $0 \leq h_{ii} \leq 1$) ist ein Maß für den Vorhersagefehler der Probe $i$, kleines leverage $h_{ii}$ bedeutet kleinen Vorhersagefehler.

Als Näherung für den Student-$t$-Wert gilt[11]

$$t_{[A]} = \frac{\|\boldsymbol{e}_{[A]}\|}{s_{[A]}\sqrt{1 - h_{AA}}} \tag{8.30}$$

mit $h_{AA}$: Diagonalelement der hat-Matrix für ausreißerverdächtiges Objekt $A$; $\boldsymbol{e}_{[A]}$: Residuenvektor z. B. der geschätzten Konzentrationen von Objekt $A$ aus Modelldatensatz ohne Objekt $A$; $\|\boldsymbol{e}\|$: euklidische Norm des Vektors $\boldsymbol{e} = \sqrt{\sum_i e_i^2}$

Für die Residuenstandardabweichung $s_{[A]}$ (ohne Berücksichtigung von Objekt $A$) gilt

$$s_{[A]}^2 = \frac{\sum_{i=1,\, i\neq A}^{n} \|\boldsymbol{e}_i^2\|}{n - m - 1} \tag{8.31}$$

mit $\boldsymbol{e}_i$: Residuenvektor z. B. geschätzter Konzentrationen von Objekt $i$ aus Modelldatensatz ohne Objekt $A$; $n$: Zahl der Kalibratoren im Modelldatensatz; $m$: Zahl der Wellenlängen.

Die Nullhypothese wird akzeptiert (d. h. Objekt $A$ gehört zur Stichprobe, ist kein Ausreißer), wenn $t_{[A]} < t(\alpha, f)$-Wert der $t$-Tabelle ist (zweiseitig, $f = n - m - 1$). Berechnung von RSS-, PRESS-Wert soll exemplarisch am Beispiel der indirekten Kalibration erfolgen.

**Bsp. 8.4:** RSS- und PRESS-Berechnung der Daten aus Beispiel 8.3, indirekte Kalibration.

**RSS:**

Berechnung von $\hat{\boldsymbol{K}}$ mit gegebener, kompletter $\boldsymbol{A}$- und $\boldsymbol{C}$-Matrix siehe Beispiel 8.3.

| | **A** | | | **C** | |
|---|---|---|---|---|---|
| | $a_{\lambda_1}$ | $a_{\lambda_2}$ | $a_{\lambda_3}$ | $c_1$ | $c_2$ |
| $Kl_1$ | 0,904 | 1,702 | 2,656 | 0,00 | 0,30 |
| $Kl_2$ | 0,735 | 0,503 | 0,372 | 0,20 | 0,00 |
| $Kl_3$ | 1,789 | 2,424 | 3,154 | 0,20 | 0,30 |
| $Kl_4$ | 1,278 | 1,442 | 1,717 | 0,20 | 0,15 |
| $Kl_5$ | 1,351 | 2,011 | 2,885 | 0,10 | 0,30 |

| | $\hat{\boldsymbol{K}}$ | | |
|---|---|---|---|
| | $\lambda_1$ | $\lambda_2$ | $\lambda_3$ |
| Komp. 1 | 3,95 | 2,86 | 2,00 |
| Komp. 2 | 3,18 | 5,86 | 8,98 |

Berechnung Schätzwert der Konzentration $\hat{c}_i$ des Kalibrators $i$ nach Gleichung (8.8):

$$\hat{c}_i = \boldsymbol{a}_i^{\mathrm{T}} \hat{\boldsymbol{K}}^{\mathrm{T}} (\hat{\boldsymbol{K}}\hat{\boldsymbol{K}}^{\mathrm{T}})^{-1}$$

$$\hat{c}_1 = \begin{pmatrix} 0{,}904 & 1{,}702 & 2{,}656 \end{pmatrix} \begin{pmatrix} 3{,}95 & 3{,}18 \\ 2{,}86 & 5{,}86 \\ 2{,}00 & 8{,}98 \end{pmatrix} \left( \begin{pmatrix} 3{,}95 & 2{,}86 & 2{,}00 \\ 3{,}18 & 5{,}86 & 8{,}98 \end{pmatrix} \begin{pmatrix} 3{,}95 & 3{,}18 \\ 2{,}86 & 5{,}86 \\ 2{,}00 & 8{,}98 \end{pmatrix} \right)^{-1}$$

$$= \begin{pmatrix} -0{,}012 & 0{,}298 \end{pmatrix} \quad (\boldsymbol{a}_1 \text{ Kalibrator 1})$$

$\hat{c}_i$ folgt analog mit Absorptionen $\boldsymbol{a}_i$ des Kalibrators $i$

11 $t_{[A]}$ wird auch als externes studentisiertes Residuum oder *jackknife residual* bezeichnet.

Für die Konzentrationen der Komponente $k=2$ folgt nach Gleichung (8.18) die Residue $e_{i2} = c_{i2} - \hat{c}_{i2}$. Nach Gleichung (8.19) folgt

$$\text{RSS} = \sum e_{i2}^2 \simeq 0{,}00007 \quad (i\text{: Index der Kalibratoren}).$$

| | $\hat{C}$ | | $E = c_{ik} - \hat{c}_{ik}$ | |
|---|---|---|---|---|
| | $\hat{c}_1$ | $\hat{c}_2$ | $k = 1$ | $k = 2$ |
| $Kl_1$ | −0,012 | 0,298 | 0,0123 | 0,0020 |
| $Kl_2$ | 0,184 | −0,001 | 0,0159 | 0,0006 |
| $Kl_3$ | 0,210 | 0,306 | −0,0098 | −0,0062 |
| $Kl_4$ | 0,206 | 0,145 | −0,0064 | 0,0046 |
| $Kl_5$ | 0,099 | 0,298 | 0,0007 | 0,0018 |

**PRESS:**

(a) Berechnung $\hat{\boldsymbol{K}}_{[i]}$ nach Beispiel 8.3 unter Ausschluss jeweils eines Kalibrators, im ersten Fall durch Entfernung von Kalibrator $Kl_1$ mit Gleichung (8.7) $\hat{\boldsymbol{K}} = (\boldsymbol{C}^T\boldsymbol{C})^{-1}\boldsymbol{C}^T\boldsymbol{A}$

| | $C$ | | $A$ | | |
|---|---|---|---|---|---|
| | $c_1$ | $c_2$ | $a_{\lambda_1}$ | $a_{\lambda_2}$ | $a_{\lambda_3}$ |
| $Kl_2$ | 0,20 | 0,00 | 0,735 | 0,503 | 0,372 |
| $Kl_3$ | 0,20 | 0,30 | 1,789 | 2,424 | 3,154 |
| $Kl_4$ | 0,20 | 0,15 | 1,278 | 1,442 | 1,717 |
| $Kl_5$ | 0,10 | 0,30 | 1,351 | 2,011 | 2,885 |
| *$Kl_1$* | *0,00* | *0,30* | *0,904* | *1,702* | *2,656* |

$$\hat{\boldsymbol{K}}_{[1]} = \left(\begin{pmatrix} 0{,}2 & 0{,}2 & 0{,}20 & 0{,}1 \\ 0{,}0 & 0{,}3 & 0{,}15 & 0{,}3 \end{pmatrix}\begin{pmatrix} 0{,}2 & 0{,}0 \\ 0{,}2 & 0{,}3 \\ 0{,}2 & 0{,}15 \\ 0{,}1 & 0{,}3 \end{pmatrix}\right)^{-1}$$

$$\cdot \begin{pmatrix} 0{,}2 & 0{,}2 & 0{,}20 & 0{,}1 \\ 0{,}0 & 0{,}3 & 0{,}15 & 0{,}3 \end{pmatrix}\begin{pmatrix} 0{,}735 & 0{,}503 & 0{,}372 \\ 1{,}789 & 2{,}424 & 3{,}154 \\ 1{,}278 & 1{,}442 & 1{,}717 \\ 1{,}351 & 2{,}011 & 2{,}885 \end{pmatrix}$$

$$= \begin{pmatrix} 3{,}80 & 2{,}69 & 1{,}88 \\ 3{,}35 & 6{,}05 & 9{,}10 \end{pmatrix}$$

(b) Berechnung Schätzwert der Konzentration $\hat{\boldsymbol{c}}_{[1]}$ unter Verwendung von $\hat{\boldsymbol{K}}_{[1]}$ und $\boldsymbol{a}_1$ des Kalibrators 1:

$$\hat{\boldsymbol{c}}_{[1]} = \begin{pmatrix} 0{,}904 & 1{,}702 & 2{,}656 \end{pmatrix}\begin{pmatrix} 3{,}80 & 3{,}35 \\ 2{,}69 & 6{,}05 \\ 1{,}88 & 9{,}10 \end{pmatrix}\left(\begin{pmatrix} 3{,}80 & 2{,}69 & 1{,}88 \\ 3{,}35 & 6{,}05 & 9{,}10 \end{pmatrix}\begin{pmatrix} 3{,}80 & 3{,}35 \\ 2{,}69 & 6{,}05 \\ 1{,}88 & 9{,}10 \end{pmatrix}\right)^{-1}$$

$$= \begin{pmatrix} -0{,}025 & 0{,}296 \end{pmatrix}$$

Schritte (a) und (b) wiederholen unter Entfernung der Kalibratoren 2 bis 5, daraus folgen $\hat{\boldsymbol{c}}_{[2]}$ bis $\hat{\boldsymbol{c}}_{[5]}$ bzw. Residuen $e_{ik}$:

Für die Konzentrationen der Komponente $k=2$ folgt nach Gleichung (8.20) PRESS $= \sum e_{i2}^2 \approx 0{,}00018$ bzw. nach Gleichung (8.21) SEP $\approx 0{,}0060$ ($i$: Index der Kalibratoren).

| | $\hat{\boldsymbol{C}}_{[i]}$ | | $\boldsymbol{E}_{[i]} = c_{ik} - \hat{c}_{ik}$ | |
|---|---|---|---|---|
| | $\hat{c}_1$ | $\hat{c}_2$ | $k = 1$ | $k = 2$ |
| $Kl_1$ | −0,025 | 0,296 | 0,0250 | 0,0042 |
| $Kl_2$ | 0,170 | −0,001 | 0,0297 | 0,0009 |
| $Kl_3$ | 0,216 | 0,310 | −0,0160 | −0,0103 |
| $Kl_4$ | 0,209 | 0,143 | −0,0095 | 0,0069 |
| $Kl_5$ | 0,099 | 0,297 | 0,0010 | 0,0027 |

## 8.5 Literatur

[1] Martens, M., Naes, T., Multivariate Calibration, Wiley, New York, 1989
[2] Brereton, R. G., Chemometrics, Data Analysis for Laboratory and Chemical Plant, Wiley, Chinchester, 2003
[3] Otto, M., Chemometrics, Wiley-VCH-Verlag, Weinheim, 2007
[4] Sun, J., J. Chemometrics, 9, 21ff., 1995
[5] Wehrens, R., Chemometrics with R, Springer, Berlin, 2011

## 8.6 Übungen

8.1. Berechnen Sie die Konzentrationen $c_1$ und $c_2$ entsprechend Beispiel 8.3, indem nur die Wellenlängen $\lambda_1$ und $\lambda_2$ mit den entsprechenden beiden Absorptionen verwendet werden und bestimmen Sie den prozentualen Fehler.

8.2. Bestimmen Sie fünf unabhängige Konzentrationsfaktoren für zwei Kalibratoren und mit Vorgabe willkürlicher Stammlösungskonzentrationen die entsprechenden Konzentrationen. Leiten Sie auch einen nicht unabhängigen Konzentrationsvektor ab.

8.3. Bestimmen Sie die 29 Konzentrationsfaktoren für vier Kalibratoren analog Tab. 8.1 (Hinweis: Eine Tetraederfläche entspricht dem Simplex-Centroid-Design in Abb. 8.2 plus Faktor der vierten Konzentration).

8.4. Berechnen Sie anhand der Konzentrationen in Beispiel 8.2 die Korrelationsmatrix für $\boldsymbol{C}$.

8.5. Berechnen Sie in Beispiel 8.3 die $\boldsymbol{K}$-Matrix bei Verwendung von drei Kalibratoren ($Kl_1$, $Kl_2$, $Kl_3$).

## 8.7 Softwareanwendung

Multivariate Kalibration ist sowohl mittes RStudio/R als auch dedizierter Software adäquat zu behandeln. Als zumeist verwendete Software ist hier Unscambler® (www.camo.com) zu nennen.

### 8.7.1 Einsatz Unscambler®

Aufgrund des Leistungsumfangs und der nicht trivialen Anwendung von Unscambler® soll die Software an dieser Stelle nicht ausführlicher behandelt werden. Es wird auf die entsprechenden Internetseiten verwiesen.

### 8.7.2 Umsetzung in RStudio/R

In *Chemometrics with R/Multivariate Data Analysis in the Natural Sciences and Life Sciences* [5] beschreibt R. Wehrens den Einsatz von R für diese Thematik erschöpfend. Hervorzuheben ist, dass alle beschriebenen Funktionen im R-Paket *ChemometricsWithR* frei zur Verfügung stehen und in R installiert werden können.

Eine weiterführende Behandlung wird daher an dieser Stelle nicht als sinnvoll erachtet.

# 9 Softwareanwendung

## 9.1 Kommerzielle Statistikpakete

Viele der behandelten Themen, z. B. in Kapitel 2 oder 4 werden durch die etablierten Statistikpakete wie STATISTICA® (www.statsoft.de), SPSS® (SPSS.com), SAS® (www.sas.com) oder Statgraphics® (www.statgraphics.com) sehr gut abgedeckt.[1] Aber auch speziellere Aufgaben wie die Erstellung eines statistischen Veruchsplans oder die Hauptkomponentenregression können hiermit erfolgreich durchgeführt werden. Viele der speziellen, chemometrischen Aufgaben z. B. Simplex-Optimierung oder Peak-Dekonvolution sind hier aber nicht vorgesehen. Darüber hinaus sind diese leistungsfähigen Statistikpakete nicht nur kostenintensiv, sie sind in der Anwendung oftmals auch nicht einfach. Insbesondere für eine schnelle Routineanwendung im Labor sind sie nicht gut geeignet.

Vergleichbares gilt auch für spezielle mathematische Tools wie Mathematica® (www.wolfram.com/mathematica/) oder MATLAB® (www.mathworks.com) mit denen sicherlich nahezu alle beschriebenen Aufgabenstellungen abgedeckt werden können. Auch hier ist der Einsatz teuer und erfordert gut geschultes, versiertes Personal.

Der Einsatz von Tabellenkalkulationsprogrammen kann generell nicht empfohlen werden. Zum Einen ist die Funktionalität meist nicht ausreichend, zum Anderen ist die stark interaktive Dateneingabe immer wieder Basis für eine falsche, fehleranfällige Umsetzung.

## 9.2 Spezielle Softwarepakete

Für einige Aufgabenstellungen ist auch spezielle, kommerzielle Software verfügbar, wie z. B. zur Versuchsplanung Design-Expert® (www.statease.com) bzw. MODDE (www.umesoft.de), Simplex-Optimierung MultiSimplex (www.mathstat.com.au) bzw. Multikomponentenanalyse mittels Unscambler® (www.camo.com) oder die Behandlung von Chromatogrammen mit PeakFit® (www.systatsoftware.com/products/peak fit). Sie decken die avisierte Aufgabenstellung sehr gut ab, zeichnen sich aber teilweise durch eine sehr detaillierte Funktionalität aus, die in den meisten Fällen nicht notwendig und für eine schnelle, einfache Anwendung in der Praxis hinderlich ist.

Einen anderen Ansatz verfolgen Chemometriepakete wie MiniStat, Calib, VPlan, SimSoft, RSMSoft, SimFit, DTrans, PeakCalc, Cluster und andere (www.chemometrie.info). Sie decken nahezu spartanisch eine definierte Aufgabenstellung ab. Ihre limi-

1 Die Auflistung der diversen Softwarepakete erhebt keinen Anspruch auf Vollständigkeit.

DOI 10.1515/9783110451030-010

tierte Funktionalität lässt evtl. an der einen oder anderen Stelle Wünsche offen, dafür sind sie für eine schnelle und einfache Anwendung in der Routine auch für nicht speziell geschultes Personal leicht einsetzbar. Eine Besonderheit dieser Programme ist ihre Realisierung in Java®. Daher ist es für ihre Ausführung nötig, dass im jeweiligen Betriebssystem das entsprechende *Java Runtime Environment* (JRE) installiert ist, das jedoch kostenlos für alle Betriebssysteme verfügbar ist (z. B. unter http://java.sun.com). Bei den Programmen SimSoft, RSMSoft und Cluster ist zusätzlich das kostenlose Modul Java3D für dreidimensionale Graphik zu installieren (http://www.oracle.com/technetwork/java/javase/tech/index-jsp-138252.html).

## 9.3 RStudio/R

Eine besondere Rolle nimmt das Statistikpaket RStudio/R (www.rstudio.org, www.r-project.org) ein. Als Open-Source-Software ist es kostenlos und steht auf nahezu allen Betriebssystemen zur Verfügung. Die Installation von R erfolgt über einen lokalen CRAN[2]-Mirror, z. B. https://cran.uni-muenster.de, bzw. anschließend von RStudio über www.rstudio.org. Die graphische Benutzeroberfläche von RStudio erleichtert die Benutzung, die Umsetzung basiert aber im Wesentlichen auf dem Einsatz der textbasierten Befehlssequenzen von R. Diese sind vergleichbar der Verwendung spezieller Funktionen in einer Tabellenkalkulation (z. B. `KOVAR(daten1; daten2)` für die Ausgabe der Kovarianz in OpenOffice) bzw. einer Makrorealisierung der Tabellenkalkulation.

Beispielhaft sei die Berechnung von Mittelwert (`xM`), Standardabweichung (`s`), Kolmogorov-Smirnoff-Test (`ks.test`) der Stichprobe `X` mit Darstellung als Box-Whisker-Plot in R aufgezeigt:

```
xM <- mean(X)
s <- sd(X)
ks.test(X, "pnorm", xM, s)
boxplot(X)
```

In seiner Basisfunktionalität ist R sicher mit den leistungsstärksten Statistikprogrammen vergleichbar, durch seinen modularen Aufbau existieren zusätzlich viele tausend frei verfügbare, spezielle R-Pakete, die die Leistungsfähigkeit von R ausmachen.

Im ersten Schritt sind die einzelnen R-Befehle, ihre Syntax und deren Aneignung etwas aufwendiger. Entsprechende Literatur erleichtert den Einstieg wie auch die spezielle Anwendung in der Chemometrie [1–4].
R-Befehlsfolgen werden zu Skripten zusammengefasst und können damit in einer Datei gespeichert und in identischer Form immer wieder eingelesen und ausgeführt

2 CRAN: Comprehensive R Archive Network

werden. Dies ist ein gravierender Vorteil für die Routineanwendung. Mit Hilfe von RStudio beschränkt sich die komplette univariate Auswertung der Stichprobe in Kapitel 2.2 (einschließlich Box-Whisker-Plot) auf das Laden der Stichprobe, das Laden des R-Skripts und dessen Start. Für den Einsatz in der industriellen Praxis bietet der Einsatz definierter, invarianter R-Skripte daher eine sehr gute Option für eine dokumentierbare, validierte chemometrische Auswertung. Dies ist bei Verwendung von konventionellen Statistikprogrammen mit graphischer Benutzeroberfläche oft nicht möglich, da die Vielzahl von zu wählenden Menü- oder Dialogoptionen nicht dokumentierbar sind.

Eine numerische oder statistische Behandlung eines Datensatzes kann in vielen Fällen mit wenigen Zeilen in einem R-Skript durch einen versierten R-Anwender schnell realisiert werden. In den einzelnen Kapiteln werden entsprechende, wichtige R-Funktionen aufgezeigt. Eine Entwicklung komplexer R-Skripte würde jedoch den Rahmen einer Chemometrie-Einführung sprengen.

Zudem wird von einer Entwicklung großer, anspruchsvoller R-Skripte abgeraten. Hier bieten objektorientierte Programmiersprachen wie Java (oder C++) mit einer Vielzahl etablierter und validierter Klassen/Methoden, ihrem strukturiertem Aufbau (Interfaces, Klassen, Vererbung) und einer leistungsfähigen Fehlerbehandlung (exceptions, assert-Anweisung) die geeignete Plattform.

## 9.4 Literatur

[1] Wollschläger, D., R kompakt, Springer, Berlin, 2016
[2] Wollschläger, D., Grundlagen der Datenanalyse mit R, Springer, Berlin, 2014
[3] Groß, J., Grundlegende Statistik mit R, Springer, Berlin, 2010
[4] Wehrens, R., Chemometrics with R, Springer, Berlin, 2011

# A Anhang

Tab. A.1: Student-$t$-Tabelle.

Integralgrenzen der Student-$t$-Verteilung*:

| | zweiseitig | | einseitig | |
|---|---|---|---|---|
| $f$ | $\alpha = 0{,}05$ | $\alpha = 0{,}01$ | $\alpha = 0{,}05$ | $\alpha = 0{,}01$ |
| 1 | 12,706 | 63,657 | 6,314 | 31,821 |
| 2 | 4,303 | 9,925 | 2,920 | 6,965 |
| 3 | 3,182 | 5,841 | 2,353 | 4,541 |
| 4 | 2,776 | 4,604 | 2,132 | 3,747 |
| 5 | 2,571 | 4,032 | 2,015 | 3,365 |
| 6 | 2,447 | 3,707 | 1,943 | 3,143 |
| 7 | 2,365 | 3,499 | 1,895 | 2,998 |
| 8 | 2,306 | 3,355 | 1,860 | 2,896 |
| 9 | 2,262 | 3,250 | 1,833 | 2,821 |
| 10 | 2,228 | 3,169 | 1,812 | 2,764 |
| 11 | 2,201 | 3,106 | 1,796 | 2,718 |
| 12 | 2,179 | 3,055 | 1,782 | 2,681 |
| 13 | 2,160 | 3,012 | 1,771 | 2,650 |
| 14 | 2,145 | 2,977 | 1,761 | 2,624 |
| 15 | 2,131 | 2,947 | 1,753 | 2,602 |
| 16 | 2,120 | 2,921 | 1,746 | 2,583 |
| 17 | 2,110 | 2,898 | 1,740 | 2,567 |
| 18 | 2,101 | 2,878 | 1,734 | 2,552 |
| 19 | 2,093 | 2,861 | 1,729 | 2,539 |
| 20 | 2,086 | 2,845 | 1,725 | 2,528 |
| 21 | 2,080 | 2,831 | 1,721 | 2,518 |
| 22 | 2,074 | 2,819 | 1,717 | 2,508 |
| 23 | 2,069 | 2,807 | 1,714 | 2,500 |
| 24 | 2,064 | 2,797 | 1,711 | 2,492 |
| 25 | 2,060 | 2,787 | 1,708 | 2,485 |
| 26 | 2,056 | 2,779 | 1,706 | 2,479 |
| 27 | 2,052 | 2,771 | 1,703 | 2,473 |
| 28 | 2,048 | 2,763 | 1,701 | 2,467 |
| 29 | 2,045 | 2,756 | 1,699 | 2,462 |
| 30 | 2,042 | 2,750 | 1,697 | 2,457 |
| 40 | 2,021 | 2,704 | 1,684 | 2,423 |
| 60 | 2,000 | 2,660 | 1,671 | 2,390 |
| 80 | 1,990 | 2,639 | 1,664 | 2,374 |
| 100 | 1,984 | 2,626 | 1,660 | 2,364 |
| $\infty$ | 1,960 | 2,576 | 1,645 | 2,327 |

* Formal ist die statistische Notation für den Student-$t$-Wert bei einseitiger Fragestellung $t(\alpha, f)$ bzw. bei zweiseitiger Fragestellung $t(\alpha/2, f)$. Aus Praktikabilitätsgründen wird hier generell das gewählte Signifikanzniveau verwendet, z. B. $\alpha = 0{,}05$ oder 0,01. Entsprechend sind an dieser Stelle zwei Tabellen für die Student-$t$-Verteilung aufgelistet, für die einseitige oder zweiseitige Fragestellung.

DOI 10.1515/9783110451030-011

Tab. A.2: Grubbs-Tabelle.

| $\alpha = 0{,}05$ | | $\alpha = 0{,}01$ | |
|---|---|---|---|
| $n$ | $g(\alpha, n)$ | $n$ | $g(\alpha, n)$ |
| 3 | 1,15 | 3 | 1,16 |
| 4 | 1,46 | 4 | 1,49 |
| 5 | 1,67 | 5 | 1,75 |
| 6 | 1,82 | 6 | 1,94 |
| 7 | 1,94 | 7 | 2,10 |
| 8 | 2,03 | 8 | 2,22 |
| 9 | 2,11 | 9 | 2,32 |
| 10 | 2,18 | 10 | 2,41 |
| 11 | 2,24 | 11 | 2,49 |
| 12 | 2,29 | 12 | 2,55 |
| 13 | 2,33 | 13 | 2,61 |
| 14 | 2,37 | 14 | 2,66 |
| 15 | 2,41 | 15 | 2,71 |
| 20 | 2,56 | 20 | 2,88 |
| 30 | 2,75 | 30 | 3,10 |
| 40 | 2,87 | 40 | 3,24 |
| 50 | 2,96 | 50 | 3,34 |

Approximation für $n = 11, 13, 14$ durch Polynom dritten Grades

Tab. A.3: $\Phi(z)$-Tabelle.

| $z$ | $\Phi(z)$ | $z$ | $\Phi(z)$ | $z$ | $\Phi(z)$ | $z$ | $\Phi(z)$ | $z$ | $\Phi(z)$ | $z$ | $\Phi(z)$ | $z$ | $\Phi(z)$ |
|---|---|---|---|---|---|---|---|---|---|---|---|---|---|
| 0,00 | 0,5000 | | | | | | | | | | | | |
| 0,01 | 0,5040 | 0,51 | 0,6950 | 1,01 | 0,8438 | 1,51 | 0,9345 | 2,01 | 0,9778 | 2,51 | 0,9940 | 3,01 | 0,9987 |
| 0,02 | 0,5080 | 0,52 | 0,6985 | 1,02 | 0,8461 | 1,52 | 0,9357 | 2,02 | 0,9783 | 2,52 | 0,9941 | 3,02 | 0,9987 |
| 0,03 | 0,5120 | 0,53 | 0,7019 | 1,03 | 0,8485 | 1,53 | 0,9370 | 2,03 | 0,9788 | 2,53 | 0,9943 | 3,03 | 0,9988 |
| 0,04 | 0,5160 | 0,54 | 0,7054 | 1,04 | 0,8508 | 1,54 | 0,9382 | 2,04 | 0,9793 | 2,54 | 0,9945 | 3,04 | 0,9988 |
| 0,05 | 0,5199 | 0,55 | 0,7088 | 1,05 | 0,8531 | 1,55 | 0,9394 | 2,05 | 0,9798 | 2,55 | 0,9946 | 3,05 | 0,9989 |
| 0,06 | 0,5239 | 0,56 | 0,7123 | 1,06 | 0,8554 | 1,56 | 0,9406 | 2,06 | 0,9803 | 2,56 | 0,9948 | 3,06 | 0,9989 |
| 0,07 | 0,5279 | 0,57 | 0,7157 | 1,07 | 0,8577 | 1,57 | 0,9418 | 2,07 | 0,9808 | 2,57 | 0,9949 | 3,07 | 0,9989 |
| 0,08 | 0,5319 | 0,58 | 0,7190 | 1,08 | 0,8599 | 1,58 | 0,9429 | 2,08 | 0,9812 | 2,58 | 0,9951 | 3,08 | 0,9990 |
| 0,09 | 0,5359 | 0,59 | 0,7224 | 1,09 | 0,8621 | 1,59 | 0,9441 | 2,09 | 0,9817 | 2,59 | 0,9952 | 3,09 | 0,9990 |
| 0,10 | 0,5398 | 0,60 | 0,7257 | 1,10 | 0,8643 | 1,60 | 0,9452 | 2,10 | 0,9821 | 2,60 | 0,9953 | 3,10 | 0,9990 |
| 0,11 | 0,5438 | 0,61 | 0,7291 | 1,11 | 0,8665 | 1,61 | 0,9463 | 2,11 | 0,9826 | 2,61 | 0,9955 | 3,11 | 0,9991 |
| 0,12 | 0,5478 | 0,62 | 0,7324 | 1,12 | 0,8686 | 1,62 | 0,9474 | 2,12 | 0,9830 | 2,62 | 0,9956 | 3,12 | 0,9991 |
| 0,13 | 0,5517 | 0,63 | 0,7357 | 1,13 | 0,8708 | 1,63 | 0,9484 | 2,13 | 0,9834 | 2,63 | 0,9957 | 3,13 | 0,9991 |
| 0,14 | 0,5557 | 0,64 | 0,7389 | 1,14 | 0,8729 | 1,64 | 0,9495 | 2,14 | 0,9838 | 2,64 | 0,9959 | 3,14 | 0,9992 |
| 0,15 | 0,5596 | 0,65 | 0,7422 | 1,15 | 0,8749 | 1,65 | 0,9505 | 2,15 | 0,9842 | 2,65 | 0,9960 | 3,15 | 0,9992 |
| 0,16 | 0,5636 | 0,66 | 0,7454 | 1,16 | 0,8770 | 1,66 | 0,9515 | 2,16 | 0,9846 | 2,66 | 0,9961 | 3,16 | 0,9992 |
| 0,17 | 0,5675 | 0,67 | 0,7486 | 1,17 | 0,8790 | 1,67 | 0,9525 | 2,17 | 0,9850 | 2,67 | 0,9962 | 3,17 | 0,9992 |
| 0,18 | 0,5714 | 0,68 | 0,7517 | 1,18 | 0,8810 | 1,68 | 0,9535 | 2,18 | 0,9857 | 2,68 | 0,9963 | 3,18 | 0,9993 |
| 0,19 | 0,5753 | 0,69 | 0,7549 | 1,19 | 0,8830 | 1,69 | 0,9545 | 2,19 | 0,9857 | 2,69 | 0,9964 | 3,19 | 0,9993 |
| 0,20 | 0,5793 | 0,70 | 0,7580 | 1,20 | 0,8849 | 1,70 | 0,9554 | 2,20 | 0,9861 | 2,70 | 0,9965 | 3,20 | 0,9993 |
| 0,21 | 0,5832 | 0,71 | 0,7611 | 1,21 | 0,8869 | 1,71 | 0,9564 | 2,21 | 0,9864 | 2,71 | 0,9966 | 3,21 | 0,9993 |
| 0,22 | 0,5871 | 0,72 | 0,7642 | 1,22 | 0,8888 | 1,72 | 0,9573 | 2,22 | 0,9868 | 2,72 | 0,9967 | 3,22 | 0,9994 |
| 0,23 | 0,5910 | 0,73 | 0,7673 | 1,23 | 0,8907 | 1,73 | 0,9582 | 2,23 | 0,9871 | 2,73 | 0,9968 | 3,23 | 0,9994 |
| 0,24 | 0,5948 | 0,74 | 0,7704 | 1,24 | 0,8925 | 1,74 | 0,9591 | 2,24 | 0,9875 | 2,74 | 0,9969 | 3,24 | 0,9994 |
| 0,25 | 0,5987 | 0,75 | 0,7734 | 1,25 | 0,8944 | 1,75 | 0,9599 | 2,25 | 0,9878 | 2,75 | 0,9970 | 3,25 | 0,9994 |
| 0,26 | 0,6026 | 0,76 | 0,7764 | 1,26 | 0,8962 | 1,76 | 0,9608 | 2,26 | 0,9881 | 2,76 | 0,9971 | 3,26 | 0,9994 |
| 0,27 | 0,6064 | 0,77 | 0,7794 | 1,27 | 0,8980 | 1,77 | 0,9616 | 2,27 | 0,9884 | 2,77 | 0,9972 | 3,27 | 0,9995 |
| 0,28 | 0,6103 | 0,78 | 0,7823 | 1,28 | 0,8997 | 1,78 | 0,9625 | 2,28 | 0,9887 | 2,78 | 0,9973 | 3,28 | 0,9995 |
| 0,29 | 0,6141 | 0,79 | 0,7852 | 1,29 | 0,9015 | 1,79 | 0,9633 | 2,29 | 0,9890 | 2,79 | 0,9974 | 3,29 | 0,9995 |
| 0,30 | 0,6179 | 0,80 | 0,7881 | 1,30 | 0,9032 | 1,80 | 0,9641 | 2,30 | 0,9893 | 2,80 | 0,9974 | 3,30 | 0,9995 |
| 0,31 | 0,6217 | 0,81 | 0,7910 | 1,31 | 0,9049 | 1,81 | 0,9649 | 2,31 | 0,9896 | 2,81 | 0,9975 | 3,31 | 0,9995 |
| 0,32 | 0,6255 | 0,82 | 0,7939 | 1,32 | 0,9066 | 1,82 | 0,9656 | 2,32 | 0,9898 | 2,82 | 0,9976 | 3,32 | 0,9995 |
| 0,33 | 0,6293 | 0,83 | 0,7967 | 1,33 | 0,9082 | 1,83 | 0,9664 | 2,33 | 0,9901 | 2,83 | 0,9977 | 3,33 | 0,9996 |
| 0,34 | 0,6331 | 0,84 | 0,7995 | 1,34 | 0,9099 | 1,84 | 0,9671 | 2,34 | 0,9904 | 2,84 | 0,9977 | 3,34 | 0,9996 |
| 0,35 | 0,6368 | 0,85 | 0,8023 | 1,35 | 0,9115 | 1,85 | 0,9678 | 2,35 | 0,9906 | 2,85 | 0,9978 | 3,35 | 0,9996 |
| 0,36 | 0,6406 | 0,86 | 0,8051 | 1,36 | 0,9131 | 1,86 | 0,9686 | 2,36 | 0,9909 | 2,86 | 0,9979 | 3,36 | 0,9996 |
| 0,37 | 0,6443 | 0,87 | 0,8078 | 1,37 | 0,9147 | 1,87 | 0,9693 | 2,37 | 0,9911 | 2,87 | 0,9979 | 3,37 | 0,9996 |
| 0,38 | 0,6480 | 0,88 | 0,8106 | 1,38 | 0,9162 | 1,88 | 0,9699 | 2,38 | 0,9913 | 2,88 | 0,9980 | 3,38 | 0,9996 |
| 0,39 | 0,6517 | 0,89 | 0,8133 | 1,39 | 0,9177 | 1,89 | 0,9706 | 2,39 | 0,9916 | 2,89 | 0,9981 | 3,39 | 0,9997 |
| 0,40 | 0,6554 | 0,90 | 0,8159 | 1,40 | 0,9192 | 1,90 | 0,9713 | 2,40 | 0,9918 | 2,90 | 0,9981 | 3,40 | 0,9997 |
| 0,41 | 0,6591 | 0,91 | 0,8186 | 1,41 | 0,9207 | 1,91 | 0,9719 | 2,41 | 0,9920 | 2,91 | 0,9982 | 3,41 | 0,9997 |
| 0,42 | 0,6628 | 0,92 | 0,8212 | 1,42 | 0,9222 | 1,92 | 0,9726 | 2,42 | 0,9922 | 2,92 | 0,9982 | 3,42 | 0,9997 |
| 0,43 | 0,6664 | 0,93 | 0,8238 | 1,43 | 0,9236 | 1,93 | 0,9732 | 2,43 | 0,9925 | 2,93 | 0,9983 | 3,43 | 0,9997 |
| 0,44 | 0,6700 | 0,94 | 0,8264 | 1,44 | 0,9251 | 1,94 | 0,9738 | 2,44 | 0,9927 | 2,94 | 0,9984 | 3,44 | 0,9997 |
| 0,45 | 0,6736 | 0,95 | 0,8289 | 1,45 | 0,9265 | 1,95 | 0,9744 | 2,45 | 0,9929 | 2,95 | 0,9984 | 3,45 | 0,9997 |
| 0,46 | 0,6772 | 0,96 | 0,8315 | 1,46 | 0,9279 | 1,96 | 0,9750 | 2,46 | 0,9931 | 2,96 | 0,9985 | 3,46 | 0,9997 |
| 0,47 | 0,6808 | 0,97 | 0,8340 | 1,47 | 0,9292 | 1,97 | 0,9756 | 2,47 | 0,9932 | 2,97 | 0,9985 | 3,47 | 0,9997 |
| 0,48 | 0,6844 | 0,98 | 0,8365 | 1,48 | 0,9306 | 1,98 | 0,9761 | 2,48 | 0,9934 | 2,98 | 0,9986 | 3,48 | 0,9997 |
| 0,49 | 0,6879 | 0,99 | 0,8389 | 1,49 | 0,9319 | 1,99 | 0,9767 | 2,49 | 0,9936 | 2,99 | 0,9986 | 3,49 | 0,9998 |
| 0,50 | 0,6915 | 1,00 | 0,8413 | 1,50 | 0,9332 | 2,00 | 0,9772 | 2,50 | 0,9938 | 3,00 | 0,9987 | 3,50 | 0,9998 |

Flächen der standardisierten Normalverteilung für $z > 0$; für $z < 0$ gilt: $\Phi(z) = 1 - \Phi(|z|)$

Tab. A.4: Kolmogoroff-Smirnoff-Tabelle.

Signifikanzniveau $\alpha = 0{,}05$:

| $n$ | $D(\alpha, n)$ |
|---|---|
| 5 | 0,336 |
| 6 | 0,318 |
| 7 | 0,301 |
| 8 | 0,286 |
| 9 | 0,273 |
| 10 | 0,261 |
| 11 | 0,250 |
| 12 | 0,241 |
| 13 | 0,232 |
| 14 | 0,224 |
| 15 | 0,217 |
| 16 | 0,211 |
| 17 | 0,205 |
| 18 | 0,200 |
| 19 | 0,195 |
| 20 | 0,191 |
| 21 | 0,187 |
| 22 | 0,183 |
| 23 | 0,179 |
| 24 | 0,176 |
| 25 | 0,173 |
| 26 | 0,170 |
| 27 | 0,168 |
| 28 | 0,165 |
| 29 | 0,163 |
| 30 | 0,161 |

für $n > 30$ gilt: $D(\alpha, n) = \frac{1{,}358}{\sqrt{n}}$

Tab. A.5: $F$-Tabelle.

Integralgrenzen der $F$-Verteilung, Signifikanzniveau $\alpha = 0{,}05$:

| $f_1$ / $f_2$ | 1 | 2 | 3 | 4 | 5 | 6 | 7 | 8 | 9 | 10 | 11 | 12 | 13 | 14 | 15 | 20 | 30 | 50 | ∞ |
|---|---|---|---|---|---|---|---|---|---|---|---|---|---|---|---|---|---|---|---|
| **1** | 161,4 | 199,5 | 215,7 | 224,6 | 230,2 | 234,0 | 236,8 | 238,9 | 240,5 | 241,9 | 243,0 | 243,9 | 244,7 | 245,4 | 245,9 | 248,0 | 250,1 | 251,8 | 254,3 |
| **2** | 18,51 | 19,00 | 19,16 | 19,25 | 19,30 | 19,33 | 19,35 | 19,37 | 19,38 | 19,40 | 19,40 | 19,41 | 19,42 | 19,42 | 19,43 | 19,45 | 19,46 | 19,48 | 19,50 |
| **3** | 10,13 | 9,552 | 9,277 | 9,117 | 9,013 | 8,941 | 8,887 | 8,845 | 8,812 | 8,786 | 8,763 | 8,745 | 8,729 | 8,715 | 8,703 | 8,660 | 8,617 | 8,581 | 8,526 |
| **4** | 7,709 | 6,944 | 6,591 | 6,388 | 6,256 | 6,163 | 6,094 | 6,041 | 5,999 | 5,964 | 5,936 | 5,912 | 5,891 | 5,873 | 5,858 | 5,803 | 5,746 | 5,699 | 5,628 |
| **5** | 6,608 | 5,786 | 5,409 | 5,192 | 5,050 | 4,950 | 4,876 | 4,818 | 4,772 | 4,735 | 4,704 | 4,678 | 4,655 | 4,636 | 4,619 | 4,558 | 4,496 | 4,444 | 4,365 |
| **6** | 5,987 | 5,143 | 4,757 | 4,534 | 4,387 | 4,284 | 4,207 | 4,147 | 4,099 | 4,060 | 4,027 | 4,000 | 3,976 | 3,956 | 3,938 | 3,874 | 3,808 | 3,754 | 3,669 |
| **7** | 5,591 | 4,737 | 4,347 | 4,120 | 3,972 | 3,866 | 3,787 | 3,726 | 3,677 | 3,637 | 3,603 | 3,575 | 3,550 | 3,529 | 3,511 | 3,445 | 3,376 | 3,319 | 3,230 |
| **8** | 5,318 | 4,459 | 4,066 | 3,838 | 3,687 | 3,581 | 3,500 | 3,438 | 3,388 | 3,347 | 3,313 | 3,284 | 3,259 | 3,237 | 3,218 | 3,150 | 3,079 | 3,020 | 2,928 |
| **9** | 5,117 | 4,256 | 3,863 | 3,633 | 3,482 | 3,374 | 3,293 | 3,230 | 3,179 | 3,137 | 3,102 | 3,073 | 3,048 | 3,025 | 3,006 | 2,936 | 2,864 | 2,803 | 2,707 |
| **10** | 4,965 | 4,103 | 3,708 | 3,478 | 3,326 | 3,217 | 3,135 | 3,072 | 3,020 | 2,978 | 2,943 | 2,913 | 2,887 | 2,865 | 2,845 | 2,774 | 2,700 | 2,637 | 2,538 |
| **11** | 4,844 | 3,982 | 3,587 | 3,357 | 3,204 | 3,095 | 3,012 | 2,948 | 2,896 | 2,854 | 2,818 | 2,788 | 2,761 | 2,739 | 2,719 | 2,646 | 2,570 | 2,507 | 2,404 |
| **12** | 4,747 | 3,885 | 3,490 | 3,259 | 3,106 | 2,996 | 2,913 | 2,849 | 2,796 | 2,753 | 2,717 | 2,687 | 2,660 | 2,637 | 2,617 | 2,544 | 2,466 | 2,401 | 2,296 |
| **13** | 4,667 | 3,806 | 3,411 | 3,179 | 3,025 | 2,915 | 2,832 | 2,767 | 2,714 | 2,671 | 2,635 | 2,604 | 2,577 | 2,554 | 2,533 | 2,459 | 2,380 | 2,314 | 2,206 |
| **14** | 4,600 | 3,739 | 3,344 | 3,112 | 2,958 | 2,848 | 2,764 | 2,699 | 2,646 | 2,602 | 2,565 | 2,534 | 2,507 | 2,484 | 2,463 | 2,388 | 2,308 | 2,241 | 2,131 |
| **15** | 4,543 | 3,682 | 3,287 | 3,056 | 2,901 | 2,790 | 2,707 | 2,641 | 2,588 | 2,544 | 2,507 | 2,475 | 2,448 | 2,424 | 2,403 | 2,328 | 2,247 | 2,178 | 2,066 |
| **16** | 4,494 | 3,634 | 3,239 | 3,007 | 2,852 | 2,741 | 2,657 | 2,591 | 2,538 | 2,494 | 2,456 | 2,425 | 2,397 | 2,373 | 2,352 | 2,276 | 2,194 | 2,124 | 2,010 |
| **17** | 4,451 | 3,592 | 3,197 | 2,965 | 2,810 | 2,699 | 2,614 | 2,548 | 2,494 | 2,450 | 2,413 | 2,381 | 2,353 | 2,329 | 2,308 | 2,230 | 2,148 | 2,077 | 1,960 |
| **18** | 4,414 | 3,555 | 3,160 | 2,928 | 2,773 | 2,661 | 2,577 | 2,510 | 2,456 | 2,412 | 2,374 | 2,342 | 2,314 | 2,290 | 2,269 | 2,191 | 2,107 | 2,035 | 1,917 |
| **19** | 4,381 | 3,522 | 3,127 | 2,895 | 2,740 | 2,628 | 2,544 | 2,477 | 2,423 | 2,378 | 2,340 | 2,308 | 2,280 | 2,256 | 2,234 | 2,155 | 2,071 | 1,999 | 1,878 |

$f_1$: Freiheitsgrad Zähler; $f_2$: Freiheitsgrad Nenner

Tab. A.5: $F$-Tabelle (fortgesetzt).

Integralgrenzen der $F$-Verteilung, Signifikanzniveau $\alpha = 0{,}05$:

| $f_1$ / $f_2$ | 1 | 2 | 3 | 4 | 5 | 6 | 7 | 8 | 9 | 10 | 11 | 12 | 13 | 14 | 15 | 20 | 30 | 50 | ∞ |
|---|---|---|---|---|---|---|---|---|---|---|---|---|---|---|---|---|---|---|---|
| **20** | 4,351 | 3,493 | 3,098 | 2,866 | 2,711 | 2,599 | 2,514 | 2,447 | 2,393 | 2,348 | 2,310 | 2,278 | 2,250 | 2,225 | 2,203 | 2,124 | 2,039 | 1,966 | 1,843 |
| **21** | 4,325 | 3,467 | 3,072 | 2,840 | 2,685 | 2,573 | 2,488 | 2,420 | 2,366 | 2,321 | 2,283 | 2,250 | 2,222 | 2,197 | 2,176 | 2,096 | 2,010 | 1,936 | 1,812 |
| **22** | 4,301 | 3,443 | 3,049 | 2,817 | 2,661 | 2,549 | 2,464 | 2,397 | 2,342 | 2,297 | 2,259 | 2,226 | 2,198 | 2,173 | 2,151 | 2,071 | 1,984 | 1,909 | 1,783 |
| **23** | 4,279 | 3,422 | 3,028 | 2,796 | 2,640 | 2,528 | 2,442 | 2,375 | 2,320 | 2,275 | 2,236 | 2,204 | 2,175 | 2,150 | 2,128 | 2,048 | 1,961 | 1,885 | 1,757 |
| **24** | 4,260 | 3,403 | 3,009 | 2,776 | 2,621 | 2,508 | 2,423 | 2,355 | 2,300 | 2,255 | 2,216 | 2,183 | 2,155 | 2,130 | 2,108 | 2,027 | 1,939 | 1,863 | 1,733 |
| **25** | 4,242 | 3,385 | 2,991 | 2,759 | 2,603 | 2,490 | 2,405 | 2,337 | 2,282 | 2,236 | 2,198 | 2,165 | 2,136 | 2,111 | 2,089 | 2,007 | 1,919 | 1,842 | 1,711 |
| **26** | 4,225 | 3,369 | 2,975 | 2,743 | 2,587 | 2,474 | 2,388 | 2,321 | 2,265 | 2,220 | 2,181 | 2,148 | 2,119 | 2,094 | 2,072 | 1,990 | 1,901 | 1,823 | 1,691 |
| **27** | 4,210 | 3,354 | 2,960 | 2,728 | 2,572 | 2,459 | 2,373 | 2,305 | 2,250 | 2,204 | 2,166 | 2,132 | 2,103 | 2,078 | 2,056 | 1,974 | 1,884 | 1,806 | 1,672 |
| **28** | 4,196 | 3,340 | 2,947 | 2,714 | 2,558 | 2,445 | 2,359 | 2,291 | 2,236 | 2,190 | 2,151 | 2,118 | 2,089 | 2,064 | 2,041 | 1,959 | 1,869 | 1,790 | 1,654 |
| **29** | 4,183 | 3,328 | 2,934 | 2,701 | 2,545 | 2,432 | 2,346 | 2,278 | 2,223 | 2,177 | 2,138 | 2,104 | 2,075 | 2,050 | 2,027 | 1,945 | 1,854 | 1,775 | 1,638 |
| **30** | 4,171 | 3,316 | 2,922 | 2,690 | 2,534 | 2,421 | 2,334 | 2,266 | 2,211 | 2,165 | 2,126 | 2,092 | 2,063 | 2,037 | 2,015 | 1,932 | 1,841 | 1,761 | 1,622 |
| **40** | 4,085 | 3,232 | 2,839 | 2,606 | 2,449 | 2,336 | 2,249 | 2,180 | 2,124 | 2,077 | 2,038 | 2,003 | 1,974 | 1,948 | 1,924 | 1,839 | 1,744 | 1,660 | 1,509 |
| **50** | 4,034 | 3,183 | 2,790 | 2,557 | 2,400 | 2,286 | 2,199 | 2,130 | 2,073 | 2,026 | 1,986 | 1,952 | 1,921 | 1,895 | 1,871 | 1,784 | 1,687 | 1,599 | 1,438 |
| **60** | 4,001 | 3,150 | 2,758 | 2,525 | 2,368 | 2,254 | 2,167 | 2,097 | 2,040 | 1,993 | 1,952 | 1,917 | 1,887 | 1,860 | 1,836 | 1,748 | 1,649 | 1,559 | 1,389 |
| **70** | 3,978 | 3,128 | 2,736 | 2,503 | 2,346 | 2,231 | 2,143 | 2,074 | 2,017 | 1,969 | 1,928 | 1,893 | 1,863 | 1,836 | 1,812 | 1,722 | 1,622 | 1,530 | 1,353 |
| **80** | 3,960 | 3,111 | 2,719 | 2,486 | 2,329 | 2,214 | 2,126 | 2,056 | 1,999 | 1,951 | 1,910 | 1,875 | 1,845 | 1,817 | 1,793 | 1,703 | 1,602 | 1,508 | 1,325 |
| **90** | 3,947 | 3,098 | 2,706 | 2,473 | 2,316 | 2,201 | 2,113 | 2,043 | 1,986 | 1,938 | 1,897 | 1,861 | 1,830 | 1,803 | 1,779 | 1,688 | 1,586 | 1,491 | 1,302 |
| **100** | 3,936 | 3,087 | 2,696 | 2,463 | 2,305 | 2,191 | 2,103 | 2,032 | 1,975 | 1,927 | 1,886 | 1,850 | 1,819 | 1,792 | 1,768 | 1,676 | 1,573 | 1,477 | 1,283 |
| **∞** | 3,841 | 2,996 | 2,605 | 2,372 | 2,214 | 2,099 | 2,010 | 1,938 | 1,880 | 1,831 | 1,789 | 1,752 | 1,720 | 1,692 | 1,666 | 1,571 | 1,459 | 1,350 | 1,002 |

$f_1$: Freiheitsgrad Zähler; $f_2$: Freiheitsgrad Nenner

Tab. A.5: $F$-Tabelle (fortgesetzt).

Integralgrenzen der $F$-Verteilung, Signifikanzniveau $\alpha = 0{,}01$:

| $f_1$ / $f_2$ | 1 | 2 | 3 | 4 | 5 | 6 | 7 | 8 | 9 | 10 | 11 | 12 | 13 | 14 | 15 | 20 | 30 | 50 | ∞ |
|---|---|---|---|---|---|---|---|---|---|---|---|---|---|---|---|---|---|---|---|
| 1 | 4052 | 5000 | 5403 | 5625 | 5764 | 5859 | 5928 | 5981 | 6022 | 6056 | 6083 | 6106 | 6126 | 6143 | 6157 | 6209 | 6261 | 6303 | 6366 |
| 2 | 98,50 | 99,00 | 99,17 | 99,25 | 99,30 | 99,33 | 99,36 | 99,37 | 99,39 | 99,40 | 99,41 | 99,42 | 99,42 | 99,43 | 99,43 | 99,45 | 99,47 | 99,48 | 99,50 |
| 3 | 34,12 | 30,82 | 29,46 | 28,71 | 28,24 | 27,91 | 27,67 | 27,49 | 27,35 | 27,23 | 27,13 | 27,05 | 26,98 | 26,92 | 26,87 | 26,69 | 26,50 | 26,35 | 26,13 |
| 4 | 21,20 | 18,00 | 16,69 | 15,98 | 15,52 | 15,21 | 14,98 | 14,80 | 14,66 | 14,55 | 14,45 | 14,37 | 14,31 | 14,25 | 14,20 | 14,02 | 13,84 | 13,69 | 13,46 |
| 5 | 16,26 | 13,27 | 12,06 | 11,39 | 10,97 | 10,67 | 10,46 | 10,29 | 10,16 | 10,05 | 9,963 | 9,888 | 9,825 | 9,770 | 9,722 | 9,553 | 9,379 | 9,238 | 9,021 |
| 6 | 13,75 | 10,92 | 9,780 | 9,148 | 8,746 | 8,466 | 8,260 | 8,102 | 7,976 | 7,874 | 7,790 | 7,718 | 7,657 | 7,605 | 7,559 | 7,396 | 7,229 | 7,091 | 6,880 |
| 7 | 12,25 | 9,547 | 8,451 | 7,847 | 7,460 | 7,191 | 6,993 | 6,840 | 6,719 | 6,620 | 6,538 | 6,469 | 6,410 | 6,359 | 6,314 | 6,155 | 5,992 | 5,858 | 5,650 |
| 8 | 11,26 | 8,649 | 7,591 | 7,006 | 6,632 | 6,371 | 6,178 | 6,029 | 5,911 | 5,814 | 5,734 | 5,667 | 5,609 | 5,559 | 5,515 | 5,359 | 5,198 | 5,065 | 4,859 |
| 9 | 10,56 | 8,022 | 6,992 | 6,422 | 6,057 | 5,802 | 5,613 | 5,467 | 5,351 | 5,257 | 5,178 | 5,111 | 5,055 | 5,005 | 4,962 | 4,808 | 4,649 | 4,517 | 4,311 |
| 10 | 10,04 | 7,559 | 6,552 | 5,994 | 5,636 | 5,386 | 5,200 | 5,057 | 4,942 | 4,849 | 4,772 | 4,706 | 4,650 | 4,601 | 4,558 | 4,405 | 4,247 | 4,115 | 3,909 |
| 11 | 9,65 | 7,206 | 6,217 | 5,668 | 5,316 | 5,069 | 4,886 | 4,744 | 4,632 | 4,539 | 4,462 | 4,397 | 4,342 | 4,293 | 4,251 | 4,099 | 3,941 | 3,810 | 3,603 |
| 12 | 9,330 | 6,927 | 5,953 | 5,412 | 5,064 | 4,821 | 4,640 | 4,499 | 4,388 | 4,296 | 4,220 | 4,155 | 4,100 | 4,052 | 4,010 | 3,858 | 3,701 | 3,569 | 3,361 |
| 13 | 9,074 | 6,701 | 5,739 | 5,205 | 4,862 | 4,620 | 4,441 | 4,302 | 4,191 | 4,100 | 4,025 | 3,960 | 3,905 | 3,857 | 3,815 | 3,665 | 3,507 | 3,375 | 3,166 |
| 14 | 8,862 | 6,515 | 5,564 | 5,035 | 4,695 | 4,456 | 4,278 | 4,140 | 4,030 | 3,939 | 3,864 | 3,800 | 3,745 | 3,698 | 3,656 | 3,505 | 3,348 | 3,215 | 3,004 |
| 15 | 8,683 | 6,359 | 5,417 | 4,893 | 4,556 | 4,318 | 4,142 | 4,004 | 3,895 | 3,805 | 3,730 | 3,666 | 3,612 | 3,564 | 3,522 | 3,372 | 3,214 | 3,081 | 2,869 |
| 16 | 8,531 | 6,226 | 5,292 | 4,773 | 4,437 | 4,202 | 4,026 | 3,890 | 3,780 | 3,691 | 3,616 | 3,553 | 3,498 | 3,451 | 3,409 | 3,259 | 3,101 | 2,967 | 2,753 |
| 17 | 8,400 | 6,112 | 5,185 | 4,669 | 4,336 | 4,102 | 3,927 | 3,791 | 3,682 | 3,593 | 3,519 | 3,455 | 3,401 | 3,353 | 3,312 | 3,162 | 3,003 | 2,869 | 2,653 |
| 18 | 8,285 | 6,013 | 5,092 | 4,579 | 4,248 | 4,015 | 3,841 | 3,705 | 3,597 | 3,508 | 3,434 | 3,371 | 3,316 | 3,269 | 3,227 | 3,077 | 2,919 | 2,784 | 2,566 |
| 19 | 8,185 | 5,926 | 5,010 | 4,500 | 4,171 | 3,939 | 3,765 | 3,631 | 3,523 | 3,434 | 3,360 | 3,297 | 3,242 | 3,195 | 3,153 | 3,003 | 2,844 | 2,709 | 2,489 |

$f_1$: Freiheitsgrad Zähler; $f_2$: Freiheitsgrad Nenner

Tab. A.5: $F$-Tabelle (fortgesetzt).

Integralgrenzen der $F$-Verteilung, Signifikanzniveau $\alpha = 0{,}01$:

| $f_1$ / $f_2$ | 1 | 2 | 3 | 4 | 5 | 6 | 7 | 8 | 9 | 10 | 11 | 12 | 13 | 14 | 15 | 20 | 30 | 50 | ∞ |
|---|---|---|---|---|---|---|---|---|---|---|---|---|---|---|---|---|---|---|---|
| **20** | 8,096 | 5,849 | 4,938 | 4,431 | 4,103 | 3,871 | 3,699 | 3,564 | 3,457 | 3,368 | 3,294 | 3,231 | 3,177 | 3,130 | 3,088 | 2,938 | 2,778 | 2,643 | 2,421 |
| **21** | 8,017 | 5,780 | 4,874 | 4,369 | 4,042 | 3,812 | 3,640 | 3,506 | 3,398 | 3,310 | 3,236 | 3,173 | 3,119 | 3,072 | 3,030 | 2,880 | 2,720 | 2,584 | 2,360 |
| **22** | 7,945 | 5,719 | 4,817 | 4,313 | 3,988 | 3,758 | 3,587 | 3,453 | 3,346 | 3,258 | 3,184 | 3,121 | 3,067 | 3,019 | 2,978 | 2,827 | 2,667 | 2,531 | 2,306 |
| **23** | 7,881 | 5,664 | 4,765 | 4,264 | 3,939 | 3,710 | 3,539 | 3,406 | 3,299 | 3,211 | 3,137 | 3,074 | 3,020 | 2,973 | 2,931 | 2,781 | 2,620 | 2,483 | 2,256 |
| **24** | 7,823 | 5,614 | 4,718 | 4,218 | 3,895 | 3,667 | 3,496 | 3,363 | 3,256 | 3,168 | 3,094 | 3,032 | 2,977 | 2,930 | 2,889 | 2,738 | 2,577 | 2,440 | 2,211 |
| **25** | 7,770 | 5,568 | 4,675 | 4,177 | 3,855 | 3,627 | 3,457 | 3,324 | 3,217 | 3,129 | 3,056 | 2,993 | 2,939 | 2,892 | 2,850 | 2,699 | 2,538 | 2,400 | 2,170 |
| **26** | 7,721 | 5,526 | 4,637 | 4,140 | 3,818 | 3,591 | 3,421 | 3,288 | 3,182 | 3,094 | 3,021 | 2,958 | 2,904 | 2,857 | 2,815 | 2,664 | 2,503 | 2,364 | 2,132 |
| **27** | 7,677 | 5,488 | 4,601 | 4,106 | 3,785 | 3,558 | 3,388 | 3,256 | 3,149 | 3,062 | 2,988 | 2,926 | 2,871 | 2,824 | 2,783 | 2,632 | 2,470 | 2,330 | 2,097 |
| **28** | 7,636 | 5,453 | 4,568 | 4,074 | 3,754 | 3,528 | 3,358 | 3,226 | 3,120 | 3,032 | 2,959 | 2,896 | 2,842 | 2,795 | 2,753 | 2,602 | 2,440 | 2,300 | 2,064 |
| **29** | 7,598 | 5,420 | 4,538 | 4,045 | 3,725 | 3,499 | 3,330 | 3,198 | 3,092 | 3,005 | 2,931 | 2,868 | 2,814 | 2,767 | 2,726 | 2,574 | 2,412 | 2,271 | 2,034 |
| **30** | 7,562 | 5,390 | 4,510 | 4,018 | 3,699 | 3,473 | 3,304 | 3,173 | 3,067 | 2,979 | 2,906 | 2,843 | 2,789 | 2,742 | 2,700 | 2,549 | 2,386 | 2,245 | 2,006 |
| **40** | 7,314 | 5,179 | 4,313 | 3,828 | 3,514 | 3,291 | 3,124 | 2,993 | 2,888 | 2,801 | 2,727 | 2,665 | 2,611 | 2,563 | 2,522 | 2,369 | 2,203 | 2,058 | 1,805 |
| **50** | 7,171 | 5,057 | 4,199 | 3,720 | 3,408 | 3,186 | 3,020 | 2,890 | 2,785 | 2,698 | 2,625 | 2,562 | 2,508 | 2,461 | 2,419 | 2,265 | 2,098 | 1,949 | 1,683 |
| **60** | 7,077 | 4,977 | 4,126 | 3,649 | 3,339 | 3,119 | 2,953 | 2,823 | 2,718 | 2,632 | 2,559 | 2,496 | 2,442 | 2,394 | 2,352 | 2,198 | 2,028 | 1,877 | 1,601 |
| **70** | 7,011 | 4,922 | 4,074 | 3,600 | 3,291 | 3,071 | 2,906 | 2,777 | 2,672 | 2,585 | 2,512 | 2,450 | 2,395 | 2,348 | 2,306 | 2,150 | 1,980 | 1,826 | 1,541 |
| **80** | 6,963 | 4,881 | 4,036 | 3,563 | 3,255 | 3,036 | 2,871 | 2,742 | 2,637 | 2,551 | 2,478 | 2,415 | 2,361 | 2,313 | 2,271 | 2,115 | 1,944 | 1,788 | 1,494 |
| **90** | 6,925 | 4,849 | 4,007 | 3,535 | 3,228 | 3,009 | 2,845 | 2,715 | 2,611 | 2,524 | 2,451 | 2,389 | 2,334 | 2,286 | 2,244 | 2,088 | 1,916 | 1,759 | 1,458 |
| **100** | 6,895 | 4,824 | 3,984 | 3,513 | 3,206 | 2,988 | 2,823 | 2,694 | 2,590 | 2,503 | 2,430 | 2,368 | 2,313 | 2,265 | 2,223 | 2,067 | 1,893 | 1,735 | 1,427 |
| **∞** | 6,635 | 4,605 | 3,782 | 3,319 | 3,017 | 2,802 | 2,640 | 2,511 | 2,408 | 2,321 | 2,248 | 2,185 | 2,130 | 2,082 | 2,039 | 1,878 | 1,697 | 1,523 | 1,015 |

$f_1$: Freiheitsgrad Zähler; $f_2$: Freiheitsgrad Nenner

Tab. A.6: Konfidenzwerte Quartile.

| links | | | | rechts | | | |
|---|---|---|---|---|---|---|---|
| *n* | LS(*n*) | *n* | LS(*n*) | *n* | RS(*n*) | *n* | RS(*n*) |
| 1 | 0 | 26 | 8 | 1 | 5 | 26 | 18 |
| 2 | 0 | 27 | 8 | 2 | 5 | 27 | 19 |
| 3 | 0 | 28 | 9 | 3 | 5 | 28 | 19 |
| 4 | 0 | 29 | 9 | 4 | 5 | 29 | 20 |
| 5 | 0 | 30 | 10 | 5 | 5 | 30 | 20 |
| 6 | 1 | 31 | 10 | 6 | 5 | 31 | 21 |
| 7 | 1 | 32 | 10 | 7 | 6 | 32 | 22 |
| 8 | 1 | 33 | 11 | 8 | 7 | 33 | 22 |
| 9 | 2 | 34 | 11 | 9 | 7 | 34 | 23 |
| 10 | 2 | 35 | 12 | 10 | 8 | 35 | 23 |
| 11 | 2 | 36 | 12 | 11 | 9 | 36 | 24 |
| 12 | 3 | 37 | 13 | 12 | 9 | 37 | 24 |
| 13 | 3 | 38 | 13 | 13 | 10 | 38 | 25 |
| 14 | 3 | 39 | 13 | 14 | 11 | 39 | 26 |
| 15 | 4 | 40 | 14 | 15 | 11 | 40 | 26 |
| 16 | 4 | 41 | 14 | 16 | 12 | 41 | 27 |
| 17 | 5 | 42 | 15 | 17 | 12 | 42 | 27 |
| 18 | 5 | 43 | 15 | 18 | 13 | 43 | 28 |
| 19 | 5 | 44 | 16 | 19 | 14 | 44 | 28 |
| 20 | 6 | 45 | 16 | 20 | 14 | 45 | 29 |
| 21 | 6 | 46 | 16 | 21 | 15 | 46 | 30 |
| 22 | 6 | 47 | 17 | 22 | 16 | 47 | 30 |
| 23 | 7 | 48 | 17 | 23 | 16 | 48 | 31 |
| 24 | 7 | 49 | 18 | 24 | 17 | 49 | 31 |
| 25 | 8 | 50 | 18 | 25 | 17 | 50 | 32 |

Tab. A.7: Sawitzky-Golay-Tabelle.

Koeffizienten des Sawitzky-Golay-Filters (zweite Ableitung; quadratisches, kubisches Polynom)

| **Filterbreite** | | | | | | | | | | | |
|---|---|---|---|---|---|---|---|---|---|---|---|
| **5** | **7** | **9** | **11** | **13** | **15** | **17** | **19** | **21** | **23** | **25** | ***i*** |
| | | | | | | | | | | −253 | −12 |
| | | | | | | | | | −42 | −138 | −11 |
| | | | | | | | | −171 | −21 | −33 | −10 |
| | | | | | | | −136 | −76 | −2 | 62 | −9 |
| | | | | | | −21 | −51 | 9 | 15 | 147 | −8 |
| | | | | | −78 | −6 | 24 | 84 | 30 | 222 | −7 |
| | | | | −11 | −13 | 7 | 89 | 149 | 43 | 287 | −6 |
| | | | −36 | 0 | 42 | 18 | 144 | 204 | 54 | 322 | −5 |
| | | −21 | 9 | 9 | 87 | 27 | 189 | 249 | 63 | 387 | −4 |
| | −2 | 14 | 44 | 16 | 122 | 34 | 224 | 284 | 70 | 422 | −3 |
| −3 | 3 | 39 | 69 | 21 | 147 | 39 | 249 | 309 | 75 | 447 | −2 |
| 12 | 6 | 54 | 84 | 24 | 162 | 42 | 264 | 324 | 78 | 462 | −1 |
| 17 | 7 | 59 | 89 | 25 | 167 | 43 | 269 | 329 | 79 | 467 | 0 |
| 12 | 6 | 54 | 84 | 24 | 162 | 42 | 264 | 324 | 78 | 462 | 1 |
| −3 | 3 | 39 | 69 | 21 | 147 | 39 | 249 | 309 | 75 | 447 | 2 |
| | −2 | 14 | 44 | 16 | 122 | 34 | 224 | 284 | 70 | 422 | 3 |
| | | −21 | 9 | 9 | 87 | 27 | 189 | 249 | 63 | 387 | 4 |
| | | | −36 | 0 | 42 | 18 | 144 | 204 | 54 | 322 | 5 |
| | | | | −11 | −13 | 7 | 89 | 149 | 43 | 287 | 6 |
| | | | | | −78 | −6 | 24 | 84 | 30 | 222 | 7 |
| | | | | | | −21 | −51 | 9 | 15 | 147 | 8 |
| | | | | | | | −136 | −76 | −2 | 62 | 9 |
| | | | | | | | | −171 | −21 | −33 | 10 |
| | | | | | | | | | −42 | −138 | 11 |
| | | | | | | | | | | −253 | 12 |

# Abkürzungen

| | |
|---|---|
| $\alpha$ | Signifikanzniveau |
| $\boldsymbol{b}$ | Vektor Modellkoeffizienten |
| $\boldsymbol{C}$ | Varianz-Kovarianz-Matrix |
| $\mathrm{cov}(x_1, x_2)$ | Kovarianz $x_1, x_2$ |
| $\boldsymbol{D}$ | Designmatrix |
| $\boldsymbol{e}_1$ | Residuenvektor |
| $e_{ij}$ | Residue |
| $f$ | Freiheitsgrad |
| $F(\alpha, f_1, f_2)$ | Integralgrenze *F*-Verteilung |
| FT | Fourier-Transformation |
| FT-IR | Fouriertransform-Infrarot-Spektroskopie |
| $\gamma$ | Schiefe |
| $\boldsymbol{H}$ | hat-Matrix |
| $\boldsymbol{h}_1$ | Hauptkomponenten-Vektor |
| $h_{ij}$ | Hauptkomponente, *score* |
| HPLC | Hochdruckflüssigkeits-Chromatographie |
| idk | Interquartilsdispersionskoeffizient |
| IFT | inverse Fourier-Transformation |
| ILA | iterative lineare Anpassung |
| iqa | Interquartilsabstand |
| IR | Infrarot-Spektroskopie |
| *k*-Means | *k*-Means-Verfahren zur Clusteranalyse |
| kNN | Zahl-Nächste-Nachbarn-Verfahren zur Objektzuordnung |
| $\lambda$ | Excess |
| $\boldsymbol{L}$ | L-Matrix |
| $l_{ij}$ | L-Wert, loading |
| MASLOC | MASLOC-Verfahren zur Clusteranalyse |
| MaxEnt | Maximum Entropie |
| MS | Massenspektrometrie |
| NIR | Nahinfrarot-Spektroskopie |
| NLR | Nichtlineare Regression |
| NMR | Kernmagentische Resonanz-Spektroskopie |
| p | Zahl Faktoren, Merkmale |
| PCR | principal component regression |
| PLS | Hauptkomponenten-Analyse |
| PRESS | predictive residual sum of squares |
| q | Zahl Modellkoeffizienten |
| $q_1$ | 25-Perzentil |
| $q_3$ | 75-Perzentil |
| $\boldsymbol{R}$ | Korrelationsmatrix |
| $R^2$ | Bestimmtheitsmaß |
| RSS | residual sum of squares |
| $r_{xy}$ | Korrelationskoeffizient |
| s | Standardabweichung |
| $s^2$ | Varianz |
| $s^2_{lof}$ | Modell-Varianz |

DOI 10.1515/9783110451030-012

| | |
|---|---|
| $s_R^2$ | Residuen-Varianz |
| $s_{rep}^2$ | Reproduzierbarkeits-Varianz |
| SE | Standard-Fehler |
| SEP | Standard-Vorhersagefehler |
| SIMCA | SIMCA-Verfahren zur Objektzuordnung |
| $s_{rel}$ | relative Standardabweichung [%] |
| $t(\alpha, f)$ | Student-*t*-Faktor |
| UV | Ultraviolett-Spektroskopie |
| $var(x_1)$ | Varianz |
| $\bar{x}$ | Mittelwert *x* |
| $\tilde{x}$ | Median *x* |
| $x_B$ | Bestimmungsgrenze |
| $x_N$ | Nachweisgrenze |
| $\Delta\bar{x}$ | Vertrauensbereich, Konfidenzintervall *x* |

# Stichwortverzeichnis

www.ingramcontent.com/pod-product-compliance
Lightning Source LLC
LaVergne TN
LVHW080850300926
849162LV00003B/381